21世纪经济管理精品教材·管理科学与工程系列

系统工程导论

严广乐　主编

清华大学出版社

北京

内 容 简 介

本书是在二十多年来系统工程教学科研方面实践和研究成果凝练的基础上编写而成的,系统地介绍了系统工程的基本思想、原理和方法,并给出了若干实际应用案例。其内容涉及系统与系统理论、系统工程方法论、系统建模的方法、系统模拟、系统预测、系统评价、系统决策、系统优化以及面向复杂系统的研究方法等。

本书的编写注重了理论对实践的指导,用实际科研课题的研究成果对理论知识进行了诠释,有助于读者更好地理解和掌握有关知识,同时注重知识的层次结构,满足了不同层次、不同专业背景的读者的学习要求,为相关专业的本科生和研究生提供一本适用的教科书,也为从事相关领域研究工作的研究人员提供一本实用的参考书。

图书在版编目(CIP)数据

系统工程导论/严广乐主编.---北京:清华大学出版社,2015(2022.9重印)
 (21世纪经济管理精品教材·管理科学与工程系列)
 ISBN 978-7-302-38485-4

Ⅰ.①系…　Ⅱ.①严…　Ⅲ.①系统工程-高等学校-教材　Ⅳ.①N945

中国版本图书馆 CIP 数据核字(2014)第 261270 号

责任编辑:杜　星
封面设计:汉风唐韵
责任校对:宋玉莲
责任印制:杨　艳

出版发行:清华大学出版社
　　　　网　　　址:http://www.tup.com.cn,http://www.wqbook.com
　　　　地　　　址:北京清华大学学研大厦 A 座　　　　　邮　　编:100084
　　　　社 总 机:010-83470000　　　　　　　　　　　　邮　　购:010-62786544
　　　　投稿与读者服务:010-62776969,c-service@tup.tsinghua.edu.cn
　　　　质量反馈:010-62772015,zhiliang@tup.tsinghua.edu.cn
印 装 者:三河市铭诚印务有限公司
经　　销:全国新华书店
开　　本:185mm×260mm　　印　张:14.75　　　　字　　数:339 千字
版　　次:2015 年 1 月第 1 版　　　　　　　　　　印　　次:2022 年 9 月第 5 次印刷
定　　价:39.00 元

产品编号:058048-02

前言

　　系统工程是一门把已有学科分支中的知识有效地组合起来用以解决综合性问题的工程技术。它是系统科学体系的一个重要组成部分。自从20世纪40年代初美国贝尔电话公司在建立电话网等巨大工程项目时首次提出了"系统工程"这一概念以来,系统工程的应用领域不断地得到了拓广,它在社会、经济、军事、人口、能源、农业、水资源、生态环境、交通、城市规划、科学技术、教育、大型工程项目、医学、政法、企业管理、财贸、金融、卫生、体育乃至国家机关和乡镇企业等各个方面都得到了广泛的应用,并取得了令人瞩目的成果。

　　随着我国社会经济改革的不断深入,人们所面临的问题无论是从形式上还是内容上都呈现出前所未有的多样化和复杂化。系统工程作为一种现代科学技术在处理大规模复杂系统问题方面扮演着越来越重要的角色。本书编写的宗旨是为相关专业的大学生和研究生学习和掌握系统工程的基本原理和方法提供一本适用的课程教材,同时也为有关管理和研究人员提供一本适用的参考书。

　　本书共分9章,其中第1~2章介绍系统工程的一些基本概念和方法论;第3章介绍系统工程中几种典型的系统建模方法;第4~7章分别介绍系统工程在系统预测、系统评价、系统决策与对策以及系统优化方面的一些方法;第8章介绍系统工程在处理复杂系统问题方面的一些较为前沿的研究方向;第9章介绍5个实际案例。

　　本书的特点在于以浅显易懂的语言来阐述系统工程在思考问题、分析问题和解决问题方面的精髓,尽可能地减少数学公式和烦琐计算,使得即便是文科学生也能顺利地进行学习和研读。此外,本书更注重理论阐述与实际应用的紧密结合,体现出编写组成员长期以来的科研和教学实践的经验和经历。教材中给出的5个实际案例都是编写组成员所主持或参加的实际科研课题的部分研究成果。

本书的编写是上海市一流学科建设项目（S1201YLXK）和上海市重点课程建设（系统工程导论）的一个重要组成部分。

本书由上海理工大学的严广乐、张宁、刘媛华、沐年国、吴宁共同编写，编写时参阅了许多有关的文献资料。在调研和咨询阶段，得到了一些同行专家、学者以及热心人士的关心和支持，并提出了不少有益的意见和建议；研究生黄妍、丁妍等也付出他们的辛勤劳动，在此一并致以诚挚的感谢。

系统工程作为一门处理复杂系统问题的现代科学技术，本身还在不断地发展和完善，某些理论问题还有待于进一步的探讨和实践检验。我们真诚地欢迎广大读者对本书的不当之处提出批评和指正。

编　者

2014 年 10 月

第 1 章

系统与系统理论

我们在日常生活中、新闻报道中常常会听到"系统工程"一词,例如,"神舟九号"任务飞行乘组的航天员刘旺在接受采访时说道:"我能保证100%,不仅是相信自己的实力,更相信我们团队的实力,相信我们全系统工程人员。他们细致的工作,以及产品的质量,都给我信心。"又如,领导讲话中会提到"深入推进廉洁乡村(社区)工程、权力运行'阳光工程'、廉政风险防控工程、科技防腐工程、改革创新驱动工程等五大系统工程"。那么究竟什么是系统工程呢? 在详细介绍概念之前,让我们先认识一个系统工程的例子,即中国水利工程中的明珠——都江堰工程。

1.1 体会系统工程

在著名的《隆中对》中被诸葛亮描述成"益州险塞,沃野千里,天府之土,高祖因之以成帝业"的四川在秦时期的司马错笔下却曾是另一个模样:"夫蜀,西僻之国也,而戎翟之长也,有桀纣之乱。"四川是如何在短短几百年之间摇身一变成为"水旱从人,不知饥馑,时无荒年,谓之天府"的天府之国的? 这归功于 2 200 多年前的一个大型水利工程。

公元前 256 年秦昭襄王时期,在枯水干旱季节,广袤的川西平原得不到灌溉,在洪水季节当地的劳动人民又饱受洪涝灾害之苦。于是,蜀郡太守李冰父子组织建造了都江堰,治理了水患,造福了此后世代百姓。都江堰水利工程空中俯视图如图 1-1 所示。

图 1-1　都江堰水利工程空中俯视图

这座全世界迄今为止年代最久、唯一留存、以无坝引水为特征的宏大水利工程,灌溉面积已达 40 余县,超过 1 000 万亩的水利工程,当时面临的主要问题有溢洪、排沙、水量的自动调节等。都江堰水利工程由鱼嘴分水堤、飞沙堰溢洪道、宝瓶引水口等设施组成,如图 1-2 所示。这些设施从时间上、空间上和功能上相互关联、相互依存,以达到从整体上解决各个问题,达成了总体目标最优化、选址最优化、地形的合理利用以及建造成本最小化。

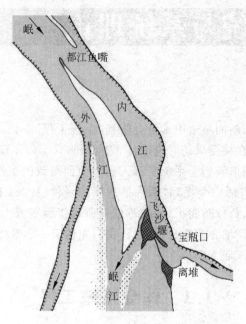

图 1-2   都江堰水利工程示意图

1. 总体目标最优化

都江堰水利工程在总结前人治水经验的基础上，位于江心的"鱼嘴"将岷江水流按 4：6 的比例分为内江和外江。其中内江用于灌溉川西平原，枯水季节，使用竹笼装满卵石封锁外江，堰前的鱼嘴恰到好处地将江水导入东侧人工修筑的内江；外江用作泄洪排沙，汛期来临或江水暴涨时，挖开竹笼，排出多余的江水，避免洪水的危害。

2. 选址最优化

水利工程选址的一个重要原则就是要实现自动分级排沙。都江堰水利工程选址在岷江出水口和川西平原的结合部——灌县境内弯道河流区域。根据弯道环流原理和流体动力学原理，上中层水流含泥沙较少，被推向河道的外侧，形成外高内低的水面。而中下层水流含泥沙较多，被推向河道的内侧。这样水从正面走，沙从侧面走，水流主体和泥沙主体逐渐得到分离。当水流到达鱼嘴分水堤时，由于鱼嘴的作用，将 80％的泥沙分离到外江河道，内江河道只含余下的 20％泥沙，从而实现第一级排沙。内江水流进入鱼嘴分水堤后仍然是弯道水域，再将 10％的泥沙通过高于河床 2.5 米的飞沙堰排入外江河道，实现第二级排沙。余下的 10％的泥沙沉积在从鱼嘴到宝瓶口 1 千米左右长的河道里。到了每年冬季枯水期再通过人工将这部分泥沙挖出来作为建筑材料，实现第三级人工排沙。

3. 地形的合理利用

合理地利用地形，以达到能够自动调节水量的目的。都江堰的三个组成部分——鱼嘴分水堤、飞沙堰溢洪道、宝瓶引水口被有机地融合成一个整体。春耕季节岷江的水量较小，江水主要沿弯道河岸外侧流动，并按鱼嘴分水堤中心距两岸的宽度分水，使按外江和内江的水量按 4：6 的比例分配。到了洪水季节，上游滩头被洪水淹没，河床坡度和弯道趋于消失,水量按主流方向分配,因主流方向正对外江河口,使留入外江和内江的水量按 4∶6 的比例分配。特大洪水时还可利用宝瓶口阻水和飞沙堰泄洪。宝瓶口为宽 20 米、高 40 米、长 80 米的狭长山谷带,是岷江水进入川西平原的关口,有走春水、阻洪水的作用。飞沙堰位于宝瓶口上游约 170 米处,长 300 米,高于河床 2.5 米。当内江水量超过正常水位时,多余的水便溢入外江。洪水季节 80%～90% 的供水由飞沙堰泻入外江,以保证进入川西平原的水量很少超过正常需要的量。

4. 建造成本最小化

都江堰水利工程在建造过程中,因地制宜,其中,宝瓶口是开凿在玉垒山与岷江江脊连接处的一个口子,因形似瓶口同时具有调节内江进水的重要作用,故名宝瓶口。在尚没有火药,甚至没有铁器的时代,睿智的蜀中先民在李冰的带领下,在岩壁上架起篝火,灼烧岩石,再浇上岷山冰雪融化而成的水,让岩石遇冷崩塌,历时八年,在玉垒山上开凿出了令人叹为观止的宝瓶口。就地取材的做法收效大、可靠性高,大大降低了工程造价,并且维修起来也很方便。

都江堰水利工程除了建造了功能强大的设施体系之外,还制定了一整套相应的维护和管理制度,使得该水利系统经历了 2 000 多年的历史沧桑,至今仍然发挥着重要的工程效益。

通过都江堰的例子,我们可以认识到系统工程是规模较大的、历史持久的、要素众多的、功能强大的、造福百姓的,而用这些形容词来形容系统工程还是有些不足的地方,如今各界给出的系统工程定义已达数十种,随着时代的前进、科学技术的发展,它的定义仍在不断被完善。如果仅使用一个形容词来形容它,且绝不会有偏颇,那是什么呢? 没错,那就是——"系统"。若要充分认识系统工程,必须弄清"系统"为何物。下面我们就来系统地解释一下"系统"的概念。

1.2　认识"系统"

系统是无处不在的,大到宇宙,小到细胞,都是系统,我们身在系统中,是系统的一部分,同时又是由多个系统组成的。下面我们从系统的来源视角来介绍系统。

1.2.1　系统的来源及定义

"system"源于拉丁语"systēma",它来自希腊语的"σύστημα"(systema),表示结合的意思,而"σύστημα"又是由同是希腊语的"σύνισταναι"(synistanai)衍生出来的,是由意为"共同"的"σύν"(syn)和意为"制定、建立"的"ἵστημι"(histemi)组合而成的动词。古希腊哲学家德谟克利特所著的《宇宙大系统》是最早使用"系统"一词的书。现代对于"系统"的深入研究始于军事系统和工程系统,随后扩展到生物系统、经济系统和社会系统等其他许多领域。许多人曾给"系统"下过各种各样的定义:

(1) 在美国的《韦氏大辞典》(Webster)中,系统被定义为"有组织的或被组织化的整体;结合着的整体所形成的各种概念和原理的结合;又由规则的相互作用、相互依赖的形式组成的诸要素集合"。

（2）在日本工业标准（JIS）中，系统的定义为"许多组成要素保持有机的秩序相统一目的行动的集合体"。

（3）苏联百科全书对系统的定义是"一些在相互关联与联系下的要素组成的集合，形成一定的整体性、统一性"。

（4）我国《中国大百科全书·自动控制与系统工程》中，对系统给出的定义是"由相互制约、相互作用的一些部分组成的具有某种特定功能的有机整体"。

（5）在《辞海》中，"系统"指"①自成体系的组织；相同或相类拟的事物按一定的秩序和内部联系组合而成的整体。如组织系统、灌溉系统。②始终一贯的条理；顺序。如系统化、系统学习"。

可以看出各个定义中有其共同之处。国内一般使用《中国大百科全书·自动控制与系统工程》中的解释，此定义包含三层意思：

（1）系统必须由两个或者两个以上的要素组成，单个要素不能成为系统。而要素是构成系统的最基本的单元，是系统存在的基础。

（2）系统中要素与要素之间存在有机的相互联系和相互作用的机制，从而形成系统一定的结构或秩序。

（3）凡系统都具有一定的功能或特性，而这些功能或特性是系统中任何一个部分都不具备的，它是由系统内部各个要素以及要素与要素之间的有机联系或结构所决定的。

在自然界和人类社会中，许多事物都与其他事物存在着相互联系和相互作用的关系，因而几乎所有的事物都可以定义为系统。人们在认识和改造客观世界的过程中，如果采用了综合分析的思维方式看待周围的事物，根据事物内在的、本质的、必然的联系，从整体的角度去分析问题和解决问题，那么这类事物就可以被视为一个系统。

系统按其功能或层次可划分成一些相互关联、相互制约、相互作用的组成部分，如果这些组成本身也能符合系统的定义，则成为原系统的子系统，而原系统可能是更大的系统的组成部分。同样，子系统也可以进一步划分成若干二级子系统、三级子系统等。这就是系统的相对性或层次性。

对于所考虑的具体系统，系统以外部分称为系统环境，系统与环境的分界称为系统边界（见图1-3）。系统对其环境的作用称为系统输出，环境对系统的作用称为系统输入。系统中各个组成要素之间的相对稳定的联系方式、组织和秩序称为系统结构。系统在与外部环境之间的相互联系、相互作用中表现出来的性质、能力和功效称为系统功能。系统结构和系统功能之间既相对独立又相互联系。对于非受控系统，系统的结构和环境决定了系统的功能；对于受控系统，系统的功能则通过系统的输入输出关系表现出来，它取决于系统的结构、环境和控制。系统与环境之间的联系是通过物质、能量或信息的传递来实现。系统在每个时刻所处的情况称为系统状态。系统状态随时间的变化称为系统行为。系统的产生、发展和消亡的全过程就是系统的生命周期。系统演化总是在一定的时间和一定的空间中进行。

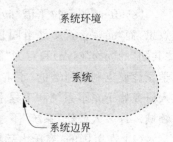

图 1-3　系统环境、系统边界

1.2.2 系统思想的形成

系统概念和系统思想是劳动人民在长期社会实践中形成和发展起来的。从西方发展来看,在我们有了如今对"系统"的认识之前,经历了很长一段的发展历史,可以追溯到柏拉图(*Philebus*)、亚里士多德(《政治学》)和欧几里得(《几何原本》)。而从中国发展来看,系统思想从夏朝开始到现在,也走过了一条漫漫长路。人类社会和科学技术发展的历史长河中,系统思想经历了三个主要历史阶段:从远古时期到15世纪左右是以朴素的辩证逻辑为特点的总体思辨阶段;从16世纪到19世纪是以形式逻辑为特点的机械分解——还原思维阶段;19世纪末20世纪初以后是以辩证逻辑为特点的系统思维阶段。

1. 朴素的总体思辨阶段

自古以来人们在长期的实践活动中就已经萌发了关于"系统"的概念和系统的思想。无论是在东方还是在西方都是如此。在宇宙的本源、地球的形成、事物层次的划分等许多方面都提出过各种各样的观点和假说。例如在宇宙构造方面,在中国古代有盘古开天,女娲补天的传说。还有天圆地方的"盖天说",鸡卵构型的"浑天说"和宇宙无限的"宣天说"。在西方也有"地心说"以及其他一些宗教和神学方面的假说。这些传说或假说都是人们经过长期的观察和联想创造出来的,它们满足了当时人们对客观世界的构造和起源进行解释的需要和渴求。但是由于当时受到历史条件和科学技术条件的限制,学科门类还没有被细分出来,还不具备必要的实验手段,这些传说和假说只能是直观的和朴素的。随着人类的进步和科学技术的发展,人们的实践范围越来越大,这些假说或传说一个一个无情地被现实打破。尽管如此,从本质上来看这些传说或假说中所蕴藏的一些思想还是令人寻味的。比如他们认为:第一,天和地的构造是一个相互作用、相互联系的整体;第二,天和地之间存在着许多层次;第三,宇宙的形成是一个由简单到复杂的发展过程;第四,宇宙发展的总趋势是由对称、无差别逐渐走向对称破缺、复杂化和多样化。这些思想即使用现代的科学观点来看原则上也是正确的。类似的典型例子还有许多,回顾中国历史,会发现许多闪烁着系统思想光芒的著作或故事,如大禹治水的"疏顺导滞"思想;《易经》中的阴阳五行说与"八卦"说;《黄帝内经》中提出的"天人相应"医疗原则;老子《道德经》的"道生一,一生二,二生三,三生万物,万物负阴而抱阳"的宇宙演化思想;《孙子兵法》的各种战略战术;《封神榜》中的"无中生有";《梦溪笔谈·权智》里丁谓建皇宫的美谈等。在国外也有德谟克利特的《宇宙大系统》;亚里士多德的著名论断"总体大于它的各个部分之和"的论述等。总之,无论是在东方还是在西方,古代的思想家们基于他们宽广的知识和丰富的想象能力比较注意全局,从根本上去把握事物,形成了以朴素辩证逻辑为特点的总体思维方式,他们中有许多关于系统思想的论述影响之深远,很值得现代的人们去研究和开发。

2. 机械的分解——还原思维阶段

15世纪下半叶,力学、天文学、物理学等自然科学从古代哲学中慢慢分离开来。到了16世纪,一场科学革命在西方悄然兴起。1543年波兰天文学家哥白尼发表的《天体运行论》和比利时科学家维萨留斯发表的《人体结构》标志着西方近代科学的迅速发展。这场科学革命最显著的一个特点就是学科门类的精细分化。科学技术中先后分化出了物理学、化学、生物学、天文学、地质学、医学，还有政治学、经济学、社会学、心理学、美学等。形成了以形式逻辑为特点的机械分解——还原的思维方式。学科门类的细分为人类"精确地"认识客观世界提供了舞台。近代的科学革命也促进了技术革命。基于对热学和力学的研究，创造出了蒸汽机、内燃机和其他各种机器；基于对电学的研究，创造出了发电机和电动机。其他还有航海、天文观测、火车、汽车、飞机、电报、电话、纺织、采矿、冶炼、印刷等一系列新技术的发明和创造，为人类提供了巨大的财富，极大地改变了人类的物质生活和文化生活，促进了人类社会的文明和繁荣。

但是近代科学在一步步走向辉煌的同时，以形式逻辑为特点的机械分解还原思维方式严重地背离了系统思想，过多地注意了学科的细节而忽略了学科之间的联系和学科的整体发展。只注意一砖一瓦的构造，而不知道大厦建立起来后的模样、用处、结构，所以从长远的观点来看是没有生命力的。19世纪上半叶，自然科学发展取得了伟大的成就，特别是能量的守恒与转化、细胞学说和进化论的发现，揭示了客观世界的普遍联系性，使人类对自然现象和过程的相互联系的认识有了很大的提高。恩格斯指出："由于这三大发现和自然科学的其他巨大进步，我们现在不仅能够指出自然界中各个领域内过程之间的联系，而且总地说来也能够指出各个领域之间的联系了。这样我们就能够依靠经验和自然科学本身所提供的事实，以近乎系统的形式描绘出一幅自然界联系的清晰图画。"马克思主义的辩证唯物主义认为，物质世界是由无数相互联系、相互依赖、相互制约、相互作用的事物和过程形成的统一整体。辩证唯物主义体现的物质世界的普遍联系及其整体思想就是对系统思想的哲学概括。因此人们呼唤着一个新的时代——现代科学时代的到来。

3. 系统思维阶段

时代的车轮驶入了20世纪，相对论和量子力学的出现使人们认识到学科门类的过细划分妨碍了科学技术的进一步发展。相对论证明了牛顿建立的绝对时空只具有相对的真理性；而量子力学则指出，在微观尺度下经典力学已不再起作用。这样就彻底地动摇了近代科学的根基。首先科学发展的本身要求整体化；其次当代人们所要处理的问题变得越来越复杂，仅用单一学科的专门知识已经难以胜任，客观上要求多学科的相互合作，社会的迫切需要推动着科学的整体化；再次，原先人们难以顾及的交叉学科和边缘学科的兴起填补了各学科之间的空隙。这样，以辩证逻辑为特点的唯物辩证法与系统思维方法呼之欲出，形成了不可阻挡的历史潮流。第二次世界大战是定量化系统思想发展的一个里程碑，战争中决策关系到一个国家的存亡，要求更精确地定量化研究，计算机的发展给予了定量化系统计算方法很大的支持，系统思想从辩证唯物主义中获得了思维的表达形式，从运筹学等现代科学中取得了定量的表达方式，并在系统工程实践中不断完善和发展，系统思想方法由朴素的"总体思辨"逐步形成一种科学的思想方法。

1.2.3　系统的属性

掌握系统的属性，可以帮助认识、研究系统，概括起来系统主要有以下几个方面特性。

1. 集合性

系统的集合性是指系统是由两个或两个以上可以相互区别的要素组成的集合体。单个要素不能构成系统。例如，一块黑板构不成一个系统。只有当黑板与其他可以区分的不同质的要素如粉笔、教室、教师和学生等集合在一起才有可能构成一个教学系统。

2. 相关性

系统的相关性是指系统内部各要素之间的某种相互作用、相互依赖的特定关系。例如，在商品市场系统中，价格与商品供给与商品需求紧密地联系在一起。在有些情况下，从表面上看要素与要素之间似乎没有什么关系，但是它们可以通过某些中间要素间接地联系起来。例如中国有句成语叫作"城门失火，殃及池鱼"，鱼和火本来不会有什么交集，但是它们却通过中间要素"水"联系在一起。

3. 目的性

系统的目的性是指系统具有的明确的目标。比如人口控制系统可以控制人口变量将其向着预先设定的目标方向调整。又如导弹系统能够自动寻找并跟踪其要攻击的目标。

4. 层次性

系统的层次性是指系统各要素之间在地位与作用、结构与功能上表现出来的等级秩序性。我们知道，系统是由众多要素组成的。一方面一个系统仅仅是它上一级系统的一个子系统，而这上一级系统又是更大系统的子系统；另一方面，一个系统可以由低一层次的子系统组成，而这一层次的子系统又可以由更低层次的子系统组成。例如在社会系统中，个体、家庭、群体、单位、社区，直到省市、国家构成一个层次序列。又如人的感觉、感知、悟性、理性构成认知系统的不同层次。

5. 整体性

系统的整体性是指由若干要素组成的系统所具有的整体的性质和功能，这种性质和功能不是系统中各组成要素性质和功能的简单叠加，而是呈现出各组成要素所没有的新的质的规定性。古希腊哲学家亚里士多德有个著名的论述叫"整体大于它的各个部分的总和"，充分体现了整体性的思想。

系统的整体性具体可以从以下几个方面来理解。

（1）系统整体联系的统一性。在系统中各个要素对整体的影响不是独立的，而是依赖于其他若干要素的协同作用。也就是说，系统要素的性质和行为并非独立地影响整个系统的功能或特性，而是相互影响、相互协调地来适应系统整体的要求，实现系统的功能。因此，任何一个要素都不能脱离整体，要素与要素之间的相互联系和相互作用也离不开整体的协调，例如，汽车没有轮子就不能行驶。

（2）系统功能的非加和性，即系统的整体功能不等于组成系统的各要素功能之和。系统作为诸要素的集合体总是具有一定的功能和特性，而这些功能和特性是系统中任何一个要素都不具备的。系统是一个不可分割的整体，一旦把系统分割开来，则系统将失去其原有的性质。例如，"画龙点睛"和"画蛇添足"分别形象地说明了"一加一大于二"和"一加一小于二"的情况。

（3）构成系统的要素不一定都很完善，但却有可能构成性能良好的整体。反过来，即使每一个要素的性能都是良好的，但由这些要素所组成的整体却不一定具有良好的整体功能，因而也就不能形成完善的系统。

系统之所以产生整体性或新质，是因为组成系统整体的各个部分或要素之间的相互联系和相互作用后所形成的协同作用力。只有通过系统内部的协同作用，系统的整体功能才能显现出来。

6. 环境适应性

系统的环境适应性是指系统适应外界环境变化的能力。所谓环境指的是系统的外部条件,也就是系统外部对该系统有影响、有作用的诸因素的集合,包括物质、能量、信息。在一个大系统中,对于某一个特定的子系统来说,其他子系统就是它的环境。环境是一种更高级、更复杂的系统。

系统与环境是密切联系的,通常系统与外部环境之间存在着物质的、能量的和信息的交换。一方面,外部环境的变化可以引起系统内部要素的变化,有俗语说"一方水土养一方人","近朱者赤,近墨者黑",说的就是环境对系统的塑造。因此,系统要存在和维持下去就必须适应环境的变化,不能适应外部环境变化的系统是短寿命的。另一方面,系统的运动变化也可以塑造外部环境。如系统向环境不断地排泄废物,一旦这些废物的排泄速度超过环境对废物的吸收、消化能力,则废物就会逐渐地积累起来,到了一定程度就会造成环境污染,导致环境品质变坏,反过来威胁系统自身的生存和发展。

1.2.4　系统的分类

系统不仅普遍存在而且其形态也是多种多样的。为了更好地研究系统,揭示不同系统之间的联系,可以按各种不同的原则和标准对系统进行划分和分类。常见的几种系统分类可归纳如下。

1. 自然系统和人造系统——按自然属性分类

自然系统是指由自然物构成的系统,如矿物、植物、动物、海洋等,其特点是自然形成的,没有人的参与或干预。人工系统是指为了达到人类的某种目的,由人类设计和制造的系统。工程技术系统、经营管理系统和科学技术系统是三种典型的人工系统。工程技术系统是由人们对自然物等进行加工处理,用人工方法制造出来的工具和机械装置等所构成的工程技术集合体。经营管理系统是人们通过规定的组织、制度、程序、手段等建立的经营与管理的统一体。科学技术系统是人们通过对自然现象和社会现象的科学认识,概括和总结出来的科学与技术的综合体。系统工程研究与处理的对象主要是人工系统和经人们加工了的自然系统,即复合系统。在这类系统中往往包含人的因素,是有人参与的复杂系统。

2. 实体系统和概念系统——按物质属性分类

实体系统是指由矿物、生物、能源、机械等实体组成的系统。概念系统是指由概念、原理、原则、方法、制度、程序等非实体物质所组成的系统,如布尔代数、法律系统、黑格尔哲学体系等。实体系统与概念系统有时是交织在一起的,是不可分割的。如修建一座大桥,大桥本身是一个实物系统,而修建大桥的规划、方案程序等则属于概念系统。因此,实体系统是概念系统的基础和服务对象,而概念系统则是为实体系统提供指导、方案和服务的,两者是不可分的。

3. 物理系统和非物理系统——按系统组成结构分类

物理系统是指由物理对象及其过程所组成的系统,如一条生产流水线、一辆拖拉机等。非物理系统是指由非物理对象及其过程所组成的系统,如社会系统、经济系统等。物理系统和非物理系统在一定的条件下可以交织在一起,你中有我,我中有你,共同构建出一个内涵更丰富的大系统。

4. 开放系统、封闭系统和孤立系统——按系统与环境间的关系分类

开放系统是指系统与其外部环境之间存在着相互联系,有物质、能量或信息交换的系统。系统从环境中获取必要的物质、能量或信息,经过加工后转化成新的物质、能量或信息的输出。环境对系统的作用,一方面是给系统提供必要的物质、能量或信息;另一方面对系统也会产生干扰和限制作用。因此,围绕系统在外部环境影响下的行为方式和活动来认识、识别系统,是研究系统特性的有效途径。封闭系统指的是与外部环境没有任何联系的系统,即系统与环境之间不存在任何物质、能量或信息的交换。严格地说,封闭系统的概念是相对的,现实生活中任何系统都与外部环境有着或多或少的各种各样的联系,不存在绝对的封闭系统。有时为了研究方便起见,对某些与外部环境联系很少或联系很弱的系统,忽略掉其外部影响,近似地视为封闭系统来处理,如自给自足的小农经济、闭关锁国的封建国家等。孤立系统是按需要提出的理想模型,自然界中并不存在,它指的是与外界完全没有交流,即和周围完全不发生物质、能量或信息交换的系统。

5. 动态系统和静态系统——按运动属性分类

动态系统是指系统的状态随时间变化的系统。它有输入、输出及其转换过程,其状态变量为时间的函数。如社会系统、经济系统、企业生产系统和信息管理系统等。静态系统是指系统的状态和功能在一定的时间内不随时间改变的系统。它没有输入和输出,在系统运动规律的表征模型中不包含时间因素。如城市的规划布局、公交车的站点设置等。同样,静态系统的概念也是相对的。几乎所有的系统都或快或慢地处在运动、变化的过程中。当这种运动、变化相对很慢时,为了研究方便常常可将系统视为与时间进程无关来处理。

6. 确定性系统和不确定性系统——按系统的演化特点分类

确定性系统是指不包含不确定因素的系统。在确定性系统中,实时输入和实时状态能够明确地、唯一地确定系统下一个时刻的状态和实时输出,如牛顿方程等。不确定性系统是指系统中含有不确定因素的系统。在不确定性系统中,实时输入和实时状态不能明确地、唯一地确定系统下一时刻的状态和实时输出,被决定的只是一些可能状态的集合或一些可能输出的集合,如天气预报等。不确定性系统又可进一步划分成随机系统和模糊系统。随机系统又称为概率系统。在随机系统中,根据实时输入和实时状态能够确定系统下一时刻状态或实时输出的概率分布。而在模糊系统中,系统的状态变量、输入和输出都是模糊子集。系统在模糊输入的作用下,由一个模糊状态转移到另一个模糊状态,并产生模糊输出。

7. 简单系统、简单巨系统和复杂巨系统——按复杂程度分类

系统按复杂程度可分成简单系统、简单巨系统和复杂巨系统。简单系统是指组成系统的子系统或要素的数量比较小,而且子系统或要素之间的关系也比较简单的系统,如一台设备、一个商店等。

简单巨系统是指组成系统的子系统或要素的数量非常之大、种类也很多(如几十种,甚至上百种),但它们之间的关系较为简单的系统,如激光系统等。由于这类系统的组成部分数量众多,所以在处理过程中一般的直接综合法已不再适用,取而代之的是采用统计方法。耗散结构理论和协同理论在这一方面都取得了成功。

复杂巨系统是指组成系统的子系统或要素不仅数量巨大、种类繁多,而且它们之间的关系极其复杂,具有多种层次结构的系统。如生物系统、人体系统、社会系统、经济系统等。在复杂巨系统中,有意识活动的人通常作为系统的组成要素的一部分,而这些系统又都是开放的,所以又称为开放的复杂巨系统。目前,研究处理复杂巨系统的方法尚在探讨过程中。我国学者钱学森提出了"从定性到定量的综合集成方法"以及"研讨厅体系"的思想,为从整体上研究和解决这类问题提供了新的方法论。

1.2.5　系统理论

人们在长期的生产劳动和社会实践中,逐步总结和形成了一套以系统思想为基础、以整体性和相关性等系统特性为出发点的系统理论,这些系统理论反过来又为研究新的系统问题提供了科学指导。

1. 一般系统论

1925 年,美籍奥地利理论生物学家贝塔朗菲(L. V. Bertalanffy)首次提出了系统论的思想,1937 年提出了一般系统论原理,创立了一般系统论(general system theory),旨在阐述对于一切系统都普遍有效的原理。第一次从具体科学的层次上对文艺复兴以来形成的机械论和还原论的观点以及分析方法提出了全面的质疑和系统的批判,旗帜鲜明地指出了它们的局限性,强调仅靠分析是不够的,还必须要用系统的观点来处理问题。一般系统论为复杂系统问题研究提供了重要的概念准备,许多重要的概念后来被一些系统理论所沿用,如 1945 年贝塔朗菲提出的"机体系统论"中提到的开放性、整体性、相关性、动态性、能动性、等级性等。一般系统理论还提出了一些重要的颇具影响的原理,如"开放系统原理"已成为现代系统理论各分支的共同内容;"自组织要以开放系统为必要条件"也已成为各种自组织理论一致认可的基本观点。

2. 信息论

最早提出的信息问题是,1924 年奈奎斯特(Nyquist)等人提出的信息传输速率与信道频带宽度的比例关系问题。1928 年,哈特莱(Hartley)首次提出了信息量的概念。而后 1948 年,香农将物理学中的熵理论引入信息论(information theory)研究,把通信过程中信息源信号的不确定性定义为信息熵。这样在信息论中就可以定量刻画信息概念,从而将熵概念由物理熵扩展到信息熵。香农的信息熵所表示的信息量是平均意义的,但是它从信息的侧面定量地刻画系统状态的有序性。

3. 控制论

到了 20 世纪 40 年代,与香农的信息理论几乎同一个时期,美国数学家诺伯特·维纳(N. Wiener)把生物学、生理学行为科学等关于生命机体和社会系统中的控制问题的研究成果与阐述机器控制原理的伺服系统理论综合起来,创立了控制论(cybernetics)。在最一般的意义下概括和总结出了许多有关概念、原理和方法,并提出了一般性的模型以及它们的处理方法。20 世纪 60 年代开始,信息论被应用到经济领域,此后随着应用领域的扩展,控制理论逐步形成了工程控制论、生物控制论、经济控制论和社会控制论四大分支,分别处理相应领域中复杂系统的控制问题。

维纳的控制理论和香农的信息理论吹响了具体地、定量地研究复杂系统问题的号角，并与贝塔朗菲的一般系统理论一起标志着现代系统科学的诞生。随着时间的不断推移，20 世纪 60 年代开始系统理论有了越来越多的理论加入，得以蓬勃发展。

4. 耗散结构理论

系统科学的蓬勃发展起始于 20 世纪 60 年代末 70 年代初。耗散结构理论（dissipative system theory）是由布鲁尔学派著名学者普里戈金于 1969 年正式提出的。自组织理论是研究自发形成的宏观有序现象理论，耗散结构理论是其重要组成部分，通过对时间本质问题的突破性研究，有效沟通物理学、生物学以及社会科学，对生物及社会领域的有序现象进行了科学解释。耗散结构理论提出后，对自然和社会科学的诸多领域产生深远影响。耗散结构是指一个复杂系统在开放的远离平衡条件下，不断地与外界环境交换物质、能量、信息，通过能量耗散以及内部非线性动力机制的作用，经过突变而形成持久稳定的宏观有序结构。复杂系统可以是生物的、化学的、物理的系统，也可以是社会的或经济的系统。普里戈金认为复杂系统形成耗散结构的基本条件是非平衡，这里非平衡是指复杂系统的开放性，即复杂系统具有不断地与外界环境进行物质、能量和信息交换特征。同时复杂系统因从外界环境中获取能量、信息、物质而给系统带来负熵，进而使整个系统的无序性增加小于有序性增加，从而使复杂系统自发地形成新的组织结构。

5. 协同理论

协同理论（synergetis）是联邦德国物理学家哈肯于 1969 提出的一种解释系统稳定性和目的性的具体机制的自组织演化理论。在 20 世纪 60 年代初，激光作为一种新的物理现象出现引起了哈肯的关注，随即他对激光理论进行系统研究。随着研究的深入，哈肯认识到客观世界中的各种合作、协调现象背后隐藏着普遍而深刻的规律——协同机制。1969 年哈肯首次提出协同学概念，1970 年他在其专著《激光理论》中多次研究系统的不稳定性，1971 年与学者格雷厄姆合作系统阐述协同理论。1972 年第一届国际协同学会议召开，并于 1973 年出版这次会议的论文集《协同学》标志着协同理论的诞生。1979 年生物学家艾根将协同理论引入生物学研究，并在此基础上创立超循环理论。

协同理论主要研究一个开放系统在其外部参变量的驱动以及内部子系统之间的非线性作用机制下，使系统在宏观尺度上以自组织的方式形成时间、空间或功能上有序结构的条件、机制及其规律。因而系统协同演化的关键在于子系统之间的非线性作用机制。协同系统的状态通常可以由一组状态参量来描述。根据这些状态参量随时间变化的快慢程度可分为快慢两类变量。慢变量由于可表征系统有序化程度并确定系统的宏观行为而被称序参量。序参量随时间变化所遵从的非线性方程被称为演化方程。协同理论的基本研究方法是通过系统的演化方程来研究协同系统的各种非平衡定态和非平衡相变。

6. 突变理论

1965 年，法国数学家托姆（R. Thom）提出了一种描述现实世界，特别是形态形成问题中的突变现象的理论，称为突变理论（catastrophe theory）。它是数学的一个分支，主要是为研究由连续作用的原因导致的不连续结果的现象提供一种数学框架。许多系统理论都把突变理论作为自己的一种数学工具。突变理论为系统研究贡献了一系列有用的基本概念,如势、势函数、状态变量、控制变量、结构稳定性、奇异性、行为曲面、滞后、突跳、分叉等。在系统演化方面,它把系统的结构稳定性与运动稳定性区分开来。它发展了贝塔朗菲的思想,用结构稳定性理论来解决形态形成的系统演化问题。在方法论上,突变理论摒弃了不连续现象的具体特性,将其完全抽象成数学形式,试图以统一的手段给系统演化过程中的各类突变行为加以精确的刻画。突变理论还以辩证的思维方式处理稳定与不稳定、连续与间断、渐变与突变等既矛盾又统一的问题,并用同一个模型把它们表现出来。其结果表现得非常简洁而优美,为系统的稳定性研究提供了一个有效手段。

7. 混沌理论

混沌理论(chaos theory)是研究混沌的特征、实质、发生机制以及描述、控制和利用混沌的技术和方法的科学。对混沌现象进行研究的热潮始于 20 世纪 60 年代。数学家柯尔莫哥洛夫、阿诺德和莫什尔对保守系统运动的稳定性进行了研究,提出了著名的 KAM 定理,被人们誉为牛顿力学发展史上最大的突破。气象学家洛伦兹则对一类耗散动力系统的行为进行分析,发现了具有非平庸吸引子的第一个模型。1964 年洛伦兹·伊农(E. N. Henon)等人发现了一个自由度为 2 的不可积保守系统在一定参数条件下会产生混沌运动。1971 年茹勒和泰肯斯首次引入奇怪吸引子的概念来表征混沌运动的特性,提出了湍流发生的新机制。1975 年著名的李-约克定理出现在数学文献中。1978 年费根鲍姆从一维映射中发现了关于混沌现象的两个普适常数,并在研究过程中引入了重正化群技术。20 世纪 80 年代以后混沌理论已成了一个空前活跃和富有成果的学科前沿。混沌理论的最大贡献在于它改变了人们的世界观,使人们认识到在自然界的定常状态中除了平衡态和周期态之外还有第三种状态——混沌状态;确定性和随机性并不像传统科学中所规定的那样水火不相容,而是相互联系的,并且在一定条件下还可以相互转换。在方法论上,对于自然科学中长期存在的两种互不相容的描述体系,即确定论描述和概率论描述,混沌理论发现了确定性系统的内在随机性,使人们看到了将两种描述体系一起来的希望,从而能够更客观、更深刻地描绘出系统演化的完整图景。混沌理论指出,系统演化除了像许多其他系统理论描述的那样,有从无序到有序,从一种有序到另一种有序,以时空对称性不断破缺的途径之外,还存在着另一种从有序到另一层次的无序的途径。两种演化途径的纵横交迭构成了大千世界的多样性。许多复杂的系统现象恰恰产生于混沌和有序的交界之处。混沌理论的诞生和发展之所以在科学界反响巨大,其中最重要的一个原因是混沌运动的普遍性。它不仅出现在力学、物理学系统中,而且也出现在有生命现象的生物系统乃至社会、经济等其他广大的领域中。

8. 分形理论

分形概念是由美国数学家曼德布罗特于 1967 年首先提出的数学理论,其目的是描述复杂的图形以及复杂系统运行过程。分形概念的原意是指不规则的或者支离破碎的几何形体。

曼德布罗特(1967)在《科学》杂志上发表文章首次阐述了分形思想,分形理论(fractal theory)研究由此开启。曼德布罗特(1982)在其专著《大自然的分形几何学》提出第一个分形的定义:分形是具有膨胀或伸缩对称性的几何体,其拓扑维小于其豪斯道夫维。分形的第一个定义表明在动态演化中,不规则几何体具有标度不变性,即在一定的标度范围内,不规则几何体的测度不随尺度的改变而变化。曼德布罗特(1986)给出分形的第二定义:部分与整体间具有某种方式相似的集合。根据该定义,分形可以分为有规则、不规则两类。规则的分形具有严格自相似性,如科赫曲线、康托尔集、谢尔宾斯基地毯等;另一类分形是一定区域内具有标度不变性,超出这些区域自相似性就消失,也就是说它仅具有统计意义的自相似性被称为不规则分形,如无规则的布朗运动、曲折蜿蜒的海岸线等。

由于分形现象在客观世界中的广泛存在,自曼德布罗特提出分形理论后,分形理论在自然和社会科学等多个领域得了广泛的应用。分形和分维的概念也从最初狭义几何形态上的自相似拓展为广义分形,即功能、信息、时间、结构上的自相似。这样分形理论为认识、研究自然与社会提供了一种新的理想数学模型——分形模型,可以把那些在一定范围内表现出自相似性质的规律、现象、客体、特征用分形理论来研究和处理。

9. 复杂网络

1999 年巴拉巴斯(A. L. Barabasi)和奥尔伯特(R. Albert)等发表了他们所发现的无标度网络(scale-free network)以后,掀起了复杂网络(complex network)研究的高潮。人们在研究互联网、社会网络、生物网络等各种网络形式的系统过程中,发现一大类实际网络的顶点数目以及顶点与顶点之间的连接边的数目是不固定的,或者说是多变的,而且网络顶点的度分布不符合完全随机网络条件下的泊松分布,而是呈现出幂率分布的形态。在网络的特性上出现了所谓的小世界效应,即少数顶点的连接度要明显大于其他大多数顶点的连接度。无标度网络的固有特性无法用确定性网络或者随机性网络的研究方法来处理,人们正在努力探寻着新的理论和方法。近年来复杂网络研究的进展为处理大规模复杂系统问题提供了新的有效工具。

1.3 认识系统工程

系统工程是在一般系统论、控制论、信息论、运筹学和现代管理科学等学科的基础上,并由这些学科相互交叉、相互渗透而发展起来的一门新兴学科,是跨越多个学科领域的方法性和综合性的技术科学。它主要是把自然科学和社会科学中有关的观点、理论、方法和手段,根据系统总体协调的需要,有机地联系起来,加以综合运用,以实现系统目标的最佳效果。系统工程在许多领域中已取得了令人注目的成绩,受到了世界各国的普遍重视。

1.3.1 系统工程产生的背景

回首整个历史发展的漫长历程可以发现,当人类每次在解决了某些重要的问题时,如果用现代科技眼光去重新审视,解决这些问题的手法无一例外地体现了系统工程的思想,包含着系统工程的原理。从两河流域的人类建造出古巴比伦的空中花园和令世人叹为观止的埃及金字塔,到古希腊神庙的修建、巴拿马运河的开凿,以及中国的都江堰水利工程等,不仅显示了人类智慧的结晶,这些浩大工程背后隐藏的以系统工程的组织方式解决问题的思维是最具价值的,也使得这些伟大的工程成为人类研究系统工程的经典范例。

事实上,在历史发展的长河中不论是中国还是外国,像都江堰水利工程这样结合系统思想的杰出工程不胜其数。然而,这些工程和现代科技指导下进行的系统工程并不能相提并论,这是因为这些工程虽然具有系统的思想,但完全是在古人没有任何意识的情况下体现出来的。他们在长期的工程实践中,总结了许多实践经验,所有工程的成功实施主要依靠这些经验作为支持,但是这仅仅是一种经验,他们并没有将这种经验理论化成一种系统思想,作为建造工程的相关指导,同样,当时也不存在"系统工程"这个概念。

20 世纪以来是科学技术发展最迅速的时代,第二次工业革命使得机器化大生产代替了工场手工业;伴随着第三次科技革命的浪潮,人类科学技术的发展上升到了一个全新的阶段。科学技术的不断进步导致了生产以及经营管理活动的大型化和复杂化,与此对应的工程活动也逐渐发生改变,单单凭借管理者的社会经验指导生产经营活动的传统方式已经完全不能满足要求,以先进的科学技术理论来指导人类生产和管理活动成为时代的迫切需要。特别是在第二次世界大战的强劲推动下,以系统的思想作为指导显得尤为重要,正是此时系统工程作为一种科学的技术和方法应运而生。20 世纪 40 年代,美国贝尔电话公司在设计建造电话通信网络的任务中创造性地使用了系统的观点,按时间顺序把工作划分为规划、研究、开发、工程应用和通用工程等 5 个阶段,取得了良好的效果,他们把这种工作方法称为系统工程。20 世纪 50 年代美国密歇根大学的古德(H. Goode)和麦考尔(R. Machol)对系统工程方面的实践进行了总结,出版了《系统工程》一书,这也是该领域的第一部专著。到 20 世纪 60 年代,霍尔(A. D. Hall)提出了极具特色的霍尔三维结构。自此,系统工程作为一个新的科学正式形成了。

1.3.2　系统工程定义

系统工程是一个前沿化的概念,作为一门横向交叉学科,系统工程正处在不断发展和完善的过程中,到目前为止还没有一个统一的科学定义。不少学者曾尝试给系统工程下定义,比较有代表性的有以下几种。

(1) 美国学者切斯纳指出:"系统工程认为:虽然每个系统都是由许多不同的特殊功能部分所组成,而且这些功能部分之间又存在着相互联系,但是每一个系统都是完整的整体,每个系统都要求有一个或若干目标。系统工程则是按照各个目标进行权衡,全面求得最优解(或满意解)的方法,并使得各组成部分能够最大限度地相互适应。"

(2) 1967 年日本工业标准(JIS)规定:"系统工程是为了更好地达到系统目标,而对系统的构成要素、组织结构、信息流动和控制机制等进行分析与设计的技术。"

(3) 日本学者三浦雄武指出:"系统工程与其他工程学不同之处在于它是一门跨越许多学科的科学,而且是填补这些学科边界空白的边缘科学。因为系统工程的目的是研究系统,而系统不仅涉及工程学的领域,还涉及社会、经济和政治领域。为了圆满解决这些交叉领域问题,除了需要某些纵向的专门技术之外,还要有一种技术从横的方向把它们组织起来,这种横向技术就是系统工程。换句话说,系统工程就是研究系统所需要的思想、技术、方法和理论等体系的总称。"

(4) 《中国大百科全书·自动控制与系统工程卷》给出的定义为:"系统工程是从整体出发合理开发、设计、实施和运用系统的工程技术。它是系统科学中直接改造世界的工程技术。"

(5) 1978 年我国学者钱学森在他的著作《论系统工程》中指出:"系统工程是组织管

理系统的规划、研究、设计、制造、试验和使用的科学方法,是一种对所有系统都具有普遍意义的科学方法。""系统工程是一门组织管理的技术。"

对系统工程各种各样的定义反映出不同学者在探讨问题的角度、认识问题的深度以及科学研究的范围等方面的差异。综合以上各种观点可以看出,系统工程是一门从整体出发合理开发、设计、实施和运用系统的工程技术。它根据系统总体协调的需要,综合应用自然科学和社会科学中有关的思想、理论和方法,利用电子计算机作为工具,对系统的结构、要素、信息和反馈等进行分析,以达到最优规划、最优设计、最优管理和最优控制的目的,以便充分地发掘人力、物力、财力的潜力,并通过各种组织管理技术,使局部和整体之间的关系协调配合,以实现系统的综合最优化。

1.3.3 系统工程特点

系统工程的主要特点可归纳为以下几个方面。

(1) 系统工程的技术性本质。系统工程是一门工程技术,其中不仅包括改造自然界过程中直接施工者的各种实践活动,如建筑屋宇、制造机器、架桥筑路等,而且也包括工程指挥者的各种组织管理实践活动。在许多情况下,这两种实践活动是紧密联系在一起的。系统工程不是理论体系,它不强调学术观点。系统工程是在做出战略决策和制定路线、方针和政策之后解决如何实施的技术和方法。当然作为某种方法,系统工程也可用到决定大政方针的过程中去。

(2) 系统工程强调系统观点。一方面系统工程强调研究对象的系统性。从时间的角度中看,系统工程把系统的运动过程看作由许多相互关联的阶段、步骤或工序组成的过程集合体,强调把握全过程,从全过程出发照应各个阶段的衔接。从空间的角度上看,系统工程把研究对象看作由各部分组成的整体,强调了自然界各组分之间的相互联系,从系统的整体出发处理所有问题。另一方面系统工程还强调所用方法的系统性。作为一种知识体系,系统工程是利用系统科学的各种概念、原理和方法解决组织管理问题的各种专业和学科的总称。在研究系统问题过程中,特别是在研究复杂系统问题过程中,系统工程通常采用多种方法相结合或多种方法交替使用的方式,以使系统以最优的路径达到其目标。

(3) 系统工程的综合性。工程技术的对象通常都是多样性的综合,作为过程技术的系统工程不能回避客观对象的多样性和复杂性。系统工程的综合性表现在:研究对象的综合性、应用科学知识的综合性、使用物质手段的综合性、考核效益的综合性,等等。系统工程在处理现代复杂大系统的过程中要涉及自然科学、社会科学、数学、技术科学等广泛的领域,需要运用多学科的成果,需要多方面的专家合作,需要通才。

(4) 系统工程的创造性。运用系统工程解决复杂的系统问题需要有高度的工程想象力和创造性思维;探索系统工程应用的新途径、新方向需要在观念上有新的突破,要提出新思想、新概念;要有洞察力,善于把似乎与工程实践无多大关系的新理论、新观点和新方法引入工程问题,开辟解决技术问题的新路子。系统工程需要科学性和艺术性的统一。

(5) 系统工程的广泛适用性。系统工程的应用领域十分广泛,主要有工程系统、社会系统、经济系统、农业系统、企业系统、科学技术管理系统、军事系统、环境生态系统、人才开放系统、运输系统、能源系统和区域规划系统等。

1.3.4　系统工程的发展趋势

从 20 世纪 40 年代美国贝尔电话公司设计电话通信网络中创造了"系统工程"这一全新的概念开始,"系统工程"这个词迅速被不同行业的工程师所采用。20 世纪 50 年代以来,系统工程在许多大型工程项目和军事装备系统的开发中充分显示了它在解决复杂系统问题时的效用。20 世纪 50 年代末,美国在研制北极星导弹时首先创用了计划协调技术(PERT)。20 世纪 60 年代,美国国家航空航天局(NASA)在执行阿波罗登月计划中又把 PERT 发展成图解协调技术(GERT),并应用计算机仿真技术确保各项试验项目如期完成。在解决各种复杂的社会技术系统和社会经济系统的最优设计和最优控制方面,系统工程也得到了广泛的应用,其应用领域不断扩大。

20 世纪 60 年代初,我国在导弹研制过程中建立了总体设计部,采用了计划协调技术。20 世纪 70 年代后期,我国科学家钱学森、许国志、王寿云发表了《组织管理的技术——系统工程》的文章,把系统工程看成是系统科学中直接改造客观世界的工程技术,对中国的系统工程的发展和应用起到了极大的推动作用。在随后几十年的时间里,系统工程的应用范围逐渐扩展到社会中的各个领域,并且形成了一些专门的系统工程:社会系统工程、经济系统工程、交通运输系统工程、能源系统工程、军事系统工程等。1980 年,我国成立了系统工程学会,迅速推动了我国系统工程的研究和应用。

如今系统工程已经在理论研究和实际应用方面取得了巨大成就,引起了社会各界的普遍重视。系统工程的发展趋势为:

(1) 系统工程作为一门交叉学科,日益向多学科渗透和交叉发展。由于自然科学与社会科学的相互渗透日益深化,为了使科学技术、经济、社会得以协调发展,需要社会学、经济学、系统科学、数学、计算机科学与各门技术学科的综合应用。

(2) 系统工程作为一门软科学,日益受到人们的重视。从 20 世纪 70 年代开始,社会上出现了一种由重视硬技术到重视软技术的变化趋势。人们开始从研究"物理"扩展到研究"事理",并开始探讨"人理";对系统的研究也从"硬件"扩展到"软件"。近年来又开始探讨"斡件"(org-ware),即协调硬件和软件的技术。国外还有人提出要探讨"人件"(human-ware),即探讨人类活动系统。

(3) 系统工程的应用领域日益扩大,进而推动系统工程理论和方法的不断发展和完善。近年来,模糊决策理论、多目标决策和风险决策的理论和方法、系统动力学、层次分析法、情景分析法、冲突分析、多相系统分析、计算机决策支持系统、计算机决策专家系统等方法层出不穷,展示了系统工程广阔的发展前景。

思考与练习题

1. 试述系统思想发展的三个阶段各自的特点。
2. 什么是系统? 系统的主要特性有哪些?
3. 何为系统工程? 系统工程的主要特点有哪些?
4. 请列举两个采用系统工程思想和方法成功解决实际问题的案例。

第 2 章

系统工程方法论

子曰："工欲善其事，必先利其器。"可见，在做事之前，选择好方法，准备好工具是至关重要的。对于方法，大家都比较熟悉，平时也会时常用到，例如学习方法、工作方法，它指的是我们解决思想、说话、行动等问题的门路、程序等。而对方法论就可能比较陌生，那么什么是"方法论"呢？新华字典给出的解释有两种："①关于认识世界、改造世界的根本方法的学说。②在某一门具体学科上所采用的研究方式、方法的综合。"而系统工程方法论对应的就是第二种解释，是指用于解决复杂系统问题的一套工作步骤、方法、工具和技术。系统工程方法论综合应用了运筹学、控制理论、信息理论、管理科学、心理学、经济学以及计算机科学等有关理论和方法，在此基础上形成了科学思想和方法。

2.1　系统工程方法论的原则及其基本方法

2.1.1　系统工程方法论原则

中国有句古话说"没有规矩，不成方圆"。系统工程在选择方法和运用方法的过程中必须要遵循系统论原理的一些根本原则。

1. 整体性原则

系统工程认为任何工程都是由不同功能部分构成的一个有机整体。不论是整体还是部分都有自己需要实现的目标和运动规律，但是整体影响着局部，它决定了局部的功能和目标，也规定了各部分的性能指标。系统工程的整体性原则要求运用全局的观点贯彻实施工程的每个阶段，协调整体与局部间的关系，更重要的是去协调整个工程与其他更大的工程任务之间的关系。

2. 可行性原则

系统工程是一种工程实践活动，因此需要讲求可行性。由于在真正的实践活动中，系统优化往往会受到客观条件的制约，导致优化的方案可能有悖于实际情况，即出现优化而不可行的方案。此时应当将优化原则与可行性原则相结合，在可行性的基础上寻求最优方案。

3. 动态性原则

系统工程是一种实践活动，通常伴有复杂的实践过程，整个过程具有一种动态性。这种动态性是由系统内部因素之间的相互作用以及外部环境的多变性造成的，也正是由于系统工程的动态性，时刻关注系统内外各种因素的变化变得非常重要。只有掌握这些变化的性质、方向、程度等才能够采取相应的措施，调整工程原先拟订的方案，在变化中求得系统优化。

4. 有序相关性原则

系统内部要素之间、子系统之间的相互关联和制约造就了系统的整体性。然而即使不同系统中包含的要素是相同的,但是由于每个系统的内部各要素之间的组织管理方式和结构有所差异,就会导致整个系统在功能上产生巨大的差异。但是不可否认的一点是,要素间的相互关系越是有序的系统,其整体功能就越优良。由此一来,为了使得系统的整体功能发挥得更好,就应当集中精力于系统内部的组织管理工作。

5. 目标优化原则

系统工程需要考察完成工程项目所要付出的代价和收益以制订相应的计划,建立和运行整个系统,而高效益是任何工程项目都向往的最终目的。目标优化原则要求系统工程师在组织管理一个系统时应该自觉追求系统的最优性能,尽量以最小的代价换取最大的收益。

2.1.2 系统工程应用的基本方法

1. 模型方法

一般情况下,系统工程的作用对象比较庞大,主要是大型复杂系统,倘若将设定的方案直接用于组建和管理对象系统,一旦原定方案不合适导致整个工程试验失败,可能会造成无法估计的巨大损失,代价过高。此时采用模型法不失为一种很好的方法,首先对模型进行小范围的试验,在对模型试验成功后用于真实系统。

模型方法实际上是排除了真实系统中大量的非本质因素,仅根据工程活动的整体目标对其中的主要因素构建模型。换句话说,就是对真实系统抽象和简化,使得建立的模型较原型更为简单并且基本具备真实系统的功能以及结构。简单的模型更容易理解,便于操作;过分复杂的模型难以操作,也将失去作为模型的价值。有效性和准确性是模型必须具备的两大特性,有效而准确的模型才能较精确地反映出真实系统的主要特征和功能。同时,脱离了实际意义的系统模型即使理论上再精确,也不可取。

模型化方法要涉及实物模型方法、数学模型方法和计算机模型方法等。实物模型简单而直观,对于解决比较简单的实验任务而言不失为一种很好的选择;数学模型方法从定量化角度揭示了事物内部的联系以及事物之间的相关性;计算机模型则是用来分析复杂系统问题的常用手段,其实质主要是借助先进的计算机技术对系统进行分析和优化。通过模型化方法能够加深对事物的了解。

模型的建立是科学性与艺术性的统一,也需要有扎实的理论基础和丰富的实践经验。运筹学和控制论为建立模型提供了许多卓有成效的原理和方法。但是仅仅有理论依据还是远远不够的,系统工程师必须充分发挥自己的创造性思维,类比不同事物以及事物的内部要素,将着眼点放在主要因素上。建立模型一直被视作是系统工程最关键且最具挑战性的一步。

2. 定量化方法

系统工程要求牢牢把握定量化原则,因此它是现代工程技术领域中的一种定量化的系统方法,主要运用数学方法对整个系统的组建和管理进行处理。这也是系统工程与历史上那些自发运用的系统工程思想的最大区别。

定量化方法是对系统进行精确的定量研究所采取的方法。定量化方法包括三个内容：一是以一种客观尺度对系统进行测度，得出系统的状态空间表示；二是对系统的各个要素之间的相互关系的量变规律进行正确描述；三是用数学演算寻找最优方案。

定量化方法的前提条件是收集有关工程对象完整的数据和信息，并且对其做预处理，核心是建立系统的数学模型。建立数学模型之后，就需要寻找适当的方法求解、分析和评价模型。运筹学等现代数学理论和电子计算机技术为这些工作提供了强有力的后盾。在系统工程的研究和应用中，虽然一直强调定量化的重要性，但并不意味着要贬低经验和定性分析，近似性和模糊性的信息亦具有研究价值。将理论与经验、定量分析与定性分析、精确方法与模糊方法结合起来才能够充分发挥系统工程的效果，而且越是复杂的系统越要强调这种结合。

3. 最优化方法

最优化方法，即寻找解决问题的最优方案的方法。这也是现代技术指导下的系统工程的显著特征之一，是人类改造客观世界的能动性和目的性的重要体现。运筹学和控制论中的最优化理论成为实现最优化需要的有效工具，通常包括活动步骤、技术手段、达到目标三部分内容。对提出的各种候选方案进行比较，找出其中最优的方案时，涉及的步骤一般有：选择目标，建立模型，寻求最优解，综合评价。虽然每个系统的优化工作的具体目标不尽相同，但使得系统整体效益最大是这些系统问题的共同追求。

2.2　西方系统工程的方法论代表

从 20 世纪 50 年代起，许多系统工程学者有意识地描述过使计划成功所需要的程序，包括必需的活动以及协调专家工作的方法，即系统工程方法论的有关步骤、工具和方法。西方对现代系统工程的研究开始较早，形成了多个具有代表性的方法论流派。

2.2.1　霍尔方法论——硬系统方法论

霍尔方法论是颇具代表性的硬系统方法论（hard system methodology），亦称霍尔三维结构，又被称作霍尔的系统工程。其创始者 A. D. 霍尔（Arthur David Hall，1925—2006）是美国系统工程领域的专家，生于美国弗吉尼亚州林奇堡，1949 年获普林斯顿大学工程学士学位，后在贝尔电话公司通信开发训练部学习 3 年获得结业证书，于 1965 年、1968 年先后获得硕士和博士学位。在贝尔电话公司工作的 16 年时间里，霍尔分别主持过波导及同轴电缆脉码调制传输的系统规划，并且参与了教育电视、共用天线电视、无线电和电视广播以及电视电话的系统规划。根据在贝尔实验室的丰富经验，霍尔于 1962 年完成了《系统工程方法论》（*A Methodology for Systems Engineering*），对系统工程一般的工作步骤、阶段划分和常用的知识范围进行了概括总结，并于 1969 年提出了著名的霍尔三维结构模型（three-dimensional morphology of systems engineering）。相较之前的软系统方法论，它最初产生于所谓硬的工程系统，在处理大多数工程项目和一些偏硬的问题时显示出较大的成效，因此受到各国学者的普遍重视。

霍尔三维结构将系统工程活动分为时间上前后紧密连接的 7 个阶段和逻辑上环环相

扣的 7 个步骤,同时考虑到为完成各个阶段和步骤所需要的各种专业知识。这样为解决规模大、结构复杂、涉及因素众多的大系统问题提供了科学的思维方法。霍尔三维结构包括时间维、逻辑维和知识维,如图 2-1 所示。

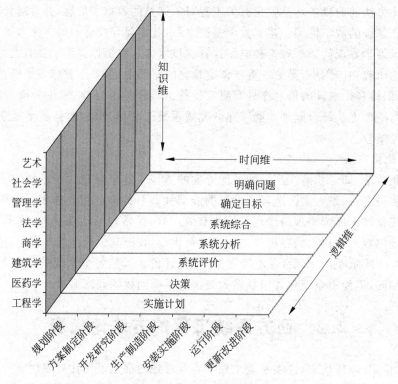

图 2-1 霍尔三维结构

1. 时间维

时间维(phases)表明了一个具体的工程项目从开始到结束的系统开发的全过程,按照时间上的先后次序可粗略地划分为 7 个阶段,有的教科书上将 7 个阶段化简到 6 个阶段,这种做法的合理性见仁见智,此处我们介绍霍尔在其论文中提出的 7 个阶段。

(1) 规划阶段(program planning):调查研究系统对象,分析环境条件,确定所需资源,确定目标,提出初步规划,列出需要更进一步详细计划的可行方案。总之,这一阶段需要达到两个目标:一是制定总体工作纲要;二是为下一步提出的具体方案提供背景信息。

(2) 方案制定阶段(project planning):根据规划目标提出具体的系统方案、解决具体问题和分析具体需要。与规划阶段不同之处在于,该阶段集中研究单个方案,并需要在候选方案中确定最佳方案。

(3) 开发研究阶段(system development):以上一阶段的系统方案为基础,制订详细而具体的生产计划,为系统要达到的目标提供方法建议,使得工程管理者可以据此来指导整个开发研究过程。例如需要准备好供应商及施工组织的详细说明、图纸、物料清单等。这一阶段有以下 5 个要点。

① 确定总体目标。

② 确定具体目标,使得系统的整体目标可以由这些具体目标加以整合后最终确定下来。

③ 将目标与现行技术进行比较,确定已经具备的能够达到目标的技术手段,以及尚待开发的新技术,制定新的开发项目和方案。

④ 进行费用估算,使得确定的费用方案能够达到最省的目标,从而制订相应的财政计划。

⑤ 查明尚存的不确定性问题,搜集资料,作出工作计划书。

(4) 生产制造阶段(production):执行上一阶段的计划,生产制造所需的所有零部件,并提出详细而具体的安装计划。

(5) 安装实施阶段(distribution):安装好系统,并拟订详细的运行计划。

(6) 运行阶段(operations):将安装好的系统投入运行。

(7) 更新改进阶段(retirement):根据在运行过程中出现的新问题,对系统进行改进或取消,建立新系统,旧系统慢慢淡出,新系统逐渐取代旧系统。

2. 逻辑维

逻辑维(steps)具体是指上述时间维中每一阶段一般都需经历的逻辑过程,通常分成明确问题、确定目标、系统综合、系统分析、系统评价、决策和实施计划这 7 个步骤,它们是运用系统工程方法以解决问题的一般步骤。由于时间维上的每个阶段必须要有逻辑性,因此都要按照逻辑维的步骤依次进行,不过可以反复利用这 7 个步骤直到每个时间阶段都达到目标为止。

(1) 明确问题(problem definition):只有对所要解决问题的历史现状以及发展趋势进行调查研究,才能够洞悉问题的实质和关键,调查研究工作是明确问题这一环节的关键。系统本身的结构和功能影响了整个系统的发展方向,但是系统的发展趋势不仅取决于自身因素,外部环境也是一大作用因素。所有系统都是在一定的环境下孕育出的,并受其约束,同时用来评价系统和做出决策的事实根据亦源于环境。社会、政治、经济、人员技术以及自然环境等方面塑造了涉及范围相当广泛的环境因素。当然,系统对环境也存在反作用,系统的功能能够改造外部环境,也就是说系统和环境之间是相互作用的。因此,在调查研究过程中对环境因素的分析是至关重要的。

(2) 确定目标(value system design):确定目标关系到整个工程的方向、范围、投资、工程周期、人员分配等问题,因此是很重要的一个环节。A. D. 霍尔曾在《系统工程方法论》一书中明确指出:"确定正确的目标比选择正确的方案更为重要。因为若选错了目标,必然会使注意力集中到次要问题上,而达不到解决问题的目的;反之,若根据由可靠的问题调查、分析得出的目标选择方案,即使在恶劣的情况下也仅仅是没有得到一个最优化的方案而已。"这一环节中,正确确定任务所要达到的目标或目标分量,根据目标拟订评价标准,采用多目标方法设计评价算法,形成相应的评价指标体系是最主要的工作。同时,在确定目标时应注意以下几条原则。

① 要有长远观点:应选择对系统的未来有重大影响的因素为目标,而不光考虑眼前因素。

② 要有总体观点：要从系统的总体角度出发，着眼于整体效果，而不能过分关注局部效果。

③ 注意全面性：目标中应包含对所期望解决问题方案的全方面的重要要求。

④ 注意明确性：目标应准确明了，使用数量表示各个目标可以使目标变得明确。

⑤ 注意层次性：确定多目标时，应区分主次、轻重、缓急。

⑥ 注意可行性：选择的目标应该是可以实现的，即在技术方面具有可行性，且在社会因素和价值观念等方面能够被接受。

一般的工程项目大多都是多目标的，而在多目标体系中，往往会存在目标间的冲突或矛盾。对于这种情况通常有以下两种处理办法：一种是坚持形成没有矛盾的目标系统，剔除引起矛盾的次要目标，或者忽视同时引起矛盾的那几个目标，只接受目标系统中那些相容的目标；另一种是采取妥协的处理方案，即所有的目标都将被采纳，但是根据各目标在目标体系中所占的重要或优先程度分配权因子，然后再加以综合，最终形成折中的目标体系。

（3）系统综合（systems synthesis）：前两个步骤旨在明确解决的问题是什么，包括系统的任务、追求的目标、必须适应的环境等，而系统综合则开始致力解决怎样去做这一问题。系统综合是一种创造性的行为，它能够为系统提供一组满足总体目标的备选方案。综合并不是将已分解的要素简单地拼接起来，而是在总体目标的支配下，根据调查研究所得到的各要素之间、要素与系统之间、系统与环境之间的联系特性，寻求系统内部新的优化结构，创造出新的系统整体。系统综合的实质是创新，创新的基本模式有以下两种。

① 集成性创新，对现有的技术以及方案进行筛选、重组和整合，利用创新的系统结构模式来集成现有的技术以涌现出新的系统性能。

② 原创性创新，关键技术和系统的结构模式都是新创的，二者结合以产生全新的系统性能。

由于系统综合的过程是一个不断寻求可行方案的过程，在这个过程中，可采用以下策略用以寻求可行方案。

① 决策树方法：按照系统的层次，从目标层开始，由高层次不断分化出低层次，最后在最低层形成几组可选的系统方案，形成决策树。

② "从外向里"的策略：从解决问题方案期望的效果以及其表现出的外部关系出发，确定出解决问题方案所必需的组成要素。

③ "从里向外"的策略：以现有的可行方案要素的组合为出发点，假设这样的要素组合能够适应于外部环境状况。需要强调的是，这种策略与系统工程的基本思想是相矛盾的，如果提出的方案中的各组成部分的变化对系统的外部作用影响非常大，那么系统就不可能适应环境，制定的方案也就无法体现出优点。

④ 混合策略：综合使用"从外向里"策略和"从里向外"策略，以"从外向里"策略为主，以"从里向外"策略为辅。

（4）系统分析（systems analysis）：由于系统综合的结果基本上是定性的，而实际工程必须要有定量的结论。系统分析的主要任务就是得到这些定量化的结论。系统分析具体是指按照既定的系统评价指标，从系统的性能、特点以及对预定任务的实现程度等角度,对不同方案进行严格的分析比较。分析比较时需要考虑到很多问题:方案是否完整;方案是否可以达到系统目标,以及其各方面的功能(包括逻辑性、安全性、综合性和可靠性等)是否符合要求;方案的可比性如何;实施这一方案的技术、社会、经济条件是否成熟;该方案一旦实施之后会产生哪些效果,这些效果是否都是有利的……通过在整个系统分析过程中考察这一系列问题,便可以整合类似方案或剔除不合适的方案以减少方案的数量,为之后的评价阶段提供合适的处理条件。

这里需要注意的是,虽然系统综合和系统分析看上去是两个独立的步骤,但却不能完全将二者分离,因为在形成方案的同时,即进行系统综合时,也要立刻开始对方案进行严格的分析,即系统分析的过程。当所形成的方案越复杂,需要完成的任务越重要,就应当越早地对方案进行严格的、系统的分析。系统分析的核心一是要根据目标建立相应的数学模型;二是要进行数学分析以及数值计算。缺少了这两步的工程组织管理还不能够被称为严格意义上的系统工程。

(5) 系统评价(方案优化)(optimization):对各方案的结果加以评价,判断其优劣程度。系统方案评价通常从技术和经济两个方面进行,在技术上领先,在经济上合理的方案往往是令人满意的。系统评价是决策的准备工作,为决策者提供了决策的依据。因此可以说,没有正确的评价就不存在正确的决策。

系统评价是对各项政策、活动、控制和整个系统进行定性及定量的评价。在系统开发的不同阶段,它对应着不同的内容。在实现系统的事前有事前评价,研制过程中有事中评价,研制完成后有事后评价。评价可以对每个阶段的结果进行定性或定量的分析与估计,为本阶段和下阶段的工作提供依据。定量的数学模型给出的评价往往可以为之后的决策带来更多的方便,例如对方案进行评价时,首先可根据目标体系确定评价目标的具体内容,如性能、成本、可靠性等。其次根据各目标的重要程度确定相应的评价系数,可以围绕技术、经济、社会三大要素的可行性建立评价表,利用统计学原理计算出各方案最终的评价值,以费用少、效益高、性能优、风险小的系统方案为优。

(6) 决策(decision making):决策者在分析与评价的基础上,于多个可选方案中做出选择,确定行动方案。如果是单指标择优,那么就简单而确定,如果是多指标择优,相对来说就会比较复杂;同样,备选方案较少时择优更加容易,而备选方案较多时择优就会比较困难。倘若出现备选方案很多,同时指标也非单一,不同指标之间相互抵触,即难以存在各方面都达到最优方案的情况,必须进行综合评价,只能相对地追求多目标综合优化。考虑到客观因素的影响,因此有时选定的方案不一定在理论上最优。

(7) 实施计划(planning for action):具体实施最终选定的方案。在这一环节上,需要交流成果,分配资源,确定最后的实施计划,并设计反馈系统以控制后续情况。

需要注意,以上各个逻辑步骤在时间的先后顺序上并没有严格的要求,它们的划分并不是绝对的,把某一个步骤分成几步来完成或者反过来都是可行的,应根据实际需要而定,是包含了多个反馈的复杂结构。

3. 知识维

工程的系统性还体现在它所用知识的系统性上。系统工程只能为工程组织管理提供一般的方法和技术,而事实上,由于实际的工程活动存在差异性,各有特点,因此具体工程的造物活动需要各自领域的专业知识加以辅助,比如工程系统工程需要有自然科学知识,环境系统工程需要有关环境工程的专业知识等。只有将每一种具体工程的专业知识同系统工程的一般方法联系起来,才能够形成各种部门系统工程。知识维(professions)表明了完成各个阶段和各个步骤所需的各种专业知识、技能和技术。例如:艺术、社会科学、管理学、法律、商务、建筑、医药、工程等各方面的专业知识。

系统工程方法论虽然可在三维结构空间上扩展,但在作为具体方法采用时一般只使用时间维和逻辑维,构成两维活动矩阵(见表 2-1)。矩阵要素可表示出在该阶段和该步骤的唯一行为。如表中 a_{11} 表示规划阶段的问题定义。

表 2-1　系统工程的活动矩阵

逻辑维 时间维	明确问题	确定目标	系统综合	系统分析	系统评价	决策	实施
规划阶段	a_{11}	a_{12}					a_{17}
方案制定阶段	a_{21}						
开发研究阶段	a_{31}						
生产制造阶段				a_{44}			
安装实施阶段							
运行阶段	a_{61}						a_{67}
更新改进阶段	a_{71}	a_{72}				a_{67}	a_{77}

从活动矩阵可以看出,其中各项活动是相互影响、紧密联系的。为使系统在整体上取得最优效果,应将各阶段、各步骤的活动反复进行。霍尔三维结构模式形象地概括了系统工程的一般步骤和方法,从而为解决规模较大、结构复杂、因素众多的工程系统问题提供了一个解决问题的大体思路。当然这只是一种一般化的总结,在具体规划和实施系统工程过程中,还有待于对具体问题具体分析,有待于实施系统工程的人员去创造和发展。

2.2.2　切克兰德方法论——软系统方法论

从 20 世纪 70 年代起,人们就逐渐将目光转向系统工程的相关理论在社会经济方面的推广应用。由于社会经济系统属于复杂巨系统的范畴,具有影响因素多、复杂多变以及难以进行定量分析的特点,因此很难像对待普通的工程技术系统那样,事前就能够依据若干评价标准设计出符合需要的最优系统方案。针对完全按照解决工程技术问题来处理社会经济系统问题会产生许多困难的这种情况,英国学者 P. 切克兰德(Peter Checkland)在大量实践的基础上提出了"软系统方法论"(soft systems methodology,SSM)。

P. 切克兰德 1930 年生于英国伯明翰,1954 年从牛津大学圣约翰学院获得化学硕士学位,并在化工领域工作了 15 年,于 1969 年转入兰切斯特大学的系统科学系任教。在兰切斯特大学任教的这段时间里,切克兰德专心从事学术探讨,致力于"软系统方法论"的创建。他曾公开发表和出版过许多重要的著作,如《系统论与科学——工业与发明》(1970)、《运用系统方法——根定义的结构》(合著,1976)、《系统论运动概观》(1979)、《系统思维与系统实践》(1981)、《行动中的软系统方法论》(合著,1998)等。切克兰德认为如果完全按照解决工程问题的思路来解决社会问题或"软科学"问题,将会遇到许多困难,因为在设计价值系统、模型化和最优化等步骤上，有许多因素很难进行定量分析，而且与问题相关的人们立场往往会有不同，价值观也有所区别，很难得到一致的看法，因此需要通过不断磋商、反馈、协调，得到最后的"可行"、"满意"或"非劣"解，而不是所谓的"最优"解。他的"软系统革命"区分了软问题和硬问题、软工程和硬工程、软系统和硬系统、软方法和硬方法。软、硬范畴的引入分别从方法和技术层面丰富了系统科学和系统思想，这是研究系统问题中的一个较大的更新和转折，也为解决社会经济问题提供了新的方法和模式。切克兰德对系统科学领域的复杂性探索做出了巨大贡献，他提出的全新方法对研究系统问题发挥了重要作用，也代表着英国科学界对整个系统科学领域的探索成果。

1. 基本观点

从切克兰德的著作中可以看出他的学术视野非常开阔。关于系统运动整体发展的来龙去脉，以及软系统方法论在科学中的地位，切克兰德是这么解读的：

（1）根据客体存在于现实世界的问题特性，切克兰德把问题分为两大类。一类称为有结构问题，即"硬"系统问题，此类问题的特点是能够被描述为寻找一种有效手段以获取确定目标的问题；另一类称为无结构问题，即"软"系统问题，与第一类问题相反，它们无法被描述为寻找一种有效手段以获取确定目标的问题。

（2）根据结构的内在特性，切克兰德把系统分为两大类："硬"系统和"软"系统。那些机理清晰，偏重工程方向，而且完全能够用明确的数学模型来定义系统要素及其相互关系的系统就被称作"硬"系统，也叫良结构系统，如物理系统和工程系统都属于这类系统；而那些机理不清，偏重社会方向，一般难以用明确的数学模型来描述，只能用定量和定性结合的方法或只能用定性方法来处理的系统就是"软"系统，也被称作不良结构系统，如社会系统和经济系统就是这类系统。

（3）根据不同方法所决定的问题类型，切克兰德指出霍尔方法论和系统分析方法论在本质上是一致的：都是由工程师在工程领域中提出来的，主要针对具有明确的系统目标的结构化问题，也就是"硬"系统问题，因此把它们归结为"硬"系统方法论。这类方法论的最大特点是"手段-目标"的问题处理方法是其在解决现实世界问题时遵循的统一模式，通过分析系统现状、确定系统描写、选择合适方案这三个逐步解决问题的阶段，使系统从现时状态过渡到目标状态。切克兰德将自己提出的方法论称为"软"系统方法论，主要针对问题本身就难以定义的"软"系统问题。

简言之，软系统其实可以这样界定：系统运动表现在两个方面——系统本身的研究和系统思维在其他领域中的应用，软系统方法论属于前者；系统论本身的研究也表现在两个方面——系统思维的理论性发展和系统思维在现实世界问题求解中的应用，软系统方法论属于后者；系统思维在现实世界问题求解中的应用又表现为三个方面——硬系统论中的工作、以系统分析（运筹学和管理科学）为代表的帮助决策以及软系统论中的工作，软系统方法论属于后者。

2. 基本思路

切克兰德的"软"系统方法论的核心不是寻求最优，而是"调查学习"，通过不断地调查比较学习中找出改善系统的方法，也被称为"调查学习法"。它由 7 个阶段组成：无结构问题情景、问题情景的表达、相关系统的基本定义、概念模型、问题表达与模型的比较、寻找可行满意的变化以及改进问题情景的行动。这 7 个阶段之间的关系如图 2-2 所示。这 7 个阶段又被划分为现实世界和系统思维两部分，其中第 1、2、5、6、7 阶段表示现实世界部分；第 3、4 阶段表示系统思维部分。

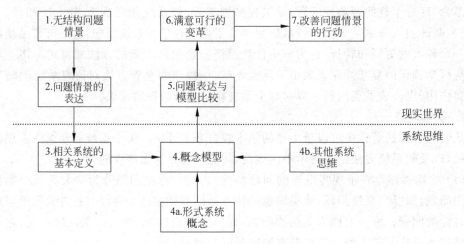

图 2-2　切克兰德方法论工作流程

1）阶段 1 和阶段 2：表达问题并理清关联因素

首先我们需要弄清楚问题与问题情景的区别：问题是指实际系统状态与期望状态之间的差异；而问题情景是指感到问题存在，但无法明确定义的某种环境。在最初使用软系统方法论的时候，应当避免立即使用系统科学的专业词汇，以防曲解问题情景以及草率得出结论的情况发生，这是因为在使用硬系统方法论时，很容易给问题情景设定特定的结构。要尽可能多地广泛收集对问题的感知，产生改进局面的愿望。问题情景中缓慢变化的"结构"元素和连续变化的"过程"元素以及二者之间的相互关系是该阶段的主要考察对象。只有建立起尽可能多的问题情景，才能呈现出一系列与问题有关的观点。为进一步研究问题情景提供便利是第 1、2 阶段的主要任务。

2）阶段 3：相关系统的基本定义

第 3 阶段的目的是"命名"一些看起来可能与假定问题有关联的系统，可以用"大量图"（rich pictures）或语言描述简明地定义这些系统是什么，从而产生一个对系统性质的简明的陈述。当然，这些陈述并不是一成不变的，随着以后的研究工作中对这些系统理解的加深可以随时对其进行反复修改。这些定义是从某一特定角度出发，对人类活动系统的一种简要描述，也被称为基本定义，主要用来说明所定义系统的基本性质。

基本定义中又包含 6 个要素，也称为"内核"，可缩写为 CAOWTE，分别表示：

C（customer）是所建系统或所涉及问题的利益主体，包括受益者和受害者；

A（actor）是系统的直接实施者，也称执行者；

O（owner）是指系统的所有者；

W（weltanschauung）是人们处理问题的世界观和人生观；

T（transformation）是指从输入到输出的转换过程；

E（environment）表示系统所处的环境和条件。

这 6 个要素涵盖了一般系统中遇到的人、信息变换、思考问题的依据以及系统所处的环境。这样一来,任何基本定义都能够被视作对设想为一种变换过程的一系列目的的人类活动的描述。从这个阶段开始,SSM 由世界进入思维世界,要自觉而全面地应用系统思维和系统语言。

3) 阶段 4:建立概念模型

基于阶段 3 得到的基本定义构造,其对应的人类活动系统的概念模型是该阶段的主要任务。建立概念模型不同于建立数学模型,该模型是由一组结构化的,可以用来说明行为者直接进行的活动的动词所构成,但是它不同于对实际人类活动系统的状态描述,仅是根据阶段 3 所定义的有结构的活动集合,这一阶段是 SSM 方法的关键步骤。通过 4a 和 4b 步骤的辅助可以有效促进阶段 4 的构造模型活动。4a 是一个"评价系统",以系统理论为依据、与经验相联系但不对人类活动系统对应的现实世界表现进行描述。这个评价系统的主要作用在于将概念模型与之相对照,以在检验中暴露概念模型及其依据的基本定义的不足等问题。如果证明概念模型存在不足,则需要说明原因,条件允许的话则回到基本定义阶段加以修正,根据修正结果重新构造概念模型。4b 同样用以检查概念模型的正确性,但它涉及其他系统思维,并且对模型加以扩展或修改,将模型转变为更适用于某些特定问题的形式。它是一个不断"学习",以改善概念模型的过程。

4) 阶段 5:概念模型与现实的比较

将概念模型与现实问题进行比较是第 5 阶段的工作核心,该阶段以讨论的形式为主,找出模型与现实之间存在的差异,查明产生这种差异的原因,找出符合决策者意图的可行方案。当构造出了基于基本定义的概念模型后,实际上,可以再构造一个形式上和概念模型一致的辅助模型,以便在模型与现实产生差异时,对其进行改动以重新描述概念模型。

5) 阶段 6 和阶段 7:实施及系统更新

在阶段 5 的比较过程的基础上,发现差异并寻找在感知到问题情景中可能发生的结构的、过程的和"态度"的变革。其中,结构的变革是指对系统组织结构的改变;过程的变革是指动态元素的改变;"态度"的变革则是指处于问题情景中的个人或集体的意识特征的改变。最后为了达到改善问题情景的目的,需要实施这些可行的、满意的变革。

需要强调的是,"软"系统方法论的 7 个阶段是一个连续循环的过程,而不是一个可以按部就班执行的方法程序。"软"系统方法论只是用来改善问题情景,并不能提供长期的问题解决方案,这是因为即使在选定的改革方案实施之后,仍然还会产生新的问题情景,这样一来,利用"软"系统方法论的过程需要继续下去。也就是说,软系统方法论是一种参与型的系统方法论。

3. 切克兰德方法论的特点

切克兰德方法论有以下几个重要特点。

(1) 它认为某种世界观隐含在了相关系统的定义以及概念模型的整个建立过程中,因此,在改进系统的同时,也必须研究对系统的改进存在影响的各种世界观。通过这些世界观定义的不同系统和建立起的不同概念模型,才能深入研究这些世界观的含义。相较一般的哲学理论,切克兰德方法论更加适用于实际的问题情景中,为实际行动提供理论指导。

（2）它认为研究是一个不断深入的、开放的，以学习、调查和认识为中心的过程，而不应该看成是一个封闭的解决问题的过程。

（3）在寻找改善问题情景行为的过程中应当遵循的准则包括两点：一是系统满意性。所谓系统满意性是指通过比较概念模型和问题情景的描述，而得到的一些被认为是满意的，同时能够改善问题情景的可能变化。二是文化可行性。文化可行性是指一旦发生了关于现实世界潜在的变化，其变化的范围必须能够被特定问题情景的文化，包括特殊的准则、价值观等所能接受。

（4）它与"硬"系统方法论之间很大的不同点在于：在"硬"系统方法论中，问题或要求都可以被看成是给定的，而在"软"系统方法论中，必须要在研究了问题情景并将其与概念模型比较后才可以明确问题以及问题情景可能发生的改变。虽然相对于技术而言，"软"系统方法论是模糊的，但却能够提供由于精确性的需求而被排除掉的灵感。

综上所述，切克兰德提出的"软"系统方法论的核心是"比较"，或者说是"学习"，相比以优化为核心的工程技术，它更注重在模型和现实世界的比较中不断学习以改善现状。"比较"这一阶段并没有要求必须进行定量分析，它更多的是鼓励组织、听取和讨论有关方面人员的意见，这也反映出了"软"系统方法论重视人的因素以及具备社会经济系统的特点。切克兰德的这套方法论一经提出，便逐渐被应用在欧美等国的工业、医疗、公共事业以及一些大型企业的管理中，并不断推广，取得了良好的研究效果。由于"软"系统方法论在处理问题时具备的"学习"特性，使得它今后将更加广泛地与其他学科方法交叉使用，在战略研究、科学预测和决策等领域不断地发展完善。

2.2.3 兰德方法论——系统分析方法论

美国兰德公司（RAND Corporation）自 1948 年成立以后，主要为第二次世界大战后美国空军的发展战略提供咨询服务。后来逐渐扩大了工作范围，在长期经验积累的基础上，创立了系统分析方法论，在人口、自动化技术、新式武器系统等问题分析方面得到了很好的应用。1972 年，在美国、苏联等 12 个国家的科学家倡导下，在奥地利拉克森堡成立了"国际应用系统分析研究所"（International Institute for Applied Systems Analysis，IIASA），其应用范围也随之扩展到社会、经济、科技、生态、环境等领域。

1. 系统分析的概念与特点

系统分析就是一个有目的、有步骤的探索和思考问题的过程。系统分析人员应用科学方法对系统的目的、功能、环境、费用效益等进行调查研究，并分别处理有关的资料和数据。在此基础上对有关备选的系统方案建立模型，并进行相应的模拟实验和优化计算，把计算、实验、分析的结果同预定的任务和目标进行比较和评价，最后整理成正确可靠的综合资料，作为决策者选择最优或次优系统方案的主要依据。

系统分析的特点就是把问题作为一个整体来处理，全面考虑各主要因素及其影响，强调以最少的投资和最高的效益完成预定的任务，从而获得满意的结果。

2. 系统分析的要素

根据 Rand 型代表性人物之一希奇的思想，系统分析方法论的要素可归结为：希望达到的目的和目标、为达到目标所必需的技术和手段（方案）、系统方案所需要的费用和可能获得的经济效益、建立各种被选系统方案及其相应的模型以及根据有关技术经济指标确定评价标准。

（1）目的和目标。为了正确获得确定最优方案所需要的各种有关信息，对系统分析人员来说，首先要做的也是最重要的工作就是充分了解和建立系统的目标。系统的目标既是建立系统的依据，同时也是系统分析的出发点。目标分析的主要内容有：分析建立系统的依据是否可靠；分析和确定系统的目的和目标；分析和确定为达到系统目的和目标所必需的系统功能和技术条件；分析系统所处的环境和约束条件。

（2）方案。为了达到预定的系统目标，可以制定若干套预备方案。通过对预备方案的分析和比较，从中选择出最优或次优的系统方案。

（3）费用和效益。开发一个大系统，需要大量的投资费用。而一旦系统建成以后就可以带来效益。通常可将费用和效益折算成货币形式来表示，将费用与效益进行比较。效益大于费用，则该系统方案可取；反之，该方案应该舍弃。

（4）模型。所谓模型就是对系统本质的主要因素及其相互关系构成的描述、模仿或者抽象，是方案的一种表达形式。在建立真实系统之前用它来对系统的沟灌功能和相应的技术进行预测，并作为系统设计的基础或依据，或者用它来预测系统方案的投资效果和其他经济指标，或者用来了解和掌握系统中各要素之间的逻辑关系。

（5）评价标准。所谓评价标准就是确定各种备选方案优先采用次序的标准。评价标准一般根据系统的具体情况而定，但标准一定要具有明确性、可度量性和适当的敏感性。明确性是指标准的概念明确、具体，尽可能唯一。可度量性是指标准尽可能做到定量分析。适当的敏感性是指标准在对多个目标评价时，应尽力寻找出对系统行为和输出较为敏感的输入，以便控制该输入来达到系统最佳行为或输出的结果。

3. 系统分析程序

在运用系统分析解决问题的过程中所遵循的一般步骤和要求称为系统分析程序。其中包括：

（1）分析问题和确定目标。要解决某个实际问题，首先要对问题的性质、产生问题的根源以及解决问题所需要的条件进行客观分析，然后确定解决问题的目标。目标必须尽量符合实际，避免过高或者过低。目标必须具有数量和质量要求作为衡量标准。

（2）收集资料和调查研究。为了更好地解决问题，需要对问题进行全面、系统的研究。因此必须收集与问题有关的数据资料，考察与问题相关的所有因素，研究问题中各种要素的地位、历史和现状，找出它们之间的联系，从中发现其规律性。

（3）建立系统模型。根据系统的目的和目标，建立对象系统的各种模型，表示出系统的行为。不同系统的特征及要求有所不同，应当建立与对象系统相适应的模型，所建立的模型必须满足以下条件。

① 应能正确而且明确地记述事实及其状况。

② 即使主要参量发生变化，所分析的结果仍然具有说服力。

③ 应该能探究明白已知结果的原因。

④ 应该能够分析不确定性带来的影响。

⑤ 应该能够明确地表示出时间的推移。

⑥ 应该能够进行多方面充分的预测。

（4）系统最优化。运用最优化的理论和方法，对若干备选方案的模型进行模拟和优化计算，并求解出相应的结果。

（5）系统评价。在最优化系统的候选解的基础上，考虑前提条件和约束条件，结合经验和评价标准确定最优解，为选择最优方案提供足够的信息。

以上 5 个步骤相互关联，需要不断反复进行，直到得到最优方案为止。

（6）实施方案。根据出现的新问题，对方案进行必要的调整和修改。为了防止系统方案实施过程中可能出现的不平衡和偏差，需要对全过程进行系统控制，直到问题完全解决为止。

（7）总结提高。问题解决以后，需要对解决问题的全过程进行综合分析，为解决新问题提供可借鉴的经验。

4. 系统分析原则

系统分析所解决的问题通常是复杂而又困难的。在分析时往往有许多前提条件需要作出假设，并且有一些因素是动态变化的，分析过程中不断受到分析人员和决策人员的价值观、系统观的影响，因此在进行系统分析实际中应当遵循一些原则。

（1）坚持以系统的目的和目标为中心。在对系统方案进行分析并做出选择的过程中，必须紧紧围绕系统的目的和目标。任何脱离系统的目标而盲目追求技术先进化、投资费用节省化、社会效益高回报化都是不正确的。只有对系统的目的和目标透彻地理解和掌握，才能在错综复杂的情况下，正确地选择所需要的最优方案。

（2）局部与总体相结合。在进行系统分析时，必须把要解决的问题看作一个整体。但是在具体分析过程中要努力揭示出系统中各个局部问题之间的相互关系，以及它们对全局所产生的影响。同时，在系统最优化时，系统的总体优化与各个局部的优化通常是相冲突的，在这种情况下，必须从系统的总体出发，各个子系统的最优选择要服从系统的总体优化。

（3）定性与定量相结合。在系统分析过程中，建模、模拟、优化计算等定量分析是人们常用的手段，它们是系统评价和最优方案选择的重要依据。但是，一些政治因素、心理因素、社会效果和精神效果等对系统分析有着非常重要的、不容忽视的影响。因此系统分析要求定性分析与定量分析紧密结合。

（4）把握主要矛盾。在系统分析过程中所遇到的问题通常是错综复杂的，必须注意剖析矛盾的机理，从中抓住主要矛盾并提出解决矛盾的途径、方式、方法和措施。反之，如果过于拘泥于细节，就有可能忽视了问题的关键所在。

2.3　东方系统工程的方法论代表

东方的系统思想可追溯到 3 000 多年前，"天人相应"、"天人合一"是东方所推崇的思想。虽然至今仍未出现将古代系统思想完美融合的系统工程方法论，很多出自东方的方法论正在不断涌现。如钱学森的综合集成方法论，顾基发和朱志昌提出的"物理—事理—人理"系统方法论，王浣尘提出的"螺旋式推进系统方法论"，日本研究柔和系统方法论的椹木义一的学生中森义辉提出的知识构成系统论等一批东方系统方法论。

2.3.1 综合集成方法论

钱学森(1911—2009),作为享誉海内外的杰出科学家和中国航天事业的奠基人,中国两弹一星功勋奖章获得者,在系统工程和系统科学领域同样有着杰出的贡献。他在20世纪80年代初期便提出了国民经济建设总体设计部的概念,并坚持致力于将航天系统工程概念推广应用到整个国家和国民经济建设中,还从社会形态和开放复杂巨系统的高度,论述了社会系统。钱学森提出处理复杂系统的定量方法学,推动了系统工程在社会系统中的应用。但是仅用定量的方法就想完全解决复杂巨系统问题,特别是社会系统工程问题显然是不可能做到的,因为即使像数学这样广泛使用的理论和方法,也无法将这些系统具体描述出来。在这种情况下,他发展了系统学和开放的复杂巨系统理论,于1989年提出了从定性到定量的综合集成方法,简称综合集成(meta synthesis),亦可称为综合集成工程。

这套方法是钱学森在研究复杂巨系统的问题时提出的,该方法从整体的角度研究解决问题的方法,采用人机结合、以人为主的思维方法和研究方式,对各个层次、不同领域的信息和知识进行综合集成,通过将专家体系、数据和信息体系、计算机技术三者有机结合,来完成从对整体的定性认识到定量认识转变,构成一个以人为主的高度智能的人机结合系统,并发挥这个系统的整体优势,去解决更多的复杂决策问题。这里的人机结合,指的是人脑的信息加工和计算机信息加工的融合。由于人类的创造性主要来自于创造性思维,而这种创造性思维实际上是逻辑思维和形象思维的结合。所谓逻辑思维,是一种定量、微观的信息处理方式;而形象思维,则是一种定性、宏观的信息处理方式。因此人类创造性思维的实质就是定性与定量、宏观与微观相结合的信息处理方式。而计算机在逻辑思维方面比人脑更加出众。所以,以人为主的人机结合能够把人脑与机器的优势都发挥出来。

综合集成开放复杂巨系统是建立在人类积累的所有知识基础上的,需在整个现代科学知识体系中作大跨度的跳跃,集大成,出智慧,产生新思想、新知识、新方法,钱学森称其为大成智慧。在哲学上,就是要把经验与理论、定性与定量、人与机、微观与宏观、还原论与整体论辩证地统一起来。综合集成方法的要点一般可以概括为以下几点。

(1) 将实践经验,特别是专家经验与判断力和现代科学的理论知识结合起来。

(2) 由于专家经验是局部而定性的,因此应当建立模型将定性角度的知识与收集到的相关数据资料结合起来,使得原本局部定性的知识达到整体定量认知的程度。

(3) 人机结合,既要充分利用知识系统和计算机的优势,又要发挥人脑的思维创造能力,两者相辅相成,从而产生更高的效率。

综合集成的实施流程如图2-3所示,一般有如下几个步骤。

(1) 面对一个实际问题时,为研究的展开做好前期准备工作,收集相关的信息资料、统计数据(其中包括系统的定性和定量特性信息)是研究者首先要做的,这也是之后对系统进行整体定量认识以及局部定性认识的基础依据。

(2) 邀请问题涉及的各方面专家,通过分析研究系统的状态、特性、运行机制等,找出

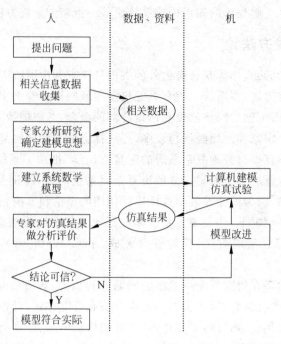

图 2-3　综合集成的实施流程

问题所在,定性地判断系统的可能行为走向以及解决问题的方案,形成经验型假设,明确系统状态变量、环境变量、控制变量以及输出变量等,确定系统建模思想。

（3）以上一步得到的经验假设为基础,有效地运用理论知识,把系统的结构、功能、行为、特性和输入输出关系定量地表示出来,形成系统的数学模型,用模型研究部分地代替对实际系统的研究。

（4）根据所建立的数学模型,将相关的数据、信息导入计算机,对系统行为做仿真模拟试验,通过试验,获得关于系统特性和行为走向的定量数据结果或预测。

（5）组织专家群体对计算机的仿真试验结果进行分析评价,并检验系统模型的有效性,进一步挖掘和收集专家的经验直觉,进行更深刻的判断。专家常常能根据仿真结果做出更多符合实际的经验总结。

（6）根据专家们在仿真试验结果进行分析评价中做出的新见解、新认识、新判断来修改系统模型,并对有关参数进行调整,再做仿真试验,专家群体再对新的试验结果分析评价,根据专家新一轮的意见再修改模型,继续做仿真试验,再请专家群体分析评价……如此循环往复地进行此过程,直至计算机仿真试验结果与专家意见大致一样,这样最后得到的数学模型便符合实际系统的理论描述,通过该系统模型获取的结论预测也将是可信的。

综合集成法是整个系统工程方法论体系中极具特色的一种方法,也是现代科学技术发展的结晶。如果说科学是认知客观世界的知识和学问,那么技术就是改造客观世界的知识和学问。随着现代科学技术日新月异的发展,不同科学领域之间相互交叉、融合,形成了一个彼此联系和影响的有机整体,同时也极大地增强了人类认知和改造客观世界的能力。现代科学技术正朝着综合化的方向发展,由此产生了许多交叉学科和边缘学科。

因此,综合集成方法在科学领域正逐渐发挥着极其重要的作用。

2.3.2　物理—事理—人理系统方法论

将人理、物理与事理相结合始于 20 世纪 80 年代中期中国系统工程学会前理事长、中国科学院系统科学研究所研究员顾基发教授为中央办公厅干部关于系统工程的培训,当时提出了作为一个好的领导干部应该做到"懂物理、明事理、通人理"。

而"物理"、"事理"和"人理"这三个概念在 20 世纪 70 年代就引起了专家学者的关注。1978 年钱学森、许国志和王寿云在国内《文汇报》发表的《组织管理的技术——系统工程》一文中指出,相当于处理物质运动的物理,运筹学也可以叫作"事理"。随后也有络绎不绝的关于事理的讨论,后在钱老与美国的著名系统工程专家李跃滋通信交流中,李先生表示赞同物理和事理的提出,并建议再加上"人理"(motivation)。在当时国内系统工程界还没有把"人理"提到和另两者相应的高度。

后来通过总结国内外各方系统工程的研究及实践,分析其成败,探寻各方因素间联系,顾基发教授和华裔学者朱志昌在 1995 年提出了"物理(Wuli)—事理(Shili)—人理(Renli)"系统方法论(简称 WRS)。

其中,"物理"指的是物质的机理,运动和技术作用的一般规律,主要解决"物"是什么,如何工作的问题,通常要用到自然科学等知识。倘若不明物理,就难以对客观的物质世界有所了解,更不用说对一个系统的功能结构有所掌握。如此一来,对研究对象进行科学分析就会变得相当困难,可能会提出违背客观规律的建议,其实施后果将变得不堪设想,带来严重危害;"事理"指的是做事的道理,是人们成功完成一件事情应当遵循的道理、规律,例如要用什么样的要素,按照什么的顺序实施才能使效用最大化,这里通常需要用到运筹学与管理科学等方面的知识,研究如何开展工作,把握各种处理研究对象的方法,选择合适的方法去处理研究对象;"人理"指的是与人的相关的规则道理,因为在实际事务处理中都离不开人,人在系统中也起到了至关重要的作用,所以如何得当地发挥人的作用是人理主要需要解决的问题,一般会用到人文与社会科学的知识。只有通晓了问题处理过程中人与人之间的相互关系及其变化过程,并且协调这种关系,根据人们可接受的事理去实现项目才能够达到预定的目标。实际上,正是由于物理、事理、人理之间的交互作用形成了社会系统这个统一体,且为其运行发展提供了保障,因此不论是物理、事理还是人理,它们都在整个人类活动系统中发挥着举足轻重的作用,忽视和违背哪一方面都不可行。物理、事理、人理三者既是相互联系的,亦是相互制约的,WSR 方法论强调把三者统一起来,形成系统实践活动,将协调各种关系作为核心内容,让物的因素、事的因素、人的因素发生良性互动,以产生整体大于部分之和的涌现性,获得对考察的对象的全面把握。

WSR 方法论的内容易于理解,而具体实践方法与过程因实践领域与考察对象而灵活可变。如图 2-4 所示,WSR 方法论一般工作过程可理解为 7 步。

(1) 理解意图。这个是问题的起点,也是解决问题的基础。这里需要做到清楚明确地理解决策者的意图,想要解决的问题。它与霍尔系统工程方法论中的逻辑维的明确问题的含义类似。由于决策者们对要解决的问题或者系统的愿望可能是明确的,也可能是模糊的,同时,由于他们对待问题的角度不同,自然而然对问题的理解就有所不同。通过

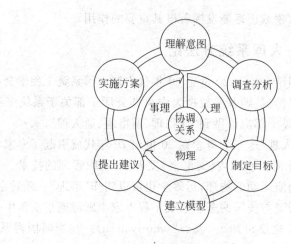

图 2-4　WSR 方法论一般工作过程

沟通才能了解他们的意图,从而切实有效地开展系统工程活动。

(2) 调查分析。这是解决问题的关键之一,尽可能进行深入仔细的调查,并对掌握到的资料和数据进行处理。它是一个物理分析过程,只有在进行了深入的调查之后,才能够得出可信的结论,同时应当协调好与被调查对象间的关系,对获取的资料和信息可以做必要的处理。

(3) 制定目标。这里需要确定解决问题的目标,要将问题解决到什么程度。在完成了前两个步骤,即领会决策者的意图,并且进行了深入的调查分析之后才可以确定系统目标。但是这些最终确定的目标可能与决策者的初衷有出入,也可能在之后的实践中又会有所改变,因此只有通过协调才能够使目标达成共识。

(4) 建立模型。运用事理及物理建立系统模型,包括数学模型、物理模型、概念模型、运作程序等。需要注意的是,建立的模型是在与相关工作人员协商的基础上形成的,这一阶段的主要工作就是选择合适的方法、模型对目标进行处理。

(5) 提出建议。使用模型模拟,计算、分析、比较方案后,在系统工程师的模型分析基础上,综合决策者和利益相关者的建议和看法,最后决策者权衡利弊,作出判断,使相关的主体尽可能满意。在这一阶段,协调工作显得至关重要。

(6) 实施方案。根据建议,将方案付诸实施。

(7) 协调关系。协调是系统工程工作的核心,在之前的每一个步骤中都需要用到。在处理问题时,由于不同人对问题所持的角度、价值观、利益、认知等各有不同,因此他们对同一个问题往往存在不同的观点,此时就需要协调,相关主体在协调的过程中的权利是平等的。协调有着浓郁的东方方法论的特色,属于人理的范畴。

有一点需要指明,讲人理并不代表万事以人为先,人情大于理性,或者是看人眼色行事。而是强调将一种以人为本的思想运用到系统问题的解决方案中去,不忽视人的因素,尽量协调好系统内外的人际关系,重视人为因素但又设法避免人为的相互牵制,只有这样才能充分调动人的积极性。

2.3.3　螺旋式推进系统方法论

螺旋式推进系统方法,也被称为螺旋式系统方法,是由上海交通大学王浣尘教授提出的。它是一种综合了还原论、混沌理论、构成论和生成论的系统科学方法论。它认为事物是由本原在构成的约束下经螺旋式推进生成的。事物的发展、对事物的认识和分析以及解决问题的过程都遵循螺旋式推进这一规律,是一种螺旋式推进的过程。

这种螺旋式推进的过程实际上是一种循环过程、迭代过程和演化过程。整个过程具有迭代、演化和分形特征,而这些特征与非线性演化方程、混沌和分形理论从形式到本质上都存在联系,具体表现为:系统局部的旋进与整体的旋进具有自相似性,确定性可能产生非确定性,以及简单生成元经反复的迭代过程可以生成复杂结果。A 事物沿着旋进方向向 B 事物发展,当发展至 A′时就可以看成完成一个旋进环,A 演化为 A′,那么同理,A′演化后成为 A″……其具体迭代过程如图 2-5 所示。

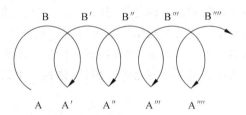

图 2-5　螺旋式推进系统方法迭代过程

实际上,螺旋式推进系统方法的整个过程是一种从定性到定量的综合集成方法,之所以这么说是因为:在螺旋式推进系统方法中首先需要将复杂问题分离处理,进行定性分析,这其中包含了还原论的思想;然后寻找子系统内部与子系统之间的动力学关系,通过这层关系来确定系统的构成成分和方式,这包含了构成论的思想;接着通过构造生成元的方式将系统各个成分用迭代方程表示出来,以反复的迭代过程来描述复杂系统长期的演化行为。它的具体步骤如下所示。

(1)建立系统的逻辑模型。定性研究是定量研究的基础,它主要研究事物的性质。了解事物、认识事物与揭示事物的本质特征都需要通过定性判断,而事物的本质特征主要是通过逻辑关系反映出来的,定性研究的实质就是建立逻辑模型以反映出系统逻辑上的相互关联与制约关系。该环节旨在定义复杂系统及其子系统以及子系统之间的关系,最终建立一个能够用于描述系统功能以及子系统间的相互作用的逻辑模型。要建立逻辑模型,就需要将复杂系统中的各种因素都抽象为事物、逻辑关联和外部环境这三种因素。在外部环境的作用下,事物之间的密切逻辑关联会推动事物不断旋进。建立逻辑模型的过程就是对系统的分析过程,是从抽象到具体的迭代、螺旋式推进的演化过程。

(2)建立系统的物理模型。尽管通过定性研究建立起的逻辑模型可以揭示事物的属性及其之间的联系,但是缺少定量分析提供的数据支持,定性研究就变得不可靠。定量研究在于研究事物之间的数量关系,是被精确化的定性研究。定性研究要想更好地揭示事物的本质特征,就必须建立在定量研究的基础上,因此只有定量研究才能够对实践活动起主导作用。建立系统的物理模型可以看作是从定性的逻辑模型到定量的数学模型的过渡。物理模型可以用来反映动力学系统具体的相互关系,因此是建立数学模型的基础。该环节亦是一种从个别到一般的螺旋式推进的演化过程。

(3) 建立系统的数学模型。之前的环节都是为了建立系统的数学模型打基础的,这一步主要利用线性或者非线性迭代方程来构建数学模型以呈现系统中各个子系统之间本质的联系。

(4) 求解模型和系统仿真。这一环节旨在对以上建立的复杂系统的数学模型求解,同时需要仿真复杂系统的演化行为,最终可以得到用来描述该复杂系统的一些图表及数据。由于迭代法是这一阶段的基本运算方法,因此这也是一种螺旋式推进的演化过程。

(5) 决策分析。在对复杂系统问题建立的模型中含有许多假设,包括社会、政治、经济方面等,这是由复杂系统中存在的诸多不确定性因素造成的,因此需要决策者对该系统进行决策分析。一般情况下,决策者会基于以往的经验知识对模型中的假设进行调整,也可能提出全新的假设。最终的决策分析结果往往能够较好地评价模型的合理性,深入分析系统中的演化行为,为决策者对系统的行为与状态的研究提供指导,从而发现原始模型中的不合理之处。同时,整个系统的演化结果也可以为决策者提供评价模型是否合理的标准,即如果演化的结果明显不符合逻辑,则证明建立的模型不正确,就必须再次旋进循环迭代中去,这便是螺旋式推进的系统方法论。因此,这是一个迭代过程,也是一个反馈控制系统。

思考与练习题

1. 系统工程方法论的含义是什么? 它对处理系统问题起着什么样的作用?
2. 霍尔方法论的特点是什么? 它主要用来处理哪些类型的系统问题?
3. 切克兰德方法论的特点是什么? 它主要用来处理哪些类型的系统问题?
4. 系统分析主要有哪些要素? 在系统分析过程中必须要遵循哪些重要原则?
5. 在系统分析过程中,为什么要建立数学模型和计算机模型?

第 3 章

系统工程建模方法

俗语说得好:"画虎画皮难画骨,知人知面不知心。"在我们认识世界、从事科学研究的时候,也常常会遇到这样的情况,有一些我们需要认识或控制的客体,由于种种条件的限制,对实际的系统进行描述是极为困难的,如社会、经济、军事大系统,其行为和政策效果往往无法用直接试验的办法得到。有些工程技术问题,虽然可以通过试验掌握系统的部分结构功能和特性,但是往往代价太大,所以人们提出了采用系统模型的方法来研究分析比较复杂的现实系统。

系统建模的方法是指根据系统与环境之间的相互作用关系来确定描述系统行为的数学模型,需要分析系统的输入、输出数据及其相互之间的关系。本章着重介绍几种重要的常见的建模方法。

3.1 计量经济学方法

计量经济学可定义为对对象系统元素关系的线性简化的重要分析方法。它在工程思想方法、经济和社会现象分析中得到广泛应用。这一方法在分析方法上属于对对象中观的、中长期的运行态势展望。它是基于对历史信息可重复性、可重演性规律假定上,应用线性化的思想在历史信息上确定变量间关系并应用于对未来的预测。计量经济学可对大多数的经济理论赋予经验验证和提供直观内容。计量经济学方法主要是运用统计理论、数学知识对变量间的经济相互联系、相互影响的关系进行定量研究的科学方法,是经济理论、统计学、数学的综合,是现代经济学的重要组成部分,在现代经济学教学和科研中有重要地位。

计量经济学产生于 20 世纪 30 年代,挪威经济学家弗里希(R. Frisch)于 1926 年仿照"Biometrics"(生物计量学)首次提出了"Econometrics"的名称。1930 年 12 月 29 日,世界计量经济学会成立,由它创办的学术刊物 *Econometrics* 于 1933 年正式出版,标志着计量经济学作为一个独立的学科正式诞生。在诞生之后的几十年中,计量经济学得到了很大的发展,现已成为经济预测、经济结构分析和政策评价的主要方法之一。计量经济学发展最大的推动力来自于人们对经济、经营决策和管理科学性要求的提高,同时计算机技术的不断发展、计量软件的广泛应用,使人们分析复杂模型的能力不断提高,为计量经济学的发展提供了外部条件和技术支持。

在诺贝尔经济学奖的获奖成果中,3/4 奖项或多或少地与计量经济学密切相关。2000 年度诺贝尔经济学奖获得者赫克曼(James J. Heckman)和麦克法登(Daniel L. McFadden)两位教授对计量经济学运用统计学理论进行经济分析研究,将统计学与经济学相结合,从而对形成的介于经济学和统计学之间的边缘性学科做出了极其重要的贡献。

正如诺贝尔奖评奖委员会所指出,计量经济学现在为整个应用微观经济学领域提供了证明标准。应用微观经济学的研究对象从家庭支出、公司投资到行业组织、劳动力市场以及公共政策的效应等,几乎包罗万象。经济学研究必须运用计量经济学来达到统计上的正确性和合理性。而统计上的正确性与合理性正是经济科学在外界看来仍然缺乏的可信性的必要条件,尽管可能不是充分条件。

现代计量经济学已经形成了包含单方程回归分析、联立方程组模型、时间序列分析三大支柱,由适合不同研究对象的大量计量经济模型和分析方法组成的庞大体系,在现代经济学中占有不可替代的地位。计量经济分析的主要内容,就是确定经济变量之间的具体关系,包括函数形式和其中的参数值,并利用这种关系分析和解决经济经营问题。它不仅是应用经济分析的工具,也是经济学理论研究、增强经济学科学性的重要工具。目前有许多计量分析软件,如 TSP、EViews、SPSS、SAS 和 MATLAB 等,可以在计量经济研究的前期准备、建模、数据处理、问题分析和模型修正以及预测应用等阶段提供帮助。

3.1.1　回归分析

计量经济模型主要采用回归分析的手段,“回归”一词最先由弗朗西斯·高尔顿(Francis Galton)引入。他在一篇论文中发现:虽然日常生活中比较常见父母高,子女也相对高,父母矮,子女也相对矮的情况,但是在给定父母的身高,繁衍多代子女的平均身高却趋向于或者“回归”到全体人口的平均身高,比如回归中国人基本上在 $1.65\sim1.70$ 米这个特定特征身高。换言之,尽管父母双亲都异常高或异常矮,子女的身高则有走向人口总体平均身高的趋势。高尔顿的普遍回归定律(Law of Universal Regression)还被他的朋友卡尔·皮尔森(Karl Pearson)证实并确立回归理论。皮尔森搜集了一些家庭群体的 1 000 多名成员的身高记录。他发现,对于一个父亲高的群体,儿子的平均身高低于他们父辈的身高;而对于一个父亲矮的群体,儿子的平均身高则高于其父辈的身高。这样,高的和矮的父亲的儿子就一同“回归”到所有男子的平均身高。

回归分析是关于研究因变量(或被解释变量)对一个或多个自变量(或解释变量)之间的依赖关系,其用意在于通过后者的已知值或设定值,去估计和预测前者的总体平均值或平衡位置值。回归分析中,假设因变量是随机的,而自变量是固定的或非随机的。

回归分析研究的是一个变量对另一个或多个变量的一种所谓的统计依赖关系,而不是确定性依赖关系。在变量的统计关系式中,主要处理的是随机变量,即有概率分布的变量,而在函数或确定性关系中,处理的变量不是随机的。

3.1.2　计量模型的经济变量

计量经济学方法首先把经济理论所阐述的经济关系表达为可以计量的数学形式,然后运用统计理论由实际经济数据求得经济关系的参数的估计值,最后将含有估计参数值的模型用于经济结构分析、经济预测和政策评价。在计量经济学中,经济模型的基础是经济变量,不同的经济变量有专门的名称,并有相应的特定内涵。

1. 解释变量与被解释变量

从变量的因果关系看,经济变量可分为解释变量和被解释变量。解释变量与被解释变量是针对计量经济模型而言的。解释变量就是模型中的自变量,用以解释所研究的经济现象;被解释变量就是模型中的因变量,用以描述和度量所研究的经济现象。

2. 内生变量和外生变量

从变量的性质看,可以把变量分为内生变量和外生变量。内生变量的值由模型来决定,表现为具有一定概率分布的随机变量,其数值受模型中其他变量的影响,是模型求解的结果。外生变量是由模型系统外部决定的,是系统的输入,表现为非随机变量,对模型产生影响而自身不受模型的影响。当外生变量给定后,内生变量就可以由模型系统自己产生,相当于系统的输出。

3. 虚拟变量

虚拟变量是针对事物的品质属性而构造的一种变量,通常只取 0 和 1 两个值。因为在模型中,有一些定性的事实,不能直接用一般的数量去计量,需要用虚拟变量去表示这类定性现象的"非此即彼"的状态。例如对于性别,可令男性为 1,女性为 0。

在建立模型时要选择正确的经济变量。首先,需要正确理解和把握所研究的经济现象中暗含的经济学理论和经济行为规律,这是正确选择经济变量的基础。其次,选择变量要考虑数据的可得性,这就要求对经济模型对应的数据结构有透彻的了解,了解和分析数据的可得性是计量分析的决定性因素,是整个计量过程的核心。因为计量经济学模型是要在样本数据,即变量的样本观测值的支持下,采用一定的数学方法估计参数,以揭示变量之间的定量关系,所以所选择的变量必须是统计指标体系中存在的、有可靠的数据来源的。如果必须引入个别对被解释变量有重要影响的政策变量、条件变量,则采用虚拟变量的样本观测值的选取方法。另外,选择变量时要考虑所有入选变量之间的关系,使得每一个解释变量都是独立的,这是计量经济学模型技术所要求的。当然,在开始时要做到这一点是困难的,如果在所有入选变量中出现相关的变量,可以在建模过程中检验并予以剔除。

3.1.3 计量模型的数学原理

在长期的数学知识体系的学习过程中,我们逐渐建立起一种数学形式复杂、解析越困难的模型就是好模型的经验,我们这里要说的是真正的好模型是能解决实际问题的模型,与实际问题解决的某个层次相对应的数学形式才是最优的。完美的模型是没有的,适合的模型才是最佳的。

计量经济学有非常深刻的数学来源,我们知道泰勒公式:

$$y = f(x) = f(x_0) + f'(x_0)(x - x_0) + \frac{f''(x_0)(x - x_0)^2}{2!} + \cdots \tag{3-1}$$

我们只要把高阶部分看成随机干扰项,即 $\varepsilon_t = \frac{f''(x_0)(x - x_0)^2}{2!} + \cdots$,这样,上面的方程可以变形为

$$y = \underbrace{f(x_0) - f'(x_0)x_0} + f'(x_0)x + \varepsilon_t \tag{3-2}$$

$$\downarrow \qquad\qquad \downarrow$$

$$y = \qquad \beta_0 \qquad + \quad \beta_1 x + \varepsilon_t$$

式(3-2)就是一个经典的计量经济学方程,它与下式一一对应。而对于简单计量经济学模型的预测能力,根据 Engle(1982)(诺贝尔经济学奖获得者)一篇文章分析,其方程中的线性部分已经能够具备对 y 变动解释 85% 以上,可以达到对 y 与 x 之间关系观察的中观要求。

3.1.4　计量经济学模型初步理解

计量经济学模型是用一个或一组方程表示的经济变量关系,以及相关的条件和假设,它描述了经济问题相关方面之间的数量联系和相互制约关系,是计量经济分析的基本对象。建造计量经济学模型首先要找出研究对象中主要的经济变量,然后按照经济理论,用方程描述它们之间可能存在的依存关系。建立经济变量之间的线性因果关系必须有理论和现实的根据。

计量经济是通过建立变量之间的线性关系来研究 y 与 x 之间的黑箱问题的,但这一关系又通过一系列的统计变量系统来控制 x 对 y 的关系描述的精度,它有自身一套规范的程序保证其关系确立的正确性。

计量经济学的建模步骤如下。

(1) 经济理论或假说的陈述。

(2) 建立数学(数理经济)模型。

(3) 建立统计或计量经济模型。

(4) 收集处理数据。

(5) 计量经济模型的参数估计。

(6) 检验来自模型的假说——经济意义检验。

(7) 检验模型的正确性——模型的假设检验。

(8) 模型的运用——预测、结构分析、政策模拟等。

1. 一元线性回归模型

一元线性回归模型是计量经济学中最简单的形式。例如在研究消费者对某种商品的需求量时,其中需求量显然是一个主要变量,可以用 Y 代表。若研究需求量受什么因素影响而变化,那么需求量就是因变量。按照西方经济理论,在自由竞争的条件下,个别消费者的需求行为不会影响市场价格,所以消费者对一种商品的需求量首先受该商品的价格的影响,因此价格也是一个主要的经济变量。因为要用它的变动来解释因变量的数值变动的原因,所以价格是解释变量,用 X 表示。考虑在通货膨胀时,一种商品价格的增长幅度只有超过或低于通货膨胀程度时才会影响消费者的需求量,因此价格应该除以价格指数,以消除通货膨胀的影响,成为相对价格,才能作为需求函数的自变量。至于它们之间存在什么样的依存关系,可以最简单地假定为等比例关系,即线性关系,因此可以把该商品的需求量和相对价格的关系描述为如下数学模型

$$Y_t = \beta_1 + \beta_2 X_t \tag{3-3}$$

式中 β_1、β_2 是结构参数,β_1 通常叫作常数项或截距,代表消费者不受相对价格影响的需求量;β_2 通常叫作斜率,代表相对价格发生变动时引起需求量变化的比例。Y_t 和 X_t 分别是 Y 和 X 的第 t 次观测值。

由于经济变量之间的关系大多是或然性的平均关系,而很少是必然性的准确关系,因此计量经济学要求建造的模型一般都是随机模型。一个模型至少要有一个随机方程才能算是随机模型。通常一个计量经济学模型的任何一个方程,只要不是恒等式,都应该包含一个代表随机扰动因素的随机变量。因此,式(3-3)也应该包含一个随机变量 ε,成为随机方程

$$Y_t = \beta_1 + \beta_2 X + \varepsilon_t \tag{3-4}$$

如式(3-4)所表示的关系式,就称为一元线性回归模型。

"一元"是指只有一个解释变量,这个变量可以解释引起因变量变化的部分原因;"线性"既指被解释变量与解释变量之间为线性关系,即

$$\frac{\partial Y}{\partial X} = \beta_2, \quad \frac{\partial^2 Y}{\partial X^2} = 0 \tag{3-5}$$

也指被解释变量与参数之间为线性关系,即

$$\frac{\partial Y}{\partial \beta_1} = 1, \quad \frac{\partial^2 Y}{\partial \beta_1^2} = 0, \quad \frac{\partial Y}{\partial \beta_2} = X, \quad \frac{\partial^2 Y}{\partial \beta_2^2} = 0 \tag{3-6}$$

经典的一元线性回归模型 $Y_t = \beta_1 + \beta_2 X + \varepsilon_t, (t=1,2,\cdots,n)$ 通常要满足五个假设:

(1) 误差项 ε_t 的数学期望为零,即 $E(\varepsilon_t)=0, (t=1,2,\cdots,n)$;

(2) 不同的误差项之间互相独立,即

$$\text{cov}(\varepsilon_t, \varepsilon_s)=0 \quad (t \neq s; \ t=1,2,\cdots,n; \ s=1,2,\cdots,n);$$

(3) 误差项的方差与 t 无关,是一个常数,即 $\text{var}(\varepsilon_t)=\sigma_\varepsilon^2, (t=1,2,\cdots,n)$;

(4) 解释变量与误差项不相关,即 $\text{cov}(X_t, \varepsilon_t)=0, (t=1,2,\cdots,n)$;

(5) ε_t 服从正态分布,即 $\varepsilon_t \sim N(0, \sigma_\varepsilon^2)$。

式(3-4)中随机变量 ε 代表许多因素的作用汇集在一起的结果,这些因素包括:未列入方程的许多作用细微的其他因素、已列入方程的变量的统计观测误差、方程的具体表述可能不符合实际情况(例如可能不应该是线性关系),以及行为主体(消费者)的个人随机性等。Y、X 是能观测到实际数值的经济变量,但 ε 却是观测不到的随机变量,只能作为 Y 和 $(\beta_1+\beta_2 X)$ 的差数存在。也就是说,式(3-3)中等号的两端,在每一次观测中不一定相等,而只是就很多次观测的总体平均趋势来看大体相等。实际上,在每一次观测中往往都存在一个差数 ε,这个差数 ε 时正时负、时大时小,事先无法确定会出现什么样的数值,而只能从大体上说,正负不会相差太大、总体趋向于相互抵消,所以叫作随机扰动因素。由于这个扰动因素的存在,因变量 X 也变成观测数值不能事先确定的随机变量。

2. 多元线性回归模型

现实的经济现象是错综复杂的,往往是多种经济变量互相影响,每一个变量都受到其他多种因素的影响。比如家庭消费支出,除了受到家庭收入因素的影响之外,还受到物价指数、价格变化趋势、广告、利息率、外汇汇率、就业状况等多种因素的影响。当被解释变量的变化原因可以由一个主要解释变量加以说明,其他解释变量的影响可以忽略,就可以用一元回归模型表示,如果其他解释变量对被解释变量的影响不能忽略,就要考虑用多元回归模型表示。多元线性回归的数学模型可以表示为

$$Y_t = \beta_1 + \beta_2 X_{ti} + \cdots + \beta_m X_{tm} + \varepsilon_t, \quad (t=1,2,\cdots,n) \tag{3-7}$$

式(3-7)假定被解释变量 Y 与 $(m-1)$ 个解释变量之间的回归关系可以用线性函数来近似反映。式中,Y_t 是 Y 的第 t 次观测值,X_{ti} 是第 i 个解释变量 X_i 的第 t 次观测值($i=2,\cdots,m$)。ε_t 是随机误差项;$\beta_1,\beta_2,\cdots,\beta_m$ 是回归系数。

多元线性回归模型通常要满足 6 个假设:

(1) 误差项 ε_t 的数学期望为零,即 $E(\varepsilon_t)=0$,($t=1,2,\cdots,n$);

(2) 不同的误差项之间互相独立,即

$$\mathrm{cov}(\varepsilon_t,\varepsilon_s)=0 \quad (t\neq s;\ t=1,2,\cdots,n;\ s=1,2,\cdots,n);$$

(3) 误差项的方差与 t 无关,是一个常数,即 $\mathrm{var}(\varepsilon_t)=\sigma_\varepsilon^2$,($t=1,2,\cdots,n$);

(4) 解释变量与误差项不相关,即 $\mathrm{cov}(X_{it},\varepsilon_t)=0$,($i=1,2,\cdots,k;\ t=1,2,\cdots,n$);

(5) ε_t 服从正态分布,即 $\varepsilon_t\sim N(0,\sigma_\varepsilon^2)$;

(6) 任何解释变量之间不存在严格的线性相关,即不存在多重共线性。

在上例中,如果消费者可支配收入对其中某一商品的需求量的影响不可忽略,那么消费者可支配收入要作为另一个解释变量。因此可以把该商品的需求量和相对价格以及消费者可支配收入的关系描述为如下数学模型

$$Y=\beta_1+\beta_2 X_2+\beta_3 X_3+\varepsilon \tag{3-8}$$

3.1.5　参数估计

计量经济理论模型设定以后,就要估计参数。参数估计在计量经济学中可视为沟通理论和实际的桥梁。因为理论表现为用来代表现实经济体系如何运转的结构模型,而实际则通过调查、观测表现为统计资料。因此根据观测统计资料估计出模型的结构参数的具体数值,就可以把理论和实际结合在一起。

参数表示在一定条件下因变量与解释变量之间关系的常数。参数估计所用的数据可分为时间序列数据、截面数据和虚拟变量数据。时间序列数据是指对同一个观测单位,在不同时点的多个观测值构成的观测值序列,或者以时间为序收集统计和排列的数据。截面数据是指在同一时点上,对不同观测单位观测得到的多个数据构成的数据集,可以理解为一个随机变量的重复抽样或试验的结果。虚拟变量指只包含 0、1 数值,即回答的是问题"是与否"逻辑值。使用不同的数据常常会引起不同的问题,例如使用时间序列数据有可能发生自相关的问题;使用截面数据有可能发生异方差的问题,这些问题都涉及估计方法的选择。

参数估计要根据具体情况采取合适的方法,经常使用的方法不外乎两种,即最小二乘法和极大似然法。由于估计对象——客观实际、模型和方程的不同特点,对应的方法也有种种变异,如广义最小二乘法和工具变量法等。但是,在模型的随机扰动因素遵循正态分布(实际上随机扰动因素一般都接近正态分布,或在统计资料的样本容量大大增加时都接近正态分布)规律的条件下对单一方程进行参数估计,用最小二乘法和极大似然法所得到的结果是完全一致的。

计量经济学模型遇到的一个主要方程只有简单的几个需要求解的系数,但是作为方程的解,我们已经观测到很多个,即所谓样本点,这样方程的解与方程需要估计的未知数之间存在过度识别问题。假如方程右边仅有两个需要估计的未知数,如果有 50 个样本

点,则可以对未知数作 C_{50}^3 次估计。我们可以在 3-1 图中发现有很多直线可以模拟对应的样本点,如果再采样多次,那么这样的直线还有很多。这样,现在的问题是到底哪一条直线能够真实地描述两个自变量与因变量 y 的关系呢?其实这个问题可以看成图中虚线(总体函数中 x 与 y 之间的关系,代表 x 与 y 之间均衡位置)与坐标系中其他实线之间的妥协,虚线与实线之间互相制约、互相影响、互相联系。随着不同采样的实现,虚线与实线之间相互决定的关系呈现的是一个动态过程,但如何表现它们之间的最优的相互决定关系,虚线与其他实线系之间距离最短的关系,也即最小二乘法关系,这一思想也是最小二乘思想的来源。

1. 一元线性回归参数估计

回归的本质相当于求三角形中 x 在 y 上的映射(见图 3-2),关系系数相当于斜率,而利用最小二乘法估计出的斜率为

$$\hat{\beta}_2 = \frac{\sum_{i=1}^{n}(x_i-\bar{x})(y_i-\bar{y})}{\sum_{i=1}^{n}(x_i-\bar{x})^2} \tag{3-9}$$

斜率估计量等于样本中 x 和 y 的协方差除以 x 的方差。若 x 和 y 正相关,则斜率为正,反之为负。

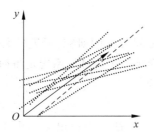

图 3-1　对应样本点与其对应的回归方程　　图 3-2　回归方程中 x 与 y 的关系

2. 多元线性回归参数估计

设单一方程为

$$y = \beta_1 + \beta_2 x_2 + \cdots + \beta_m x_m + \varepsilon$$

式中,y 为被解释变量;$x_i(i=1,2,\cdots,m)$ 为解释变量,取 x_1 的观测值恒等于 1;ε 为随机扰动因素;$\beta_i(i=1,\cdots,m)$ 为待估计的参数。若 y 与 $x_i(i=1,2,\cdots,m)$ 有 n 组观测值,则可写出相应的矩阵形式的回归模型

$$\boldsymbol{Y} = \boldsymbol{X}\boldsymbol{B} + \boldsymbol{E} \tag{3-10}$$

式中,

$$\boldsymbol{Y} = \begin{bmatrix} y_1 \\ y_2 \\ \vdots \\ y_n \end{bmatrix}, \quad \boldsymbol{X} = \begin{bmatrix} 1 & x_{12} & \cdots & x_{1m} \\ 1 & x_{22} & \cdots & x_{2m} \\ \vdots & \vdots & & \vdots \\ 1 & x_{n2} & \cdots & x_{nm} \end{bmatrix}, \quad \boldsymbol{B} = \begin{bmatrix} \beta_1 \\ \beta_2 \\ \vdots \\ \beta_m \end{bmatrix}, \quad \boldsymbol{E} = \begin{bmatrix} \varepsilon_1 \\ \varepsilon_2 \\ \vdots \\ \varepsilon_n \end{bmatrix}$$

按照最小二乘法的原则,要求选择参数估计量 $\hat{B}$,使得估计值与实际值的残差平方和

$E^T E = (Y - X \hat{B})^T (Y - X \hat{B})$ 达到最小。令

$$\frac{\partial E^T E}{\partial \beta_i} = 0, \quad i = 1, \cdots, m \tag{3-11}$$

经计算可知,满足上述要求的参数估计量

$$\hat{B} = (X^T X)^{-1} X^T Y \tag{3-12}$$

就是 B 的最小二乘估计量。

3. 回归结果的分析

要保证一个正确的线性回归分析方法的实现,对分析结果进行系统判断是很重要的前提。计量经济学分析过程比较简单,不系统地分析其结果,也只能算是进行了计量经济学模型的估计,非常粗浅,而达到真正对结果的系统理解才能够获得对经济学、社会问题的解释和分析,从而达到为社会经济服务的目的。

计量模型分析结果有很多统计量帮助我们对模型建立的好坏、参数估计是否到位进行必要的判读。这些统计量包括 R^2(可决系数、拟合优度);DW 统计量、AIC、SC、F 及 P 统计量等,决定使用正确的模型是这些统计量一个均衡的结果,所以结果的系统分析必不可少。

3.1.6 计量经济学模型的应用

1. 结构分析

经济学中的结构分析是对经济现象中变量之间关系的研究,研究的是当一个变量发生变化时会对其他变量以至经济系统产生什么影响。进行经济系统定量研究的主要任务就是结构分析。主要方法有弹性分析和乘数分析。

2. 经济预测

计量经济模型是模拟历史,以从已经发生的经济活动中找出变化规律为主要技术手段。因此,对非稳定发展的经济过程,以及缺乏规范行为理论的经济活动,计量经济模型显然无能为力。

3. 政策评价

政策评价是指从多个政策中选择比较好的政策予以实施,或者说是研究不同政策对经济目标所产生影响的差异。由于政策具有不可实验性,计量经济模型可以起到"政策实验室"的作用。

4. 经济理论的检验与发展

计量经济学提供了一个检验经济理论的好方法。样本数据是经济活动的再现,模型生成数据表示在经济理论成立条件下理论的客观再现。拟合得好,指导建立模型的经济理论成立,即检验理论。拟合多个模型,其中拟合最好的模型所表现出来的数量关系,就是经济活动所遵循的经济规律,即上升为理论。

3.1.7 实例

【例 3.1】 物质生产部门创造社会财富,在社会总产品中扣除物质生产的消费部分就是国民收入,可见国民收入与物质生产部门的生产有着一定的联系。假如我们得到关

于国民收入(Y)与工业总产值(X)的 5 组数据(见表 3-1),就可以建立起 Y 与 X 之间的相关关系模型:

$$Y = \beta_1 + \beta_2 X$$

表 3-1 国民收入与工业总产值数据

序号	1	2	3	4	5
Y	0.39	0.38	0.41	0.44	0.51
X	0.25	0.25	0.27	0.28	0.30

模型建立完以后,运用最小二乘法可计算出

$$\hat{\beta}_1 = -0.219, \quad \hat{\beta}_2 = 2.388\,9$$

$$R^2 = 1 - \frac{\sum\limits_{t=1}^{5} \hat{\varepsilon}_t^2}{\sum\limits_{t=1}^{5} (y_t - \bar{Y})^2} = 0.940\,68$$

$$F = \frac{R^2}{1 - R^2} \times \frac{n - m}{m - 1} = 47.572\,9 \quad (F_{0.05} = 10.13)$$

$$DW = \frac{\sum\limits_{t=2}^{5} (\hat{\varepsilon}_t - \hat{\varepsilon}_{t-1})^2}{\sum\limits_{t=1}^{5} \hat{\varepsilon}_t^2} = 1.5$$

结果分析:从回归方程的相关系数的平方(R^2)来看,解释变量与因变量之间的相关关系比较好;从 F 检验来看,由于 $F_{1,3} > F_{0.05}$($47.572\,9 > 10.13$),也可认为这种相关关系是显著的;从回归误差的杜宾-沃特森检验来看,并不十分理想,这可能是误差确有某种相关性,也可能是因为数据太少所造成的。

3.2　排队论方法

排队论(queuing theory)是研究排队系统,又称为随机服务系统的数学理论和方法,是运筹学的一个重要分支。它的研究目的是要回答如何改进服务机构或组织被服务的对象,使得某种指标达到最优的问题。比如一个港口应该有多少个码头,一个工厂应该有多少维修人员等。

排队论最初是在 20 世纪初由丹麦工程师爱尔朗(A. K. Erlang)关于电话交换机的效率研究开始的,当时称为话务理论。他在热力学统计平衡理论的启发下,成功地建立了电话统计平衡模型,并由此得到一组递推状态方程,从而导出著名的爱尔朗电话损失率公式。自 20 世纪初以来,电话系统的设计一直在应用这个公式。20 世纪 30 年代苏联数学家欣钦把处于统计平衡的电话呼叫流称为最简单流。瑞典数学家巴尔姆又引入有限后效流等概念和定义。他们用数学方法深入地分析了电话呼叫的本征特性,促进了排队论的研究。在第二次世界大战中为了对飞机场跑道的容纳量进行估算,它得到了进一步的发展。20 世纪 50 年代初,美国数学家关于生灭过程的研究、英国数学家 D. G. 肯德尔 (D. G. Kendall)提出嵌入马尔可夫链理论,以及对排队队型的分类方法,为排队论奠定了理论基础。从这以后,L. 塔卡奇(L. Takács)等人又将组合方法引进排队论,使它更能适应各种类型的排队问题。20 世纪 70 年代以来,人们开始研究排队网络和复杂排队问题的渐近解等,成为研究现代排队论的新趋势。

排队论作为一种分析工具,可以为解决排队系统问题提供有价值的资料,揭示反映各种拥挤现象的排队系统的概率规律性,并借助相应过程统计的推断方法来解决有关排队系统的优化问题。排队论应用于各种领域,如通信、公共服务、生产线、军事作战、柔性系统和系统可靠性等,作为一种分析工具,可以预测在服务机构改变之后排队系统发生的变化,预测在未来某一段时间里,"顾客"到来将会出现的情况。对于新系统可以进行参数最优化设计(如服务率、并行服务台个数等)。

日常生活中存在大量有形和无形的排队或拥挤现象,如进餐馆就餐,去医院看病,去售票处购票,水库水量的调节,生产流水线的安排,铁路分成场的调度、电网的设计,市内电话占线等。当一个服务系统在工作过程中,对某项服务的需求超过提供该项服务的当前能力,就会出现排队现象。一个排队系统由"顾客"和"服务员"两个要素组成,要求得到服务的对象称为"顾客",提供服务的服务者称为"服务员"或"服务机构"。

排队现象是我们不希望出现的现象,因为人的排队意味着至少是浪费时间,物的排队则说明了物资的积压。但是排队现象却无法完全消失,这是一种随机现象。顾客到达间隔时间的随机性和为顾客服务时间的随机性是排队现象产生的原因。如果上述两个时间是固定的,我们就可以通过妥善安排来完全消除排队现象。

针对排队现象,为了使顾客到达后能少排队,甚至不排队而得到服务,可以增添服务员,但这就要增加投资或发生空闲浪费;反之,如果服务员太少,排队现象就会严重,给经济效益与社会效益带来不利影响。所以作为服务系统的管理人员,面临的问题是如何使服务的供求达到合理的平衡。由于客观环境的复杂多变以及随机因素的影响,使得多数顾客到达服务系统的时刻及对顾客的服务时间都是随机的,这就给服务系统造成了服务供求之间的不平衡。为了解决这个问题,就需要掌握顾客到达时刻和对顾客服务时间等变化过程的概率规律性,所以排队论的主要任务就是:通过对排队系统的变化过程的概率规律性的分析研究,寻求达到服务供求平衡的手段和策略。

因为排队现象是一个随机现象,因此在研究排队现象的时候,主要采用的是研究随机现象的概率论作为主要工具,此外,还有微分和微分方程。排队论把它所要研究的对象形象地描述为顾客来到服务台前要求接待。如果服务台已被其他顾客占用,那么就要排队。另外,服务台也时而空闲,时而忙碌,这就需要通过数学方法求得顾客的等待时间、排队长度等的概率分布。

3.2.1　排队论的数学原理

排队论也有深刻的数学原理,在概率论中有这么一个知识点,就是一个两点分布我们定义为一次贝努利试验,当把 n 个这样的试验串起来做,就是一个二项分布,我们注意到当我们把 n 趋于无穷时,此时二项分布就变成了一个泊松分布。

事实上,排队论,比如研究电影院看电影的人流情况,我们认识到每个人来看电影和不看电影都有一个概率 p 和 $1-p$。现在我们面临的是不知道哪个人来看电影或者不看电影,样本无穷大。因此这样两个特征决定了我们是用泊松分布来描述电影院看电影的人流情况。这就是一个排队论要解决的问题。

3.2.2　排队系统与排队模型

1. 排队系统的组成

实际的排队系统虽然各有不同,但概括起来都由 3 个基本部分组成:输入过程、排队规则、服务规则与服务机制。

(1) 输入过程。输入过程说明顾客是按怎样的规律到达系统的。顾客源与顾客的到达可以有多种形式,顾客源可能是有限的,也可能是无限的;顾客的到达可能是单个的,也可能是成批的;顾客相继到达的间隔时间可以是确定的,也可以是随机的;顾客的到达可以是相互独立的,也可以是彼此关联的等。

(2) 排队规则。排队规则是指顾客遵照某种制度进行排队来接受服务。排队分为有限排队和无限排队两类,有限排队是指排队系统中的顾客数是有限的,即系统的空间是有限的,当系统被占满时,后面再来的顾客将不能进入系统;无限排队是指系统中顾客数量可以是无限的,队列可以排到无限长,顾客到达系统后均可进入系统排队或接受服务,这类系统又称为等待制排队系统。对于有限排队系统,又可以进一步分为:

① 损失制。当顾客到达时,若所有的服务员均被占用,则顾客自动离去,并不再回来,这部分顾客就被损失掉了。损失制又称即时制,这种系统排队空间为零,实际上是不允许排队。例如某些电话系统就属于损失制排队系统。

② 等待制。当顾客到达时,若所有的服务员均被占用,则顾客就排成队列,等待服务。大多数排队系统都采用这种排队规则。例如汽车在加油站中排队等待加油就属于这种情况。

③ 混合制。若顾客到达时,排队系统的队长小于某一个临界值,就排队等待接受服务;否则,顾客就离去。例如理发店内顾客等待服务时坐的座位是有限的,当座位坐满时,迟来的顾客就自动离去,不再回来。

(3) 服务规则与服务机制。服务规则是指顾客进入排队系统后,按某种方式接受服务。一般可以分为以下几种规则。

① 先来先服务(FCFS)。按照顾客到达的先后顺序进行服务,这是最普遍的情形。例如排队购买火车票就属于这种情况。

② 后来先服务(LCFS)。按照顾客到达的先后反序进行服务,迟来的先服务。在许多库存系统中会出现这种情形,如堆积的库存品,后入库的因为放在最上面而总是被最先取出。

③ 优先服务(PS)。服务员根据顾客的优先权进行,优先权高的先接受服务。例如病危的患者应优先进行治疗,加急的电报电话应优先处理。

排队系统的服务机制主要包括:服务员的数量及其连接形式(串联、并联、混联或网络等形式);顾客是单个接受服务还是成批接受服务;服务时间的分布。常见的服务时间分布有以下几种：定长分布系统(D)，即每个顾客接受服务的时间是一个确定的常数；负指数分布系统(M)，即每个顾客接受服务的时间相互独立，且具有相同的负指数分布；k 阶爱尔朗分布(E_k)，即每个顾客接受服务的时间相互独立，且服从相同的 k 阶爱尔朗分布。

2. 排队模型的分类

排队系统的输入过程、排队规则和服务机制有多种不同的情况，难以抽象成一个统一结构的数学模型。为了方便对众多模型的描述，Kendall 提出了一种目前在排队论中被广泛采用的"Kendall 记号"，其一般形式为

$$X/Y/Z/A/B/C$$

式中，X 表示顾客相继到达时间间隔的分布；Y 表示服务时间的分布；Z 表示服务台的个数；A 表示系统的容量，即系统可以容纳的最多顾客数；B 表示顾客源的数目；C 表示服务规则。

例如，$M/M/1/\infty/m/\mathrm{FCFS}$，表示一个顾客的到达时间间隔服从相同的负指数分布，服务时间为负指数分布，单个服务台，系统容量为无限（即等待制），有限顾客源中顾客的个数为 m，服务规则为先来先服务的排队模型。

在排队论中，一般约定如下：如果 Kendall 记号中略去后面 3 项，即是指 $X/Y/Z/\infty/\infty/\mathrm{FCFS}$ 的情形。

3. 排队系统的主要数量指标

描述一个排队系统运行情况的主要数量指标有：

(1) 系统队长和等待队长。系统队长是指系统中的顾客数，是排队等待的顾客数与正在接受服务的顾客数之和。它们都是随机变量，是顾客和服务机构双方都十分关心的数量指标。通常用 L 表示系统处于平稳状态时顾客的均值，称为平均队长；等待队长是指系统中正在排队等待服务的顾客数，用 L_q 表示平均等待队长。

(2) 等待时间和逗留时间。从顾客到达时刻起到他开始接受服务为止这段时间称为等待时间，用 W_q 表示处于平稳状态时顾客的平均等待时间；逗留时间是指从顾客到达时刻起到他接受完服务离开系统为止的这段时间，其平均值用 W 表示。等待时间和逗留时间是顾客最关心的数量指标。

(3) 忙期和闲期。忙期是指服务机构连续忙碌的时间，是服务强度的指标；闲期与忙期相对，是指服务机构连续保持空闲的时间。

一般来说，指标 L，L_q，W_q，W 越小，说明系统中顾客队列越短，等待时间越少，因此系统的性能越好。由于对于系统的瞬时状态特性的研究需要高深的数学理论和方法，难度很大，对于大多数具体应用来说，需要了解的正是系统的稳定状态下的各种特性，所以这里仅限于研究系统的稳态指标。

经研究，很多排队系统在稳定状态下满足如下关系式：

$$\begin{cases} L = \lambda_e W \\ L_q = \lambda_e W_q \end{cases} \tag{3-13}$$

式中，λ_e 表示新来顾客的平均到达率，也就是单位时间内来到系统的平均顾客数，称为有效到达率。

3.2.3 生灭过程

生灭过程排队系统是一类非常重要且广泛存在的排队系统,它是一类特殊的随机过程,在生物学、物理学和运筹学中都有广泛的应用。一堆细菌,随时间推移,有的分裂为两个,有的死亡,经过一段时间之后,细菌变为多少? 这种细菌的分裂与死亡的过程就是典型的生灭过程的例子。生灭过程也是一种马尔可夫过程,在排队论中很多排队过程和这个过程相仿。人们特别关心生灭过程在统计平衡时反映出来的稳态概率,并直接把这种稳态概率应用于建立各种排队模型。所以如果用"生"表示顾客的到达,用"灭"表示顾客的离去,用 $N(t)$ 表示 t 时刻系统中的顾客数,则对排队过程来说,$\{N(t),t \geqslant 0\}$ 就是生灭过程。

若一个随机过程 $\{N(t),t \geqslant 0\}$,$N(t)$ 的概率分布满足以下条件:

(1) $N(t)=n$,从时刻 t 起到下一个顾客到达时刻为止的时间服从参数为 λ_n 的负指数分布,$(n=0,1,2,\cdots)$;

(2) $N(t)=n$,从时刻 t 起到下一个顾客离去时刻为止的时间服从参数为 μ_n 的负指数分布,$(n=0,1,2,\cdots)$;

(3) 同一时刻只有一个顾客到达或离去。

则称 $\{N(t),t \geqslant 0\}$ 为一个生灭过程。

当系统达到平稳状态后,$N(t)$ 的分布记为 p_n,$n=0,1,2,\cdots$。当系统运行相当时间达到平稳状态之后,对于任一状态来说,单位时间内进入该状态的平均次数和单位时间内离开该状态的平均次数应该相等。根据这个系统在统计平衡下的"流入=流出"的原理,就可以得到任一状态下的平衡方程

$$
\begin{aligned}
&\mu_1 p_1 = \lambda_0 p_0 \\
&\lambda_0 p_0 + \mu_2 p_2 = (\lambda_1 + \mu_1) p_1 \\
&\lambda_1 p_1 + \mu_3 p_3 = (\lambda_2 + \mu_2) p_2 \\
&\qquad\qquad\vdots \\
&\lambda_{n-2} p_{n-2} + \mu_n p_n = (\lambda_{n-1} + \mu_{n-1}) p_{n-1} \\
&\lambda_{n-1} p_{n-1} + \mu_{n+1} p_{n+1} = (\lambda_n + \mu_n) p_n \\
&\qquad\qquad\vdots
\end{aligned}
\tag{3-14}
$$

3.2.4 Poisson 排队系统

输入过程为 Poisson 过程,服务时间分布为负指数分布的排队系统称为 Poisson 排队系统,这是最常见的排队系统。其中最简单的为 $M/M/1/\infty$ 系统模型。

根据 Kendall 记号,可知 $M/M/1/\infty$ 系统具有以下特性。

(1) 输入过程为 Poisson 过程,设平均到达率为 λ。

(2) 对每个顾客的服务时间相互独立,并有相同的负指数分布。设平均服务率为 μ。

(3) 单服务员。

(4) 系统容量无限,每个到达系统的顾客总能进入系统接受服务或排队等待。

(5) 到达过程与服务过程相互独立。

系统的主要性能指标为：

(1) 服务强度 ρ。

$$\rho = \frac{\lambda}{\mu} \tag{3-15}$$

(2) 平均系统队长 L。

$$L = \frac{\lambda}{\mu - \lambda} \tag{3-16}$$

(3) 平均等待队长 L_q。

$$L_q = \frac{\lambda^2}{\mu(\mu - \lambda)} \tag{3-17}$$

(4) 平均逗留时间 W。

$$W = \frac{L}{\lambda} = \frac{1}{\mu - \lambda} \tag{3-18}$$

(5) 平均等待时间 W_q。

$$W_q = \frac{L_q}{\lambda} = \frac{\lambda}{\mu(\mu - \lambda)} \tag{3-19}$$

式中，$L = \lambda W$；$L_q = \lambda W_q$；$W = W_q + \dfrac{1}{\mu}$。

3.2.5　几种排队模型

1. $M/M/1/\infty/\infty$ 或 $M/M/1$ 模型

这是一个基本的排列模型，一个服务台，到达率 λ 和服务率 μ 都服从指数分布。

$$\rho = \frac{\lambda}{\mu}$$

$$L_q = \frac{\rho^2}{1-\rho}, \quad L = \frac{\rho}{1-\rho}$$

$$W_q = \frac{\rho}{\mu(1-\rho)}, \quad W = \frac{1}{\mu(1-\rho)}$$

$$P_n = (1-\rho)\rho^n \tag{3-20}$$

2. $M/M/1/N/\infty$ 单一服务台，固定长度

固定长度排队意味着若到了最大系统容量，顾客将不能进入系统。

$$P_n = \begin{cases} \dfrac{1}{N+1}, & \lambda = \mu \\ \dfrac{(1-a)a^n}{1-a^{N+1}}, & \lambda \neq \mu \end{cases} \qquad L = \begin{cases} \dfrac{N}{2}, & \lambda = \mu \\ \dfrac{a\left[1-(N+1)a^N+Na^{N+1}\right]}{(1-a^{N+1})(1-a)}, & \lambda \neq \mu \end{cases} \tag{3-21}$$

$$L_q = L - (1 - P_0), \quad \rho = 1 - P_0$$

$$W = \frac{L}{\lambda(1 - P_N)}, \quad W_q = W - \frac{1}{\mu}$$

3. 增加更多服务台 $M/M/c$

所有服务台是空的概率 P_0，和所有服务台都在忙的概率 P_∞，需要下面比较复杂的公式。

$$\rho = \frac{\lambda}{c\mu}, \quad P_0 = \left\{\left[\sum_{n=0}^{c-1} \frac{(c\rho)^n}{n!}\right] + \left[\frac{(c\rho)^c}{c!(1-\rho)}\right]\right\}^{-1}$$

$$P_\infty = \frac{(c\rho)^c P_0}{c!(1-\rho)}$$

$$L_q = \frac{\rho P_\infty}{1-\rho}, \quad L = c\rho + \frac{\rho P_\infty}{1-\rho} \tag{3-22}$$

$$W = \frac{L}{\lambda}, \quad W_q = W - \frac{1}{\mu}y$$

4. 其他

$M/M/c/K/K$：顾客来源是有限的服务系统。例如，一个饭店有 x 张桌子和 y 个服务生服务来源有限的顾客。

$M/D/1$：服务时间不变的服务系统。

$D/M/1$：确定性到达模式，及指数分布服务时间。例如，医生赴约治病的时间表。

$M/E/k/1$：服务服从 Erlang 分布。例如，用相同平均时间去完成一些程序。

3.2.6　实例

【例 3.2】　某医院有 1 个专家举行门诊，就诊病人按 Poisson 过程到达，平均每小时 10 人；专家诊病时间服从负指数分布，平均每小时诊断 15 人。求该排队系统的主要性能指标。

解： 此排队系统为 $M/M/1$ 系统。

平均到达率 $\lambda = 10$

平均服务率 $\mu = 15$

服务强度 $\rho = \dfrac{\lambda}{\mu} = \dfrac{10}{15} \approx 0.67$

平均系统队长 $L = \dfrac{\lambda}{\mu - \lambda} = \dfrac{10}{15-10} = 2$

平均等待队长 $L_q = \dfrac{\lambda^2}{\mu(\mu-\lambda)} = \dfrac{10^2}{15 \times (15-10)} \approx 1.3$

平均逗留时间 $W = \dfrac{1}{\mu - \lambda} = \dfrac{1}{15-10} = 0.2$

平均等待时间 $W_q = \dfrac{\lambda}{\mu(\mu-\lambda)} = \dfrac{10}{15 \times (15-10)} \approx 0.13$

3.3　时间序列建模

悠悠岁月，无论系统在历史的长河中如何生长、演化和改变，历史的积累是不会改变的。因此我们对于各种系统的研究，是建立在系统发展变化的实际数据和历史资料的基础上，是从历史中寻找规律。

在 7 000 年前的古埃及，人们为了发展农业生产，一直密切关注尼罗河的涨落情况，他们逐天记录下来观测的数据，长期的观测使他们发现了尼罗河的涨落规律。当天狼星第一次和太阳同时升起的那一天之后，再过 200 天左右，尼罗河就开始泛滥，泛滥期将持续七八十天，洪水过后的土地肥沃，随意播种就会有丰厚的收成。由于掌握了尼罗河泛滥的规律，使得古埃及的农业迅速发展，从而创建了埃及灿烂的史前文明。像古埃及人这样，按照时间的顺序把随机事件变化发展的过程记录下来就构成了一个时间序列。时间序列分析就是通过对已知的历史数据进行分析,从而找出规律并作出较为准确的判断和预测。

3.3.1　时间序列

时间序列是指按照时间的顺序将随机事件的发展过程记录下来而构成的数据序列,经常用 $y_1, y_2, \cdots, y_t$ 表示。在经济分析中,我们遇到的许多统计资料都是时间序列。例如,按年度排列的产品年产量,按月度排列的产品月销量,商店、工厂的逐日库存统计资料等,都是时间序列。

在时间序列中,每个时期变量数值的大小都会受到不同因素的影响。因此,当我们初接触到某一时间序列时,会觉得它们杂乱无章,似无规律可循。其实不然,当对一组时间序列数据进行仔细的分析之后,就可以发现,这些时间序列往往是以下几类变化形式的叠加和组合。

(1)趋势变动。趋势变动是指时间序列在较长时间内具有朝着一定的方向持续上升和下降,或停留在某一水平上的倾向,可能是线性的,也可能是非线性的,反映了事物的主要变化趋势。例如,中国改革开放以来,经济持续增长表现为国内生产总值逐年增长的态势。

(2)季节变动。季节变动通常指一年内,由于自然条件和社会条件的影响,随着季节的转变而引起的周期性变动。例如,汗衫和背心的月零售量,明显的按月或季度的固定规律;学校的寒暑假带来的客流量在一年内的规律性变化。

(3)循环变动。循环变动通常是指长达数年的周期波动。例如,商业周期的繁荣、衰退、萧条、复苏四个阶段的循环变动。循环变动很难被识别。

(4)不规则变动。不规则变动又可分为突然变动和随机变动。所谓突然变动,是指诸如战争、自然灾害或其他社会因素等意外事件引起的变动,它不属这里讨论的范围。随机变动是指由于大量的随机因素产生的宏观上的影响。它可以近似地用正态分布来描述,所以,常设它为服从均值为零、方差为 σ^2 的正态分布。以后我们都认为这一假设成立。

如果用 $y(t)$ 表示时间序列的全变动,分别将趋势变化用 $T(t)$、季节变化用 $S(t)$、循环变动用 $C(t)$、随机波动用 $R(t)$ 描述,则经常遇到的时间序列组合作用模式有两种类型:

(1)加法型 $y(t) = T(t) + S(t) + C(t) + R(t)$。

(2)乘法型 $y(t) = T(t) \cdot S(t) \cdot C(t) \cdot R(t)$。

对于一个具体的时间序列,要由哪几类变动来组合,采取哪一种形式,应该根据所掌握的资料和研究的目的来确定。

在经济、工程和自然科学等方面按时间序列排列的大量观察数据是统计相关的。利用观察数据之间的相互依存或相关性可以建立相应的数学模型来描述客观对象的动态特性,从而可以利用过去的历史观察数据对未来值进行预测和控制。用于分析这种相关的观察序列的主要方法称为时间序列分析,是经济研究和工业企业进行经济活动分析时所必备的数量分析工具。

3.3.2　描述性时序分析

恩格斯说,偶然性只是相互依存性的一极,它的另一极叫作必然性。在似乎也是受偶然性支配的自然界中,我们早就证实,在每一个领域内,都有在这种偶然性中为自己开辟道路的内在的必然性和规律性。

在进行时间序列分析时,往往可以通过直观的数据比较或绘图观测,寻找序列中蕴含的发展规律,这种分析方法就称为描述性时序分析。这种方法具有操作简单、直观有效的特点,它通常是人们进行统计时序分析的第一步。

比如,通过对 1978—2011 年上海市居民消费水平的数据(见表 3-2)绘制线图,如图 3-3 所示,就可以看出时间序列中呈现长期递增的非线性变化趋势。

表 3-2　1978—2011 年上海市居民消费水平

年份	居民消费水平/(元/人)	年份	居民消费水平/(元/人)
1978	442	1995	6 310
1979	527	1996	7 228
1980	582	1997	8 289
1981	638	1998	8 896
1982	640	1 999	9 683
1983	688	2000	10 922
1984	788	2001	11 807
1985	1031	2002	13 137
1986	1190	2003	14 247
1987	1298	2004	16 470
1988	1680	2005	18 741
1989	1927	2006	21 475
1990	2225	2007	25 099
1991	2420	2008	28 242
1992	2842	2009	30 358
1993	3923	2010	32 271
1994	5081	2011	35 439

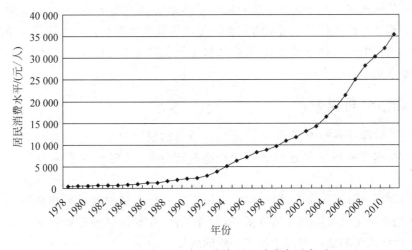

图 3-3　1978—2011 年上海市居民消费水平序列

再比如,根据某县 2005—2008 年各季度鲜蛋销售量数据(见表 3-3)绘制的年度折叠时序图如图 3-4 所示。

表 3-3　某县 2005—2008 年各季度鲜蛋销售量　　　　　　　　　　单位:万千克

年份	一季度	二季度	三季度	四季度
2005	13.1	13.9	7.9	8.6
2006	10.8	11.5	9.7	11.0
2007	14.6	17.5	16.0	18.2
2008	18.4	20.0	16.9	18.0

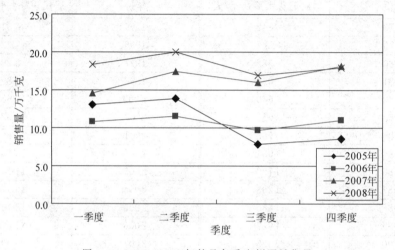

图 3-4　2005—2008 年某县各季度鲜蛋销售量

从图 3-4 总体来看,数据有明显的季节变动,后面年度的折线高于前面年度的折线且交叉不多,说明各季度鲜蛋销售量的数据中既含有季节成分,也含有上升趋势。

在天文、物理、海洋学等自然科学领域,利用这种简单的描述性时序分析方法常常会发现意想不到的规律。由于这种方法只能展示非常明显的规律性,因此在金融、保险、法律、人口、心理学等社会科学研究领域,随机变量的发展通常会呈现出非常强的随机性。想通过对序列简单的观察和描述,总结出随机变量发展变化的规律,并准确预测出它们将来的走势通常是非常困难的。

3.3.3　趋势分析模型

在确定了时间序列的类型后,就可以选择适当的模型对时间序列进行分析。趋势分析模型是对时间序列中所包含的确定性趋势进行分析,并对现象未来的发展趋势进行预测。

有些时间序列具有非常显著的趋势,我们有时分析的目的就是要找到序列中的这种趋势,描述现象确定性发展变化的特征,揭示规律性,并利用这种趋势对序列发展做出合理预测,在经济预测和企业预测中得到广泛的应用。

平滑法是进行趋势分析时常用的一种方法。它利用修匀技术,削弱短期随机波动对序列的影响,使序列平滑化,从而显示出变化的规律。计算简便、灵活,广泛应用于计量经济、人口研究等领域。根据所用的平滑技术不同,又可以分为移动平均法和指数平滑法。

1. 移动平均法

该方法的基本思想是对于一个时间序列$\{Y_t\}$,扩大原时间序列的时间间隔,选定一定的时距项数n,采用逐项递移的方法对原数列递移的n项计算一系列序时平均数,这些序时平均数形成的新数列消除或削弱了原数列中的由于短期偶然因素引起的不规则变动和其他成分,对原数列的波动起到修匀作用,从而呈现出现象在较长时期的发展趋势。

采用移动平均法分析趋势变动,关键在于移动平均期数的选择。一般会从三个方面考虑:一是对趋势平滑性要求。移动平均对原数列有修匀作用,移动平均的期数越大,对数列的修匀作用越强,修匀曲线越平滑。二是现象发展的周期性。当数列包含周期性变动(季节变动或循环变动)时,移动平均期数应与周期长度一致,才能消除这些变动。如一年四个季度为一个周期,就应该取4项移动平均,才能消除周期变动,准确反映长期趋势。三是对趋势敏感度的要求。移动平均期数越多,滞后性越大,移动平均期数越少,趋势对近期就越敏感。

移动平均法有简单移动平均法、加权移动平均法等。

(1)简单移动平均法。其公式为

$$\bar{y}_t = \frac{1}{n}(y_t + y_{t-1} + \cdots + y_{t-n+1}) \tag{3-23}$$

式中,$\bar{y}_t$为移动平均数;n为移动平均的项数。相当于用近n期的加权平均数作为最后一期趋势的估计值,它们的权重都相同,取$1/n$。当n为奇数时,只需一次移动平均。当n为偶数时,则需要进行二次平均,也称为移正平均。

(2)加权移动平均法。在简单移动平均的公式中,每期的数据在求平均时的作用是等同的。但是,实际上每期数据所包含的信息量是不一样的,近期数据包含更多的信息。因此,应该考虑各期数据的重要性,对近期数据给予较大的权重。其公式为

$$\bar{y}_{tw} = \frac{\omega_1 y_t + \omega_2 y_{t-1} + \cdots + \omega_n y_{t-n+1}}{\omega_1 + \omega_2 + \cdots + \omega_n} \tag{3-24}$$

式中,$\bar{y}_{tw}$为移动平均数;ω_i为y_{t-i+1}的权数,体现了相应的y_t在加权平均数中的重要性。

对ω_i的选择,一般来讲,近期数据的权重大,远期数据的权重小。至于取多少合适,需要根据对时间序列的了解和分析来确定,具有一定的经验性。

2. 指数平滑法

指数平滑法的基本思想是:在时间序列中,考虑时间间隔对事件发展的影响,各期的权重随时间间隔的增加而成指数衰减。根据平滑次数的不同,有一次指数平滑、二次指数平滑、三次指数平滑和高次指数平滑之分,但高次的很少用。指数平滑法最适合用于进行简单的时间分析和中、短期预测。下面介绍一次指数平滑法的有关内容。

(1)一次指数平滑模型。对时间序列$y_1, y_2, \cdots, y_t, \cdots$,一次指数平滑公式为

$$s_t^{(1)} = \alpha y_t + (1-\alpha) s_{t-1}^{(1)} \tag{3-25}$$

式中,$s_t^{(1)}$为一次指数平滑值;α为加权系数,$0 < \alpha < 1$。

假定序列的长度无限,将式(3-25)中的t分别以$t-1, t-2, t-3, \cdots$依次代入可得

$$
\begin{aligned}
s_t^{(1)} &= \alpha y_t + (1-\alpha)[\alpha y_{t-1} + (1-\alpha)s_{t-2}^{(1)}] \\
&= \alpha y_t + \alpha(1-\alpha)y_{t-1} + (1-\alpha)^2[\alpha y_{t-2} + (1-\alpha)s_{t-3}^{(1)}] \\
&\vdots \\
&= \alpha y_t + \alpha(1-\alpha)y_{t-1} + \alpha(1-\alpha)^2 y_{t-2} + \cdots + \alpha(1-\alpha)^j y_{t-j} + \cdots \\
&= \alpha \sum_{j=0}^{\infty}(1-\alpha)^j y_{t-j}
\end{aligned}
\tag{3-26}
$$

由此可见 $s_t^{(1)}$ 实际上是 $y_t, y_{t-1}, \cdots, y_{t-j}, \cdots$ 的加权平均。加权系数分别为 $\alpha, \alpha(1-\alpha)$，$\alpha(1-\alpha)^2, \cdots$，即首项为 α，公比为 $(1-\alpha)$ 的等比数列。加权系数的和等于 1，即

$$
\alpha \sum_{j=0}^{\infty}(1-\alpha)^j = \alpha \frac{1}{1-(1-\alpha)} = 1
$$

所以，指数平滑实际上是一种以时间定权的加权平均。愈近的数据，加权系数也愈大；愈远的数据，加权系数愈小。从推导中也可以看到，无论 α 在 $0\sim1$ 之间取任何值，平滑值的变化都表现为一条衰减的指数函数曲线，即随着时间的推移，各期观察值对平滑值的影响按着指数 $(1-\alpha)^j$ 规律递减。这也就是该方法称作"指数平滑"的原因所在。

以这种平滑值进行趋势拟合，就是一次指数平滑法。趋势拟合模型为

$$
\hat{y}_{t+1} = s_t^{(1)} = \alpha y_t + (1-\alpha)\hat{y}_t
\tag{3-27}
$$

（2）加权系数的选择。在运用指数平滑法时，选择合适的加权系数是非常重要的。从式（3-25）可以看出，α 的取值实际上体现了新观察值与原平均值之间的比例关系。α 越大，y_t 在式（3-25）中的比例越大。当 $\alpha=1$ 时，$s_t^{(1)}=y_t$，这时 t 期平滑值就等于 t 期观察值，即以当前信息为重，而不考虑以往的影响；反之，α 越小，则 $s_{t-1}^{(1)}$ 占的比重就越大。当 $\alpha=0$ 时，$s_t^{(1)}=s_{t-1}^{(1)}$，这时本期平滑值就等于上期平滑值，而没有考虑当前数据 y_t 所载的信息。因此在指数平滑法中 α 值在 $0\sim1$ 之间的选择是非常重要的。

一般对于波动较为平缓的时间序列，常取较小的 α 值，会产生较好的拟合效果。对于波动变化较大的时间序列，常取较大的 α 值。经验表明，α 值介于 $0.05\sim0.3$ 之间，修匀效果比较好。

（3）初始值的确定。指数平滑法是一个迭代计算过程。用指数平滑法进行计算时，首先必须确定初始值。初始值实际上应该是序列起点 $t=0$ 以前所有历史数据的加权平均值。关于设置初始值的讨论，从某种程度上来说，是一个纯理论的问题。实际工作中，在任何时间序列的平滑计算中，设置初始值仅有最初的一次，而且通常总会积有或多或少的历史统计序列，使我们可以从中拟定一个合适的初始值估计。如果数据序列较长，或者加权系数选择得较高，则经过数期平滑之后，初始值 s_0 对 s_t 的影响就很小，可选用第一期数据为初始值。如果数据序列较短，常用的确定初始值的方法，是将已知数据分成两部分。用第一部分估计初始值，用第二部分进行平滑，求各平滑参数。最简单的方法是取前几个数的平均值作为初始值。一般取前 $3\sim5$ 个数的算术平均值。亦可用最小二乘法和其他方法对前几个数据进行拟合，估计 a_0,b_0，再根据 a_0 和 b_0 的关系式计算出初始值。如果没有历史数据，上述方法便不适用了。这时可采用的办法是：或者等到有了某些值可以利用的时刻；或者任意给定一个有意义的并且能立即开始计算的初始值。

一次指数平滑法适用于平稳的时间序列，如果序列中存在明显的确定性时间趋势，在

序列中存在上升或下降趋势时,一次指数平滑值就会出现较大的偏差,并且拟合值会滞后于实际值,因此需要采用高次的平滑法。

3.3.4 季节变动分析模型

在日常生活中,可以见到有许多季节变动的时间序列。季节变动在现实生活中经常会遇到,如商业活动中的"销售旺季"和"销售淡季"、旅游业的"旅游旺季"和"旅游淡季"等,都会出现明显的季节变动规律。

季节变动是指客观现象因受自然因素或社会因素影响而形成的有规律的周期性变动。如果数列包含有明显的上升(下降)趋势,为了更准确地计算季节指数,就应当首先设法从数列中消除趋势因素,然后再来测定季节变动。这就是趋势剔除法。

数列的长期趋势可用移动平均法或趋势方程拟合法测定。假定包含季节变动的时间序列的各影响因素是以乘法模型形式组合,其结构为 $Y_t = T_t \cdot S_t \cdot C_t \cdot R_t$,以移动平均法为例,确定季节变动的方法步骤如下。

(1) 对原数列通过季节周期 L(12 个月或 4 个季度)的移动平均,以消除季节变动和不规则变动,所得移动平均的结果只包含 T_t 和 C_t。

(2) 将原数列 Y_t 的各项数据除以移动平均后的数值。

$$\frac{T_t \cdot S_t \cdot C_t \cdot R_t}{T_t \cdot C_t} = S_t \cdot R_t$$

(3) 将剔除移动平均之后数列的各年同月(或同季)的数据平均,就得到季节指数 S_i。

在取得季节指数时,有时候需要对季节指数进行调整。乘法模型需要平均季节指数等于 1,也就是说,季节影响在周期内是持平的。当平均季节指数不等于 1 时,需要进行调整。方法是用每个季节指数乘以季节周期长度 L,再除以未调整的季节指数之和,得调整的季节指数 S_i^*,即

$$S_i^* = S_i \cdot \frac{L}{\sum\limits_{i=1}^{L} S_i}, \quad i = 1, 2, \cdots, L$$

【例 3.3】 某县 2005—2008 年各季度鲜蛋销售量数据如表 3-2 所示,分析季节变动,计算季节指数。

解:假定时间序列的各影响因素是以乘法模型形式组合,其结构为 $Y_t = T_t \cdot S_t \cdot C_t \cdot R_t$。由于时间序列存在明显的季节影响,因此,利用趋势剔除法进行分析。计算结果见表 3-4。

表 3-4 销售量时间序列的季节随机值 单位:万千克

年份	季度	鲜蛋销售量	4 个季度移正平均($T_t \cdot C_t$)	季节随机值($Y_t / T_t \cdot C_t$)
2005	1	13.1		
	2	13.9		
	3	7.9	10.587 5	0.746 2
	4	8.6	10	0.860 0
2006	1	10.8	9.925	1.088 2
	2	11.5	10.45	1.100 5

年份	季度	鲜蛋销售量	4 个季度移正平均($T_t \cdot C_t$)	季节随机值($Y_t/T_t \cdot C_t$)
2006	3	9.7	11.225	0.864 1
	4	11.0	12.45	0.883 5
2007	1	14.6	13.987 5	1.043 8
	2	17.5	15.675	1.116 4
	3	16.0	17.05	0.938 4
	4	18.2	17.837 5	1.020 3
2008	1	18.4	18.262 5	1.007 5
	2	20.0	18.35	1.089 9
	3	16.9		
	4	18.0		

将剔除趋势变动的数列各年同季的数据平均,就得到季节指数 S_i。计算结果见表 3-5。

表 3-5 销售量时间数列的季节指数计算结果

季度	季节随机影响值			季节指数(S_i)
1	1.088 2	1.043 8	1.007 5	1.046 5
2	1.100 5	1.116 4	1.089 9	1.102 3
3	0.746 2	0.864 1	0.938 4	0.849 6
4	0.860 0	0.883 5	1.020 3	0.921 3

由于取得的季节指数的平均数不等于 1,因此需要进行调整如下:

$$s_1 = 1.046\ 5 \times 4 \div 3.919\ 6 = 1.068\ 0$$

$$s_2 = 1.102\ 3 \times 4 \div 3.919\ 6 = 1.124\ 9$$

$$s_3 = 0.846\ 9 \times 4 \div 3.919\ 6 = 0.867\ 0$$

$$s_4 = 0.921\ 3 \times 4 \div 3.919\ 6 = 0.940\ 2$$

3.3.5 用于时间序列的灰色系统模型

灰色系统理论是 20 世纪 80 年代初期由我国著名学者邓聚龙教授创立并发展的一门系统科学新学科。在短短的几十年中,灰色系统理论不仅在理论上迅速发展,日趋完善,而且在社会、经济、科技、农业、工业、生态、金融等各个系统的分析、建模、预测、决策、规划、控制中都得到了日益广泛的深入和应用,取得了一系列重大的成果。

在控制论中,人们常用颜色的深浅来形容信息的明确程度。我们用"白色信息"表示信息完全明确;用"黑色信息"表示信息未知;而介于这两者之间的,部分信息明确、部分信息不明确,就用"灰色信息"表示。相应地,信息完全明确的系统称为"白色系统";信息未知的系统称为"黑色系统";而部分信息明确、部分信息不明确的系统,称为"灰色系统"。

由于灰色系统信息不完全,因此灰色系统理论建模的特点是"少数据建模",只需 4 个数据即可,着重研究"外延明确、内涵不明确"的对象。比如,到 2050 年,中国要将总人口控制在 15 亿~16 亿人之间，这"15 亿~16 亿人之间"就是一个灰概念，其外延是非常明确的，但如果进一步要问到底是哪个具体值，则不清楚。灰色系统理论建模主要通过对"部分"已知信息的生成、开发，揭示系统内部事物连续发展变化的过程，实现对系统运行行为、演化规律的正确描述和有效监控。一般用微分方程来描述，用符号 GM(n,h) 来表示灰色模型，含义如下：

$$\text{G} \qquad \text{M} \qquad (\qquad n, \qquad h \qquad)$$

Grey(灰色)　Model(模型)　n 阶方程　　h 个变量

不同的 n 和 h 的 GM 模型有着不同的意义和用途。本章只介绍用于时间序列的最基本常用的 GM(1,1) 模型。

1. GM(1,1)模型

GM(1,1)模型是具有 1 个变量、1 阶方程的灰色系统模型。

设原始数列 $X^{(0)}$ 为非负序列

$$X^{(0)} = (x^{(0)}(1), x^{(0)}(2), \cdots, x^{(0)}(n))$$

式中，$x^{(0)}(t) \geqslant 0, t=1,2,\cdots,n$。

对 $X^{(0)}$ 作累加生成，得到数列

$$X^{(1)} = (x^{(1)}(1), x^{(1)}(2), \cdots, x^{(1)}(n))$$

式中，$x^{(1)}(t) = \sum_{i=1}^{t} x^{(0)}(i), t=1,2,\cdots,n$，是对原始数据作一次累加生成后的生成数列，记为 1-AGO。

累加生成是使灰色过程由灰变白的一种方法，例如有原始数据列 $X^{(0)}=(2,3.5,1,4)$，没有规律。对其作一次累加生成，得累加生成数列为 $X^{(1)}=(2,5.5,6.5,10.5)$，数据是递增的，规律性明显加强了。就如对于一个家庭的支出来讲，若按日计算，可能没有什么明显的规律。若按月计算，支出的规律性就可能体现出来，它大体与月工资收入呈某种关系。

对 $X^{(1)}$ 作紧邻均值生成，得序列

$$Z^{(1)} = (z^{(1)}(2), z^{(1)}(3), \cdots, z^{(1)}(n))$$

式中，$z^{(1)}(t) = \frac{1}{2}(x^{(1)}(t) + x^{(1)}(t-1)), t=2,3,\cdots,n$

记

$$\boldsymbol{Y} = \begin{bmatrix} x^{(0)}(2) \\ x^{(0)}(3) \\ \vdots \\ x^{(0)}(n) \end{bmatrix}, \quad \boldsymbol{B} = \begin{bmatrix} -z^{(1)}(2) & 1 \\ -z^{(1)}(3) & 1 \\ \vdots & \vdots \\ -z^{(1)}(n) & 1 \end{bmatrix} \tag{3-28}$$

利用最小二乘估计参数列，得

$$\hat{\boldsymbol{a}} = (\boldsymbol{B}^{\mathrm{T}}\boldsymbol{B})^{-1}\boldsymbol{B}^{\mathrm{T}}\boldsymbol{Y} = \begin{pmatrix} a \\ b \end{pmatrix} \tag{3-29}$$

则称

$$\frac{\mathrm{d}x^{(1)}}{\mathrm{d}t} + ax^{(1)} = b \tag{3-30}$$

为 GM(1,1)模型。

GM(1,1)模型的时间响应序列为

$$\hat{x}^{(1)}(t+1) = \left(x^{(0)}(1) - \frac{b}{a}\right)\mathrm{e}^{-at} + \frac{b}{a} \tag{3-31}$$

累减还原值为

$$\hat{x}^{(0)}(t+1) = \hat{x}^{(1)}(t+1) - \hat{x}^{(1)}(t)$$

$$= (1 - \mathrm{e}^a)\left(x^{(0)}(1) - \frac{b}{a}\right)\mathrm{e}^{-at} \tag{3-32}$$

式中，$t = 1, 2, \cdots, n$，即为模型模拟值。

2. GM(1,1)模型检验

一个模型要经过多种检验才能判定其是否合理有效，要使建立的模型进行较好的数据模拟，就要保证有充分高的模拟精度，尤其是 $t = n$ 时的模拟精度。因此对上述模型要做精度检验，只有通过检验的模型才能真正用作模拟和预测。

GM(1,1)模型通常采用残差检验。所谓残差检验是指按照所建模型计算出累加数列后，再按累减生成还原，还原后将其与原始数列 $X^{(0)}$ 相比较，求出两序列的差值即为残差，通过计算相对精度以确定模型精度的一种方法。这里，我们介绍常用的相对误差检验模型的方法。

设原始序列

$$X^{(0)} = (x^{(0)}(1), x^{(0)}(2), \cdots, x^{(0)}(n))$$

相应的预测模型模拟序列

$$\hat{X}^{(0)} = (\hat{x}^{(0)}(1), \hat{x}^{(0)}(2), \cdots, \hat{x}^{(0)}(n))$$

残差序列

$$\varepsilon^{(0)} = (\varepsilon(1), \varepsilon(2), \cdots, \varepsilon(n))$$

$$= (x^{(0)}(1) - \hat{x}^{(0)}(1), x^{(0)}(2) - \hat{x}^{(0)}(2), \cdots, x^{(0)}(n) - \hat{x}^{(0)}(n)) \tag{3-33}$$

相对误差序列

$$\Delta = \left(\left|\frac{\varepsilon(1)}{x^{(0)}(1)}\right|, \quad \left|\frac{\varepsilon(2)}{x^{(0)}(2)}\right|, \cdots, \quad \left|\frac{\varepsilon(n)}{x^{(0)}(n)}\right|\right) = \{\Delta_t\}_1^n \tag{3-34}$$

对于 $t \leqslant n$，称 $\Delta_t = \left|\dfrac{\varepsilon(t)}{x^{(0)}(t)}\right|$ 为 t 点模拟相对误差，$\bar{\Delta} = \dfrac{1}{n}\sum_{t=1}^{n}\Delta_t$ 为平均相对误差；称 $1 - \bar{\Delta}$ 为平均相对精度，$1 - \Delta_t$ 为 t 点模拟精度，$t = 1, 2, \cdots, n$。

给定 α，当 $\bar{\Delta} < \alpha$ 且 $\Delta_n < \alpha$ 成立时，称模型为残差合格模型。

通过对残差的考察来判断模型的精度，其中平均相对误差 $\bar{\Delta}$ 和模拟误差都要求越小越好。给定 α 的取值，就确定了检验模型模拟精度的一个等级。常用的相对误差检验精度等级见表 3-6，可供检验模型参考。

表 3-6　相对误差检验精度检验等级参照表

指标临界值　　精度等级	一级	二级	三级	四级
α	0.01	0.05	0.10	0.20

【例 3.4】　根据表 3-7 的某地区 2004—2008 年远程教育人数（万人）的数据建立 GM(1,1)模型。

表 3-7　2004—2008 年学生人数　　　　　　　　　单位：万人

年份(t)	2004	2005	2006	2007	2008
人数	3.8	3.5	3.8	4.4	4.6

由表 3-7 所示数据得到原始数列

$$X^{(0)} = (3.8, 3.5, 3.8, 4.4, 4.6)$$

对 $X^{(0)}$ 作 1-AGO,得

$$X^{(1)} = (3.8, 7.3, 11.1, 15.5, 20.1)$$

对 $X^{(1)}$ 的紧邻均值生成,得

$$Z^{(1)} = (5.55, 9.2, 13.3, 17.8)$$

于是

$$Y = \begin{bmatrix} 3.4 \\ 3.8 \\ 4.4 \\ 4.6 \end{bmatrix}, \quad B = \begin{bmatrix} -5.55 & 1 \\ -9.2 & 1 \\ -13.3 & 1 \\ -17.8 & 1 \end{bmatrix}$$

由 $(a,b)^{\mathrm{T}} = (B^{\mathrm{T}}B)^{-1}B^{\mathrm{T}}Y$,对参数进行最小二乘估计,得

$$\hat{a} = (-0.095\,032, 2.985\,7)^{\mathrm{T}}$$

那么,相应的 GM(1,1)模型为

$$\frac{\mathrm{d}x^{(1)}}{\mathrm{d}t} - 0.095\,032 x^{(1)} = 2.985\,7$$

时间响应式为

$$\hat{x}^{(1)}(t+1) = 35.217\,9\mathrm{e}^{0.095\,032t} - 31.417\,9$$

$$\hat{x}^{(0)}(t+1) = \hat{x}^{(1)}(t+1) - \hat{x}^{(1)}(t)$$

由此得模拟序列

$$\hat{X}^{(0)} = (\hat{x}^{(0)}(1), \hat{x}^{(0)}(2), \hat{x}^{(0)}(3), \hat{x}^{(0)}(4), \hat{x}^{(0)}(5))$$

$$= (3.800, 3.511, 3.861, 4.246, 4.669)$$

对模型作残差检验,只有通过检验的模型才能真正用作预测。计算数据见表 3-8。

表 3-8   误差检验表

年份(t)	实际数据	模拟数据	残差	相对误差/%
	$X^{(0)}(t)$	$\hat{X}^{(0)}(t)$	$\varepsilon^{(0)}(t)=x^{(0)}(t)-\hat{x}^{(0)}(t)$	$\Delta_t=\left\|\dfrac{\varepsilon(t)}{x^{(0)}(t)}\right\|$
2004	3.800	3.800	0	0
2005	3.500	3.511	0.011	0.314
2006	3.800	3.861	0.061	1.606
2007	4.400	4.246	−0.154	3.501
2008	4.600	4.669	0.069	1.505

平均相对误差

$$\bar{\Delta}=\frac{1}{5}\sum_{t=1}^{5}\Delta_t=0.013\,85<0.05$$

且模拟误差 $\Delta_5=0.015\,05<0.05$,模型精度为二级,说明模型拟合精度较高,可以用来模拟和预测。

由通过检验的 GM(1,1)模型对该地区远程教育 2009—2013 年发展规模进行预测,结果如表 3-9 所示。

表 3-9   2009—2013 年学生人数   单位:万人

年份(t)	2009	2010	2011	2012	2013
人数	5.134 7	5.646 6	6.209 6	6.828 6	7.509 4

3.4   解析结构模型

近年来,结构模型解析法在制定复杂的计划和决策、区域环境规划、城市规划设计等社会系统方面被逐渐应用起来。通过这种结构模型,可以确定组成复杂系统的大量元素之间存在着怎样的关系(这种关系有因果关系、大小关系、上下关系等);并通过电子计算机的对话形式,来明确这种关系,最后可使复杂的系统分析分解成相对简单的系统。

结构模型属于宏观模型,结构模型解析法通过有向图和邻接矩阵的有关运算,使复杂系统问题得以简化。

3.4.1   有向图

在系统中,用点表示事物,用点与点之间的有向线段表示事物之间的联系,所作出的抽象图称为有向图,如图 3-5 所示。

3.4.2   邻接矩阵

除了用图表示系统结构外,还可以使用与有向图相对应的矩阵来表示系统结构,其中最直接的一种称为邻接矩阵。其定义如下:

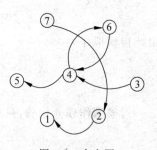

图 3-5   有向图

$$X = \begin{bmatrix} x_{ij} \end{bmatrix}$$

式中，

$$x_{ij} = \begin{cases} 1, & \text{如果有一条边出自 } i \text{ 点指向点 } j; \\ 0, & \text{如果没有边出自 } i \text{ 点指向点 } j. \end{cases}$$

因此，图 3-5 的邻接矩阵为

$$X = \begin{array}{c} \\ 1 \\ 2 \\ 3 \\ 4 \\ 5 \\ 6 \\ 7 \end{array} \begin{array}{c} \begin{array}{ccccccc} 1 & 2 & 3 & 4 & 5 & 6 & 7 \end{array} \\ \begin{bmatrix} 0 & 0 & 0 & 0 & 0 & 0 & 0 \\ 1 & 0 & 0 & 0 & 0 & 0 & 0 \\ 0 & 0 & 0 & 1 & 0 & 0 & 0 \\ 0 & 0 & 0 & 0 & 1 & 1 & 0 \\ 0 & 0 & 0 & 0 & 0 & 0 & 0 \\ 0 & 0 & 0 & 1 & 0 & 0 & 0 \\ 0 & 1 & 0 & 0 & 0 & 0 & 0 \end{bmatrix} \end{array}$$

3.4.3 系统结构模型

【例 3.5】 图书借阅关系结构模型。

从系统的角度来看，图书馆系统是一个典型的复杂系统，通过图书借阅过程，在图书和读者之间建立某种联系，可用二部图表示这种系统结构。

该系统二部图包含两类节点，一类是代表图书的索书号，称之为项目；另一类是借阅图书的读者，称之为节点；项目与节点之间如果存在借阅关系，则将二者用一条线相连，构成一条边。在加权网络的研究中，把读者借阅图书的借阅天数作为这条边的边权值。图 3-6 是包含四个项目的加权二部图。

【例 3.6】 公交线路系统结构模型。

若考虑节点为上海市的各条以数字命名的公交线路，有公共站点的公交线路之间建立一条边。如公交 54 路车和公交 57 路车在江苏路这一站有公共的站点，则 54 路这个节点和 57 路这个节点之间有一条边相连。该系统结构模型主要研究上海市各条公交线路之间的关系，经统计得到，上海市公交线路系统共有 504 条，即网络的节点数为 504，边共有 24 799 条。

【例 3.7】 以停靠站点为节点，同一条线路上的停靠站点之间完全连接。

以停靠站点为顶点，令同一条线路上的站点之间进行完全连接，构建了公交换乘系统结构模型，连接方式如图 3-7 所示。研究该网络的网络性质和上海市出行平均需要换乘次数。图 3-8 为其网络连接图（完全连接）。

【例 3.8】 中国汽车零部件企业系统结构模型。

通过搜集 2006 年中国汽车零部件生产企业的相关信息，选择其中的 145 类汽车零部件和对应的 9 298 个生产零部件的企业作为研究对象，企业间的竞争关系作为边，构建了中国汽车零部件企业竞争网。

定义生产零部件的企业为节点，企业所生产的零部件为项目；项目与节点之间若存在被生产与生产的关系，则称项目与节点之间的关系为合作关系，并把二者用一条线相

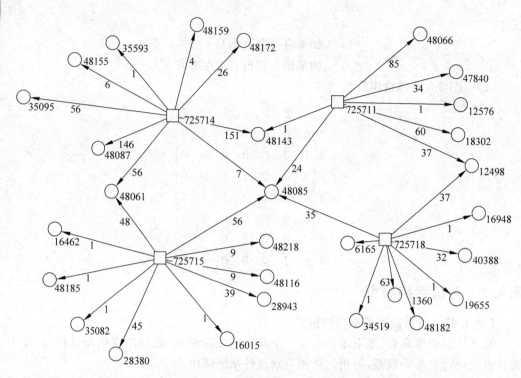

图 3-6　读者与书借阅关系二部图

注：图中正方形表示项目即书，圆点表示节点即读者，连线上的权值表示读者借阅这本书的阅读时间。

图 3-7　公交 875 路部分站点图

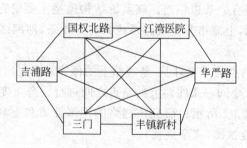

图 3-8　网络连接图（完全连接）

连，构成一条边。所有的项目与节点之间就构成了一种隶属网络，而这种网络又可以用一个二分图来比较好地描述，所以我们把零部件和生产零部件的企业构成的隶属网络称为二分图。选取了四个项目构成的二分图如图 3-9 所示。

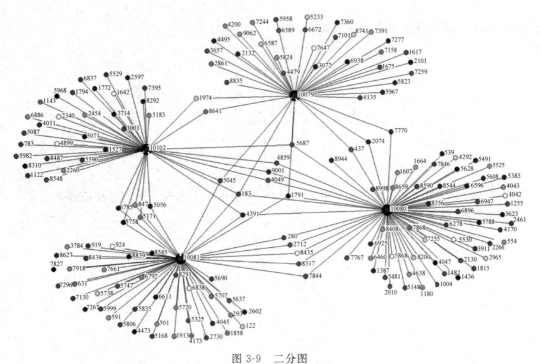

图 3-9　二分图

注：图中正方形表示项目，圆形表示节点。

3.4.4　结构分解

【例 3.9】　结构模型应用于复杂系统的结构分解（见图 3-10）。

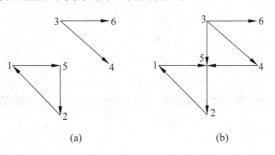

(a)　　　　　　　　　　(b)

图 3-10　例 3.9 示意图

图 3-10(a)的邻接矩阵

$$
\boldsymbol{X}_a = \begin{array}{c}
\\
v_1 \\
v_2 \\
v_3 \\
v_4 \\
v_5 \\
v_6
\end{array}
\begin{array}{c}
\begin{array}{cccccc}
v_1 & v_2 & v_3 & v_4 & v_5 & v_6
\end{array} \\
\begin{bmatrix}
0 & 0 & 0 & 0 & 1 & 0 \\
1 & 0 & 0 & 0 & 0 & 0 \\
0 & 0 & 0 & 1 & 0 & 1 \\
0 & 0 & 0 & 0 & 0 & 0 \\
0 & 1 & 0 & 0 & 0 & 0 \\
0 & 0 & 0 & 0 & 0 & 0
\end{bmatrix}
\end{array}
$$

图 3-10(a)的邻接矩阵节点顺序变换后可得

$$
\tilde{X}_a = \begin{array}{c} \\ v_1 \\ v_2 \\ v_5 \\ v_3 \\ v_4 \\ v_6 \end{array}
\begin{array}{c} v_1\ v_2\ v_5\ v_3\ v_4\ v_6 \\
\left[\begin{array}{cccccc}
0 & 0 & 1 & 0 & 0 & 0 \\
1 & 0 & 0 & 0 & 0 & 0 \\
0 & 1 & 0 & 0 & 0 & 0 \\
0 & 0 & 0 & 0 & 1 & 1 \\
0 & 0 & 0 & 0 & 0 & 0 \\
0 & 0 & 0 & 0 & 0 & 0
\end{array}\right] \end{array}
=
\begin{array}{c} \\ v_1 \\ v_2 \\ v_5 \\ v_3 \\ v_4 \\ v_6 \end{array}
\begin{array}{c} v_1\ v_2\ v_5\ v_3\ v_4\ v_6 \\
\left[\begin{array}{ccc|ccc}
0 & 0 & 1 & & & \\
1 & 0 & 0 & & 0 & \\
0 & 1 & 0 & & & \\
\hline
 & & & 0 & 1 & 1 \\
 & 0 & & 0 & 0 & 0 \\
 & & & 0 & 0 & 0
\end{array}\right] \end{array}
$$

该矩阵为分块对角阵,分别表示与图 3-10(a)对应的两个不连通子图的邻接矩阵。

图 3-10(b)的邻接矩阵

$$
X_b = \begin{array}{c} \\ v_1 \\ v_2 \\ v_3 \\ v_4 \\ v_5 \\ v_6 \end{array}
\begin{array}{c} v_1\ v_2\ v_3\ v_4\ v_5\ v_6 \\
\left[\begin{array}{cccccc}
0 & 0 & 0 & 0 & 1 & 0 \\
1 & 0 & 0 & 0 & 0 & 0 \\
0 & 0 & 0 & 1 & 1 & 1 \\
0 & 0 & 0 & 0 & 0 & 0 \\
0 & 1 & 0 & 0 & 0 & 0 \\
0 & 0 & 0 & 0 & 0 & 0
\end{array}\right] \end{array}
$$

图 3-10(b)的邻接矩阵节点顺序变换后可得

$$
\tilde{X}_b = \begin{array}{c} \\ v_1 \\ v_2 \\ v_5 \\ v_3 \\ v_4 \\ v_6 \end{array}
\begin{array}{c} v_1\ v_2\ v_5\ v_3\ v_4\ v_6 \\
\left[\begin{array}{cccccc}
0 & 0 & 1 & 0 & 0 & 0 \\
1 & 0 & 0 & 0 & 0 & 0 \\
0 & 1 & 0 & 0 & 0 & 0 \\
0 & 0 & 1 & 0 & 1 & 1 \\
0 & 0 & 1 & 0 & 0 & 0 \\
0 & 0 & 0 & 0 & 0 & 0
\end{array}\right] \end{array}
=
\begin{array}{c} \\ v_1 \\ v_2 \\ v_5 \\ v_3 \\ v_4 \\ v_6 \end{array}
\begin{array}{c} v_1\ v_2\ v_5\ v_3\ v_4\ v_6 \\
\left[\begin{array}{ccc|ccc}
0 & 0 & 1 & & & \\
1 & 0 & 0 & & 0 & \\
0 & 1 & 0 & & & \\
\hline
0 & 0 & 1 & 0 & 1 & 1 \\
0 & 0 & 1 & 0 & 0 & 0 \\
0 & 0 & 0 & 0 & 0 & 0
\end{array}\right] \end{array}
$$

该矩阵为下三角分块阵,两个对角分块阵与图 3-10(a)是一样的,左下角表示子系统二对子系统一的影响。

3.5 系统动力学模型

系统动力学(system dynamics,SD)出现于 1956 年,创始人为美国麻省理工学院(MIT)的福瑞斯特(J. W. Forrester)教授。系统动力学方法从构造系统最基本的微观结构入手构造系统模型。其中不仅要从功能方面考察模型的行为特性与实际系统中测量到的系统变量的各数据、图表的吻合程度,而且还要从结构方面考察模型中各单元相互联系和相互作用关系与实际系统结构的一致程度。模拟过程中所需的系统功能方面的信息,可以通过收集、分析系统的历史数据资料来获得,是属定量方面的信息;而所需的系统结构方面的信息则依赖于模型构造者对实际系统运动机制的认识和理解程度,其中也包含着大量的实际工作经验,是属定性方面的信息。因此,系统动力学对系统的结构和功能同时模拟的方法,实质上就是充分利用了实际系统定性和定量两方面的信息,并将它们有机地融合在一起,从而合理有效地构造出能较好地反映实际系统的模型。

3.5.1 建模原理与步骤

1. 建模原理

用系统动力学方法进行建模最根本的指导思想就是系统动力学的系统观和方法论。系统动力学认为系统具有整体性、相关性、等级性和相似性。系统内部的反馈结构和机制决定了系统的行为特性,任何复杂的大系统都可以由多个系统最基本的信息反馈回路按某种方式联结而成。系统动力学模型的系统目标就是针对实际应用情况,从变化和发展的角度去解决系统问题。系统动力学建模和模拟的一个最主要的特点,就是实现结构和功能的双模拟,因此系统分解与系统综合原则的正确贯彻必须贯穿于系统的建模、模拟与测试的整个过程中。与其他模型一样,系统动力学模型也只是实际系统某些本质特征的简化和代表,而不是原原本本的翻译和复制。因此,在构造系统动力学模型的过程中,必须注意把握大局,抓主要矛盾,合理地定义系统变量和确定系统边界。系统动力学模型的一致性和有效性的检验,有一整套定性、定量的方法,如结构和参数的灵敏度分析,极端条件下的模拟实验和统计方法检验等,但评价一个模型优劣程度的最终标准是客观实践,而实践的检验是长期的,不是一两次就可以完成的。因此,一个即使是精心构造出来的模型也必须在以后的应用中不断修改、不断完善,以适应实际系统新的变化和新的目标。

2. 建模步骤

系统动力学建模过程是一个认识问题和解决问题的过程,根据人们对客观事物认识的规律,这是一个波浪式前进、螺旋式上升的过程,因为它必须是一个由粗到细,由表及里,但多次循环,不断深化的过程。

系统动力学将整个建模过程归纳为系统分析、结构分析、模型建立、模型试验和模型使用五大步骤(见图3-11)。这五大步骤有一定的先后次序,但按照建模过程中的具体情况,它们又是交叉、反复进行的。

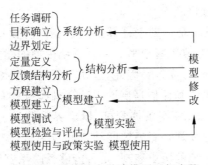

图 3-11　系统动力学建模原理与步骤

(1) 系统分析。这一步骤首先要对所需研究的系统作深入、广泛的调查研究,通过与用户及有关专家的共同讨论、交换意见,确定系统目标,明确系统问题,收集定性、定量两方面的有关资料和数据,了解和掌握国内外在解决类似系统问题方面目前所处的水平、状况及未来的发展动向,并对前人所做工作的长处与不足作出恰如其分的分析。对其中合理的思想和方法要注意借鉴、吸收,对其中不足之处要探究其原因,提出改进的设想。

在广泛的调查研究基础上要对课题的可行性进行分析。首先要考虑方法的合适性,即系统动力学方法在解决所关心的系统问题方面有效性如何,能否发挥其特长。其次要考虑所搜集的资料和数据是否充分,它们能否支持课题研究。接着要考虑系统的规模,即要划定系统边境,把与实现系统目标关系密切的重要部分划入系统作为内生变量,并把影响系统的各主要环境因素定义为外生变量。然后要确定系统各主要变量的动态行为模式,对系统模型可能获得的结果有一个大致的轮廓。

(2)结构分析。结构分析主要有两大方面的内容,即变量的定义和系统内部反馈回路的分析。

要定义系统变量,包括内生变量和外生变量,首先要分清楚什么是系统的基本问题和主要问题,什么是系统的基本矛盾和主要矛盾,什么是一般变量和重要变量。变量的定义要少而精,在能够反映系统状况的前提下尽可能精简变量。变量的定义也是一个由粗到细、由浅入深的过程。根据系统的等级性观点,系统可分解成多个相对独立的子块,在每个子块中根据实际情况的需要定义出各类变量。

变量定义完以后,以那些与系统问题关系密切而又能代表系统某一特征的所谓主要变量为中心展开。系统的状态变量能够反映出系统的状态特征,所以状态变量通常是重要变量。将各变量的因果关系链组织起来就构成了系统的反馈回路,在反馈回路上可以确定出系统结构方面的一些性质,如反馈回路的极性,各回路之间的反馈耦合关系,系统局部与总体之间的反馈机制,系统的主回路及其主回路的变化特性等。

(3)模型建立。模型建立是系统结构的量化过程。在系统分析和结构分析基础上就可以对系统建立规范的数学模型。系统动力学模型由一组一阶常微分方程组所组成,它们又可以分解成状态变量方程、速率方程、辅助变量方程、初始方程、常数方程和表函数方程等类型。模型的参数估计先从各个局部分别独立进行,然后在总体模型模拟时再进行总的调试。参数估计的方法选择是比较灵活的,系统动力学模型并不限制参数估计方法的种类,可以根据各个局部的需要和要求,挑选适当的估计方法。系统的模型化过程也是一个由定性向定量的转化过程。

(4)模型试验。模型试验是借助于计算机对模型进行模拟实验和调试,经过对模型各种性能指标的评估,不断修改完善模型。一个系统模型的建立不可能是一蹴而就的,总是要经过多次循环往复的修改、完善。因此,这就需要有一个衡量模型优劣的测试和评估环节。系统动力学模型的测试和评估是借助于计算机模拟来完成的。模型测试有一整套技术上的方法,包括量纲测试、极端条件测试、模型界限测试、参数和结构的灵敏度测试等。而系统评估最根本的标准就是看系统的结构和行为特性与客观实际是否一致,即所建立的模型是否能够描述系统的历史表现,是否能够反映系统的现实状况,是否能够与系统未来发展的参考模式相吻合。如果模型评估不能通过,那么就要分析原因,找出问题的根源,然后回到前面相应的步骤中去修改模型,再重复前面的建模步骤,一直到模型的评估结果能够令人们满意为止。

(5)模型使用。模型使用是在已经建立起来的模型基础上对系统问题进行定量的分析研究,并借助于计算机在模型上进行各种模拟实验和政策分析,从而更深入地剖析系统,可获得更丰富的系统信息。针对各种系统问题,设计出一组可能的实施政策,并分别送入模型进行模拟实验,然后在所获得的各种政策结果中进行区别、比较,再从中挑选出能有效地解决系统问题的较优决策来。

在模型使用与政策实践的过程中,除了会出现与定性分析相一致的"情理之中"的模型结果外,还常常会有"意料之外"的一些情况。在处理这些"意外"情况时要慎重,因为这里面有可能包含着两种不同的起因。一种原因出于模型结构方面的错误,虽然模型是经过各种测试和评估的,但是任何测试都只是针对模型的某一方面而言的,而客观事物又是极其复杂的,况且即使是模型的行为特征与实际系统相吻合得比较好的情况下,也有可能陷入系统同构的泥潭。一种功能、多种结构的现象是屡见不鲜的。这时必须仔细重新检查模型的结构,找出症结,加以解决。另一种原因是出于复杂系统反直观的诱惑。这里面又可能包含着还没有被认识到的新的问题和新的规律,要认真地去分析、探求,这一点正是计算机模型能够避免思维模型的决策陷阱,而更深刻地描述和研究系统的优越所在。发现和证实经济长波现象的重大成果,就是在"出乎意料"的情况下获得的。因此,在遇到模型模拟的结果与预料之中的情形发生背离时,要特别注意加以区别,既不要因为系统同构特性而乱了手脚,更不要因系统反直观特性的迷惑而轻易错过获取新成果的机会。

3.5.2 建模的基本工具

系统动力学的建模过程是一个由粗到精、由浅入深地将思维模型转化成数学模型和计算机模型的过程。在这个转化过程中,系统动力学有一整套有助于模型逐步量化的方法,如方框图法、因果关系图法、流图法和图解分析法等。这些方法各有不同的特点和功能,依次使用这些方法,就能够比较方便而又有效地将定性模型过渡到定量模型。

1. 方框图

系统框图是一种极其简单的系统描述方法。方框图中只有方框和带箭头的实线两种符号。方框表示系统的元素、子系统和功能块,方框中填上相应的名称、功能和说明。带箭头的实线表示各元素、各子块之间的相互作用关系、因果关系或逻辑关系,也可以表示流量的运动方向(流量写在实线旁)。图 3-12 表示一个公司模型的方框图。

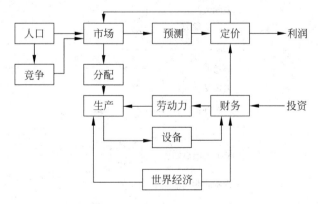

图 3-12　公司模型的方框图

　　方框图既表示了系统中各相对独立的组成部分,又指明了它们之间的相互关系。系统框图的特点是简单明了,有助于人们划定系统边界和确定各大块之间主要的反馈回路,是对系统进行粗分析的一个十分有用的工具。

2. 因果关系图法

　　在因果关系图中,各变量彼此之间的因果关系是用因果链来连接的。因果链是一个带箭头的实线(直线或弧线),箭头方向表示因果关系的作用方向,箭头旁标有"＋"和"－"号,分别表示两种极性的因果链(见图 3-13)。

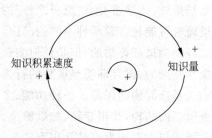
图 3-13　知识积累的正反馈关系

　　正向因果链 $A \xrightarrow{+} B$:表示原因 A 的变化(增或减)引起结果 B 在同一方向上发生变化(增或减)。

　　负向因果链 $A \xrightarrow{-} B$:表示原因 A 的变化(增或减)引起结果 B 在相反方向上发生变化(减或增)。

　　多个因果链以同向封闭的形式连接起来就组成因果关系回路,回路的极性取决于组成回路的各因果链中负向因果链的个数。若回路中所含负向因果链的个数为偶数,则回路极性为正(＋);若回路中所含负向因果链的个数为奇数,则回路极性为负(－)。

　　因果关系图在构思模型的初级阶段起着非常重要的作用,它既可在建模过程中初步明确系统中诸变量间的因果关系,又可以简化模型的表达,使人们能很快地了解系统模型的结构假设,使实际系统抽象化和概念化,非常便于交流和讨论。

3. 流图法

　　流图法又叫结构图法,它采用一套独特的符号体系来分别描述系统中不同类型的变量以及各变量之间的相互作用关系。流图中所采用的基本符号及含义如图 3-14 所示。

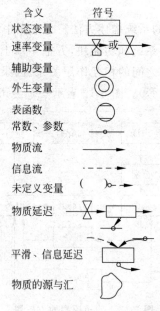
图 3-14　常用的流图符号及含义

（1）状态变量。状态变量又称作位，它是表征系统状态的内部变量，可以表示系统中的物质、人员等的稳定和增减的状况。状态变量的流图符号是一个方框，方框内填写状态变量的名字。显然，能够对状态变量的变化产生影响的只是速率变量（见图3-15）。状态方程可根据有关基本定律来建立，如连续性原理、能量质量守恒原理等。状态方程有三种最基本的表达方式：微分方程表达、差分方程表达和积分方程表达。在一定的条件下这三种表达方式可以互相转化。

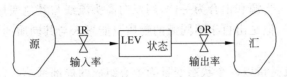

图3-15　状态变量只受速率变量的影响示意图

（2）速率变量。速率变量的流图符号像一个阀门。速率变量控制着状态变量的变化，速率方程规定了这种控制的方式和强度。速率方程的构成比较灵活，没有固定的形式。

一般来说，速率方程可以是状态变量、辅助变量、外生变量等的代数组合。但是应该特别注意的是，状态变量对速率变量的作用关系不是通过物质的直接转移来实现的，而是通过状态变量变化的信息传递来实现的。确定速率方程的函数关系在系统动力学建模过程中是相当关键的一环，需要经过理论分析、逻辑判断、历史经验参考再结合各种技术方法上的技巧综合求得。

（3）辅助变量、外生变量、常数和表函数。辅助变量的流图符号是一个圆圈，内部填辅助变量的名字。由于速率方程函数关系的确定是一个比较困难的过程，因此有必要引入辅助变量对速率方程进行分解，以使得建模的思路更加清晰。辅助变量是为了建模方便而人为引入的信息反馈变量，它是状态信息变量的函数。

外生变量的流图符号是两个同心圆，内部填外生变量的名字。外生变量是系统边界以外对系统发生作用或产生影响的环境因素，外生变量也可以是政策变量。

在特殊的情况下，外生变量呈现出固定不变的状态时就退化成常数。常数的流图符号是一杠上加小圆圈。

系统中变量与变量之间的关系除了可以用各种代数形式的函数来表示之外，还可以用图表方式来表示。这样的图表函数称为表函数，它的流图符号是圆圈内加两横，内部填写表函数的名字。表函数反映两个变量之间某种特定的非线性关系。

（4）流线与延迟。图中的流线（通道）分成物质流线和信息流线两种。物质通过物质流线运动，信息通过信息流线传送。物质流线和信息流线分别用带箭头的实线和虚线表示。若作为信息源的变量尚未定义，可用括号代替。箭头的指向表示物质或信息的运动方向。

在流线上经常会出现各种延迟现象。如工厂的产品要经过运输才能到达仓库；信件发出后要经过一定的时间才能寄到等。发生在物质流上的延迟叫物质延迟，发生在信息流上的延迟叫信息延迟。它们的流图符号为一个方框内标上延迟的种类和延迟变量的名字。

（5）物质的源与汇及守恒子系统。在流图中物质的源与汇都是用水潭符号表示。源表示取之不尽、用之不竭的物质源泉，抽象为白洞，物质只出不进，所以与它相连的物质流线箭头均朝外。

汇的概念正相反，表示永远填不满的坑，抽象为黑洞，物质只进不出，所以与它连接的物质流线箭头均向内。源与汇的抽象概念源于现实又高于现实。源与汇总是成对出现的，有时为了方便也可将源和汇合为一体，用双向箭头流线与其他变量相连。所有的物质都取之于源而聚入汇，但是出自于不同源的物质只能聚入与其同质的汇中去，这就是守恒子系统的概念。

所谓守恒子系统是指以一个状态变量为中心组成的局部系统。根据源和汇的特点可以得到以下两个结果。

① 同质守恒子系统之间既可以用物质流线连接，表示正向的因果关系，也可以用信息流线连接，表示反馈的因果关系。

② 不同质的守恒子系统之间只能用信息流线连接，不能用物质流线连接。

流图法的特点是将系统中各变量按其不同的特征以及在系统中所起的不同作用划分成不同的种类，并用物质流线和信息流线按照其特有的作用方式将它们连接起来，组成系统的结构。所以，流图法比因果关系图法更加详细地反映出系统内部的反馈作用机制，使人们对系统的构成有一个更加直观、更加透彻的理解。流图法是在系统动力学建模过程中介于思维模型和计算机模型之间的一个十分重要的过渡方法。它为构造系统数学模型打下了良好的基础。对一个比较熟练的建模者来说，他可以省去用因果关系图法描述系统的步骤，但是通常不能省去流图法的步骤。

值得一提的是，在实际建模过程中还经常采用一种混合图法。混合图法就是将系统中物质流线上的状态变量和速率变量按流图的方式画出，而将信息流线上的各种反馈变量按因果关系图的方式画出，混合图法汲取了因果关系图法和流图法的优点，既保持了因果关系图简单明了的特点，又将系统中的重要变量鲜明地突出出来。因此，混合图法得到了比较广泛的应用。

4. 图解法

图解法主要是用来分析以一阶信息反馈回路为基础的线性和非线性系统的动态特性。用解析方法求解非线性系统时常常会遇到许多困难，有时甚至无法求解。图解法为此提供了一种简便而又直观的分析工具。图解法中主要采用三种形式的曲线图像、状态-速率曲线、状态动态曲线和速率动态曲线。

图解分析法能够简单明了地剖析一些线性和非线性系统的行为特性及结构特征，它既可用于系统分析过程，也可用于系统综合过程，并具有一定的规范性。但是，它给出的系统描述和分析仅仅只是轮廓性和趋势性的，精度一般都不高。另外，对于二阶系统图解法将变得相当复杂，已不便于实际应用，当然它更不能胜任研究没有几何意义的三阶以上系统的重任了。

思考与练习题

1. 举例说明计量经济学可以应用的领域和问题。

2. 试述计量经济学与统计学、经济学的关系。

3. 试述排队系统的三个基本组成部分,在"Kendall 记号"中,$X/Y/Z/A/B/C$ 各个字母分别代表什么?

4. 搜集你所在地区的商品需求量、相对价格以及消费者可支配收入的数据,建立模型进行线性回归分析,并对模型进行检验。

5. 指出下列排队系统中的顾客和服务员:

(1) 货船入港装卸货物;(2)飞机着陆机场;(3)汽车加油站;(4)高速公路收费站;(5)商场收款台前的顾客。

6. 某牙科诊所,只有一个牙科医生,每天营业 8 小时,顾客按 Poisson 分布到达,平均间隔时间 30 分钟,治疗一个病人的时间服从负指数分布,平均 20 分钟,求解:(1)系统每天平均的空闲时间;(2)系统每天运行的主要性能指标。

7. 简述系统动力学模型检验的原则和方法。

8. 基本正反馈回路结构和基本负反馈回路结构分别有哪些本质特性?

第 4 章

系统模拟与系统预测

系统模拟与系统预测是系统工程中非常重要的两部分内容。本章介绍系统模拟与系统预测的相关概念以及常用的方法。

4.1 系统模拟和系统预测概述

现在系统模拟的方法比较多，不同的工程领域都有独特的模拟方法，如 Simulink、SWARM 方法，近来 Simulink 技术发展势头较快。系统预测方法几乎与系统模拟相伴而生，不同的系统模拟方法都服务于系统预测这个目的，进而完成人类对于系统认知的过程。

4.1.1 系统模拟概述

在现实的生产过程和生活中，我们常常需要做一些实验。但是在实际系统做实验时有时会遇到许多困难，比如实验的周期长、费用高等，还有一些破坏性和危险性的实验更是无法在实际系统进行。因此可以考虑采用一种间接的实验方法——系统模拟方法，又称系统仿真(system simulation)方法。

系统模拟根据系统在时间上的行为表现，分为连续系统模拟和离散系统模拟。

1. 连续系统模拟

如果在一个系统内占优势的活动将使系统实体属性发生平滑的变化，则把该系统称为连续系统。这样的系统在构成数学模型时，表示系统实体属性的模型变量要受连续函数的控制。所以连续系统模型由微分方程组成。最简单的微分方程模型，是具有一个或多个常系数的线性微分方程式。通常，虽然不用模拟方法就可以求解这类模型，但是，求解时需要花费的工作量可能是很大的，所以一般都优先考虑采用模拟技术。当非线性因素引进模型以后，微分方程经常变得不可求解，或者至少求解这个模型变得非常困难。因此，当发现非线性情况时，基本上要应用模拟方法去求解这类模型。

2. 离散系统模拟

自然系统和社会系统的有些对象是不定期出现的，通常系统的运行表现为离散时间变化，如排队系统、库存系统等，模拟这些系统通常被称为离散系统的模拟。离散系统模拟一般首先假定系统事件出现的概率密度，并在此基础上模拟事件的出现，继而模拟整个系统的运行。系统模拟过程通常可按下面三个步骤进行。

(1) 确定模拟的每一个输入特征。通常，这可能是连续的或离散的概率分布模型。

(2) 构造一个模拟表，对于每一个用手算模拟的表都是不相同的。一个模拟表的例子见表 4-1。在这个例子中有 p 个输入，$x_{ij}, j=1,2,\cdots,p$，并对每一重复运行 $i=1,2,\cdots,$

n,有一个响应 y_i。

（3）对每一重复运行 i，为每一组由 p 个输入产生一个值，并评价其功能，计算相应 y_i 的值。这一步通过第（1）步分布采样值确定。

值得注意的是，尽管系统模拟在分析许多复杂问题中是一个强有力的工具，但是每一次模拟所能够得到的仅仅是系统问题的一个特解，所以事先必须对系统模拟的方案进行很好的设计，这一点非常重要。

表 4-1　模　拟　表

循　环	输　入					响　应
	x_{i1}	x_i	...	x_{ij}	...	x_{ip}	y_i
1						
2						
3						
⋮						
n						

需要指出的是，从数据收集过程来看，我们人类记录的数据都是离散的，因此连续系统与离散系统模拟最后本质上都是在离散系统上进行的。

4.1.2　系统预测概述

为了减低人类未来行动风险和盲目性，预测是人类对于未知世界探索的必要手段，通过历史积累的经验和当前与认知对象的不断互动，人们可以形成对认知对象未来发展的愿景，从而达到对事物认识，完成人类对世界的认知过程。因此系统预测是人类立足于系统发展变化的实际数据和历史资料，运用科学的理论和方法，观察和分析系统发展的规律性，对系统在未来一定时期内可能变化情况进行推测、估计和分析，以便尽早采取相应的措施，使系统沿着有利的方向发展。

预测是一门相当实用的学科，是决策的基础。在几千年的发展过程中，人类对预测的要求越来越高，逐渐形成了科学的预测理论和方法，成为人类科学文明发展中不可或缺的手段。随着科学技术的不断发展，系统预测方法和技术有了很大的发展。按照预测方法特征，可以分为定性预测法、回归预测法和时间序列预测法。

1. 定性预测法

定性预测也叫经验预测，是凭借预测人员和某些专家经验，以及掌握的历史资料和直观材料，对事物的未来发展做出性质和程度上的主观粗略的判断。然后再通过一定的形式综合各方面的意见，作为预测未来的主要依据。这种方法简单易行，节省时间，但是只能对事物的发展作出大概的估计，准确性差，主要取决于预测者的经验、理论、业务水平和分析判断的能力。尽管如此，在进行定量预测时，得到的结果还是要用定性的预测结果进行评判和修正。定性预测常用的方法有：集思广益法、德尔菲法、主观概率法、交叉概率法。

2. 回归预测法

回归预测法是应用回归分析研究预测对象与影响因素之间关系的一种数理统计方

法。在使用时必须具备过去的数据资料,通过这些数据资料来分析影响因素对预测对象的因果演变过程。具体有一元线性回归预测法、多元线性回归预测法、非线性回归预测法等。

3. 时间序列预测法

时间序列预测法是研究预测对象与演变过程所经历的时间之间的关系,通过以往的统计资料建立数学模型进行外推的一种预测方法。从表面上看,这种方法似乎没有考虑引起预测目标变化的原因,事实上,它反映了各种影响因素的综合作用,是一种笼统的概括。当影响预测目标的因素很多,且一些因素难以用数据表示或数据不全时,就可以采用这种方法进行预测。具体有移动平均法、指数平滑法、趋势外推法、季节性过程预测、灰色预测法、滤波预测等。

4.1.3 系统模拟与系统预测的关系

系统预测和系统模拟是相辅相成的,互为目的、互为条件。系统模拟是对系统内部规律性进行归纳和整理,而系统预测是利用这些规律对系统发展的展望。系统预测的好坏取决于一个好的模拟思想,而系统模拟的参数也不断需要通过预测结果检验和反馈。

通过样本内测和外测法(in and out of sample)例子可以完整看出系统模拟和预测之间的联系。一般情况下,我们首先拿出分割一部分样本对系统参数进行模拟,在得到参数后,进行前向或后向预测,与留下的样本之间进行比对,在一定的精度范围内检验出系统模拟的参数是否满足要求。如果达不到要求,则要求重新分割样本,形成新的模拟样本和比对样本,再进行模拟、预测和比对的步骤,直到达到一定精度预测的结果,从而完成系统模拟的过程,最后在现有参数基础上进行预测。

4.2　系统模拟的常用方法

在这里我们主要介绍模拟计算机方法、蒙特卡罗方法和系统动力学法,这几个方法目前应用比较广泛。

4.2.1 模拟计算机方法

在历史上,采用离散系统模拟之前很久,连续系统模拟技术就已经普遍用来研究复杂系统了。其主要原因是因为离散系统模拟需要进行数值运算;而在电子计算机普遍使用之前,一些计算设备的性能只能满足进行加法或积分这样一些数学运算的要求。利用上述设备模拟时,只要列出一个系统的数学模型,按模型要求把这些计算设备连接起来,就可以对系统进行模拟。由于进行这种模拟时从设备的输出端所得到的结果是连续的,所以它们很适宜用来模拟连续系统。专为连续系统的应用而制造的通用设备,通常称为模拟计算机。

这一方法核心思想是设计一些对应于微分方程的结构,如微分电路、加法电路等组合而成的带反馈逻辑的电路来直接模拟和对应于实际问题的微分方程结构。目前 Mathswork 公司开发的 Simulink 等软件就是基于模拟计算机思想开发的软件,在金融、军工市场或者社会经济系统开发、预测应用前景广阔。

最广泛使用的模拟计算机是电子模拟计算机,它的基础是高增益的直流放大器,这种放大器一般称为运算放大器。在电子模拟计算机中,数学变量以电压形式出现,运算放大器可以对这些电压进行相加或积分。选用适当的电路,一个运算放大器可以对几个输入电压进行相加,放大器输入端的每个电压代表模型方程中的一个变量,而在放大器输入端所采用的不同的比例因子,则代表模型中的系数。这样,从放大器输出端所得到的电压,就可以表示几个输入电压的总和。这样的放大器称为加法器。用另外一些电路组成积分器。积分器的输出电压等于单个输入电压,或几个输入电压的总和对时间的积分。对所有的电压都可以用与其相应的变量符号来把它表示为正或负。为了满足模型方程式的需要,有时还使用反号器。反号器也是一种运算放大器,工作时,它的输入和输出与信号反相。

电子模拟计算机由于下列原因,其运算精度受到一定的限制。这些原因首先是对超过某一指定范围的电压,很难得到高的测量精度;其次是推导这些运算放大器的关系式时,已经做了一些假设,而这些假设没有一个是严格精确的。所以用运算放大器求解数学模型时,不能得到很高的精度。还有一些假设,譬如要求放大器的输入为零时输出也为零,这实际上也是很难做到的。此外,由于运算放大器受到动态输出范围的限制,所以引进电路的比例系数必须保持在这一范围之内。由于上述原因,使一台电子模拟计算机上的运算精度高于 0.1% 是很困难的。其他形式的模拟计算机也有类似的缺点,所以它们的精度都不可能有很大的提高。

目前数字计算机已经得到非常广泛的应用,但是不少用户还是喜欢使用模拟计算机。其主要原因是,在用模拟方式表示一个系统时,能直接反映系统结构,而且是人们比较习惯的输出形式,所以用这种方式表示系统时,既简化了仿真装置,同时又可以显示仿真结果。在一定条件下,一台模拟计算机的解题速度比数字计算机的解题速度还要快。其主要原因是,模拟计算机是同时求解多个方程式,而数字计算机只是对各个方程通过交错方式进行计算,从而形成好像是同时进行计算的现象,但在实质上,同一时间内它仅能计算一个方程。另外,模拟计算机所具有的缺点(如精度受到限制的问题),对那些需要专用计算机的地方并不是重要的。

使用模拟计算机的一般方法,可以通过列举已讨论过的二阶微分方程的例子来说明。二阶微分方程如下:

$$M\ddot{x} + D\dot{x} + Kx = KF(t) \qquad (4-1)$$

对高阶微分方程求解,可得

$$M\ddot{x} = KF(t) - D\dot{x} - Kx \qquad (4-2)$$

假如作用在输入端的变量用 $F(t)$ 表示,而且输入端还同时存在用 $-\dot{x}$ 和 $-x$ 表示的另外两个变量,则三个变量可以同时用一个加法器按比例进行相加,从而得到一个电压,用 $M\ddot{x}$ 表示。用比例因子 $1/M$ 积分这个变量,就可以得到 $\dot{x}$; $\dot{x}$ 经过反号器变号后得到 $-\dot{x}$,它为加法器提供了一个初始变量; $-\dot{x}$ 再经过进一步积分,又可以得到另一个变量 $-x$;为了方便起见,下一步又使用一个反号器,以便得到 $+x$,并将其输出。

用这种方式求解问题的框图如图 4-1 所示。图中使用的符号圆圈表示作用到变量上的比例因子；左端的三角符号表示加法器；变量在加法器中进行相加运算；带有一个竖条状的三角形符号表示积分器；在一个三角形内含有一个"一"号的图形，则用来表示反号器。

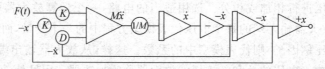

图 4-1　模拟计算机框图

加法器左边和加法器相连的三个比例因子相应表示为：三个变量进行相加后产生的一个变量为 $M\ddot{x}$；改变比例后又得到 $\ddot{x}$，$\ddot{x}$ 积分后得到 $\dot{x}$，而 $\ddot{x}$ 积分后得到 $\dot{x}$ 积分后得到 x。模型中引进反号器是为了得到带有正确符号的变量，以使它们能够反馈到加法器的输入端，同时使输出能得到需要的形式。

4.2.2　蒙特卡罗法

蒙特卡罗法(Monte-Carlo Method)又称统计试验法、随机模拟法，是一种通过随机模拟实验求得问题近似解的方法。其基本思想是为了求解生产管理、数学、物理和工程等方面的问题，首先建立一个概率模型或随机过程，使它的参数等于问题的解；然后通过对模型或过程的实验观察或抽样试验来计算参数的统计特征；最后给出解的近似值。下面通过一个例子来说明蒙特卡罗法的基本原理。

【例 4.1】　随机投点计算定积分

$$S = \int_a^b f(x)\mathrm{d}x$$

这个积分就是图 4-2 中阴影部分的面积。假定 $f(x)$ 在 $[a,b]$ 上取正值，它的最大值为 c，则函数 $f(x)$ 的图形包含在长方形（边长为 c 和 $b-a$）之中，如图 4-2 所示。

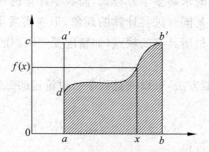

图 4-2　随机投点计算定积分

设由 a,d,b',b 所围成的图形面积为 S，即曲线的积分值；由 a,b,b',a' 所围成的长方形的面积为 S'；设计概率模型，设想在 a,b,b',a' 的长方形上均匀地随机独立地投点，投点的总数为 N，而投在曲面 a,d,b',b 上的点数为 n，概率 $p=n/N$，当 N 增加时，$p=n/N$ 的值就愈接近曲面与长方形的面积之比 S/S'，即

$$\frac{S}{S'} = \frac{S}{c(b-a)} = \lim_{N\to\infty}\frac{n}{N} = P$$

$$S = \int_a^b f(x)\,\mathrm{d}x = c(b-a)p$$

由此,把求定积分的问题转换成求概率的问题,对于此问题的概率 $p=n/N$,只要通过大量的投点并统计 n 与 N 的值即可。当然,这样一个投点过程靠手工来完成是不可想象的,我们可以依靠计算机来解决,通过产生一系列的随机数,并进行线性变换,可把在 $(0,1)$ 之间的均匀分布的随机数转换为 (a,b) 和 $(0,c)$ 区间上均匀分布的随机数。

通过例子,我们可以了解到蒙特卡罗法解决问题的基本思想和原理。其实质就是将具有某种概率分布的不确定性引入模拟过程,用来解决难以解析处理的一些随机性问题和某些复杂的确定性问题。其中要注意两个问题:①随机数的产生和取样过程必须是随机的,而且样本的统计特征应符合实际随机因素的概率特征;②模拟运算必须反复多次进行,因为个别具体的解并不能代表系统的一般特征,只有得到了很多个别的具体解之后,对它们进行分析统计处理才具有一般意义。

下面我们用蒙特卡罗法来模拟一个系统。

【例 4.2】 随机服务系统模拟。排队论是一门研究随机服务系统的理论和方法,对于复杂的排队系统,应用解析方法求解比较困难,大多采用模拟方法。

假设有一仓库,配有专门的管理人员发料。领料人员的到达时间间隔 T_1 和管理人员的发料时间 T_2 都为随机量。根据以往的资料,整理出 T_1 和 T_2 的有关数据及分布概率,并计算累计概率,分配随机数,如表 4-2 和表 4-3 所示。

表 4-2　到达时间间隔统计表

T_1	发生概率	累计概率	随机数
1	0.10	0.10	01~10
2	0.20	0.30	11~30
3	0.25	0.55	31~55
4	0.35	0.90	56~90
5	0.10	1.00	91~00

表 4-3　发料时间统计表

T_2	发生概率	累计概率	随机数
1	0.15	0.15	01~15
2	0.10	0.25	16~25
3	0.30	0.55	26~55
4	0.25	0.80	56~80
5	0.20	1.00	81~00

试用蒙特卡罗法计算:①领料人平均等待时间;②平均等待的领料人数;③平均服务时间;④平均到达时间间隔。

我们以 10 个领料人数作为模拟的长度,模拟时间从 9:00 点开始。可以由计算机产生两列随机数,分别作为到达时间间隔 T_1 和服务时间 T_2 的随机数,按表 4-4 进行模拟计算。计算有关的模拟数据,结果为

领料人平均等待时间：11/10＝1.1（分钟）

平均等待的领料人数：6/10＝0.6（人）

平均服务时间：30/10＝3（分钟）

平均到达时间间隔：31/10＝3.1（分钟）

其实，我们还可计算每个领料人的平均消耗时间（1.1＋3＝4.1分钟）等。根据这些数据可分析管理人员的劳动强度，是否需要增加人数等。

表 4-4　随机服务系统模拟表

领料人序号 N	到达时间间隔		到达时间 t	服务开始时间 t_s	服务时间		服务完成时间 t_e	服务等待时间 T'_1	领料等待时间 T'_2	等待队长
	R_1	T_1			R_2	T_2				
1	12	2	9:02	9:02	14	1	9:03	2		
2	30	3	9:05	9:05	17	2	9:07	2		
3	09	1	9:06	9:07	57	4	9:11		1	1
4	50	50	9:09	9:11	29	3	9:14		2	1
5	65	4	9:13	9:14	84	5	9:19		1	1
6	16	2	9:15	9:19	22	2	9:21		4	1
7	97	5	9:20	9:21	52	3	9:24		1	1
8	85	4	9:24	9:24	09	1	9:25			
9	76	4	9:28	9:28	96	5	9:33	3		
10	43	3	9:31	9:33	71	4	9:37		2	1
累计		31				30		7	11	6

蒙特卡罗法使用较为方便，其模拟计算通常可借助模拟语言来完成，常用的有通用仿真系统（General Purpose Simulation System，GPSS），详细内容可参阅有关书籍。

4.2.3　系统动力学模拟法

在前面系统建模的介绍中，我们已经了解了如何使用系统动力学的方法构造模型，本节将介绍如何用系统动力学的方法来进行模拟。当我们通过系统动力学的方法，对实际问题进行分析，并建立了系统动力学模型，就可以借助计算机进行模拟实验，进而对系统的功能、结构、反馈机构和动态行为等作进一步的研究。

现实世界中，复杂的、非线性的、多回路的系统到处都是，在这里我们只讨论低阶的典型系统，因为高阶的复杂系统可分解为低阶的简单子系统来研究，了解简单系统的特点，也是研究复杂系统的基础。我们主要介绍一阶正反馈、一阶负反馈的系统动力学模拟，通过学习来了解用系统动力学进行模拟的方法和思路。

系统动力学模拟时，一般需借助计算机。下面首先介绍一种专门用于系统动力学的模拟语言 DYNAMO，它是 Dynamics Model 的缩写。这种语言使用简单，不要求有很多的程序设计知识，稍做训练即会。

1. DYNAMO 语言基本规则

DYNAMO 允许使用 26 个英文字母和 0～9 的数字及＋，－，＊，／，＝，＜，＞等字符；

规定变量以字母开头,由字母及数字组成,长度不超过 6 个字符;已有的保留字只能按规定使用,不能作他用或重新改名,如 L、R、A、C、N、T、PRINT、PLOT、RUN 等。

DYNAMO 中描述时间是这样的:以现在时间为基准,定为 K 时刻,过去时刻用 J 表示,J 与 K 相差时间间隔为 DT,则 $J=K-$DT;将来时刻为 L,L 与 K 也相差一个时间间隔 DT,所以 $L=K+$DT,如图 4-3 所示。

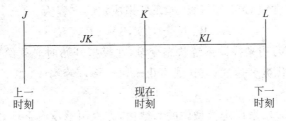

图 4-3　DYNAMO 时间描述

2. DYNAMO 语言中的方程

我们结合图 4-4 分别介绍 DYNAMO 模拟语言中的 6 种基本方程。

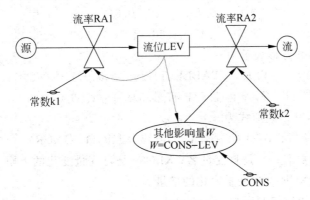

图 4-4　DYNAMO 流图

(1) 流位方程(L)用来计算流位变量,一般形式为

L　变量名$.K=$ 变量名$.J+$DT $*$(流入速率$.JK-$流出速率$.JK$)

对于图 4-4 的流位方程为

L　LEV$.K=$LEV$.J+$DT $*$(RA1$.JK-$RA2$.JK$)

其意义为:K 时刻的流位 LEV 等于前一时刻的流位加上时间间隔 DT 内的流入量与流出量的代数和。

注意,L 顶格书写;流位变量的下标,方程左端为 K,表示现在时刻,右端为 J,表示前一时刻,但仍是同一量;流率变量的下标必须是 JK。

(2) 流率方程(R)用来计算速率变量,表示的意思是计算即将来临的时间间隔 KL 的流速值,一般形式为

R　流率变量名$.KL=$(变量与常数的组合)

图 4-4 的流率方程为

R　RA1$.KL=$LEV$.K/K1$

$$R \quad RA2.KL = W * K2$$

（3）辅助变量方程（A）用来描述辅助变量，其实质是为"辅助"建立流率方程，因为有时流图描述的信息很复杂，影响速率变量的因素很多，书写 R 方程时会很复杂。一般形式为

$$A \quad 辅助变量名.K = （变量与常数的组合）$$

如辅助量 W，有常数 CONS 与流位 LEV 来决定的方程为

$$A \quad W.K = CONS - LEV.K$$

（4）初值方程（N）用来描述系统状态变量，在模拟开始时必须给定初值，方程两端没有下标，初值可以是代数表达式，表达式可由 $+$，$-$，$*$，$/$ 等构成，如

$$N \quad LEV = 1$$

（5）常数方程（C）用来设定模型中的参数值，方程两端没有下标，如

$$C \quad CONS = 100$$

（6）表函数方程（T）。模型中遇到非线性函数关系式时，DYNAMO 不能直接接受，但可用表函数来逐段线性输入。如函数 Y 和自变量 X 的关系如下：

$$X \quad 0.0 \quad 0.2 \quad 0.4 \quad 0.6 \quad 0.8 \quad 1.0$$
$$Y \quad 1.50 \quad 1.47 \quad 1.30 \quad 1.18 \quad 1.09 \quad 0.00$$

对以上数据用表函数方程表示为

$$A \quad Y.K = TABLE(TBY, x.k, 0.0, 1.0, 0.2)$$
$$T \quad TBY = 1.5/1.47/1.3/1.18/1.09/0$$

TABLE 为表函数，其一般形式为

$$TABLE(TAB, X, XLOW, XHIGH, XINCR)$$

式中，TAB 为表函数名；X 是自变量名；XLOW 是自变量变化的下限；XHIGH 是自变量变化的上限；XINCR 是自变量变化的增量。

3. DYNAMO 语言控制语句

星号语句 $*$：放在程序的第一行。提供模型的标题、建模的日期等。

注释语句 NOTE：用来作一些变量含义、格式、程序段功能的帮助说明。

画图语句 PLOT：用来显示模型变量的图解曲线，如

$$PLOT \quad LEV = A, RA1 = B/RA2 = C$$

LEV，RA1，RA2 表示在图中显示的变量名；"$=$"号后面的字符表示在图中显示的字符，如 LEV 变量在图中显示的曲线是以字符"A"构成；显示比例相同的变量用"，"分隔，比例不相同的变量用"/"分隔，如 LEV 与 RA1 在图中以同样比例显示，而 RA2 则是与它们不同比例显示。

打印语句 PRINT：以表格形式输出变量值。

参数语句 SPEC：模拟运行的有关参数由 SPEC 规定，如

$$SPEC \quad DT = 0.25/LENGTH = 50/PLTPER = 1/PRTPER = 2$$

DT 表示模拟运行的时间间隔；LENGTH 表示模拟长度；PLTPER 表示作图的间隔时间值；PRTPER 表示列表的间隔时间值。

执行语句 RUN：用来控制程序运行，放在程序最后。

下面结合具体的例子来讨论典型的一阶正、负反馈系统的系统动力学模拟。

【例 4.3】 一阶正反馈系统的系统动力学模拟。流图如图 4-5 所示。假设 $K1=0.1$，初值 LEV=10。该系统的模拟程序如下：

```
L      LEV.K = LEV.J + DT * RA.JK
N      LEV = 10
R      RA.KL = K1 * LEV.K
C      K1 = 0.1
PLOT   LEV,RA
SPEC   DT = 1/LENGTH = 15/PLTPER = 1
RUN
```

通过 DYNAMO 软件运行，得到如图 4-6 所示的模拟曲线。

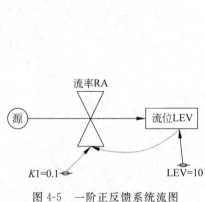

图 4-5　一阶正反馈系统流图

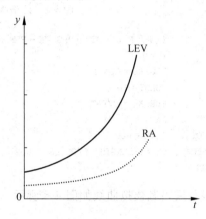

图 4-6　一阶正反馈系统模拟曲线

若对流位方程加以变换，可得

$$\text{LEV.} K - \text{LEV.} J = \text{DT} * \text{RA.} JK$$

将上式变形，把时间下标换去，并以 Δt 代替 DT，令 $\Delta t \to 0$，又 $\text{RA}(t)=K1*\text{LEV}(t)$，则一阶微分方程为

$$\mathrm{dLEV}(t)/\mathrm{d}t = K1 * \text{LEV}(t)$$

其解为

$$\text{LEV}(t) = \text{LEV}(0)\mathrm{e}^{K1 * t}$$

可见，正反馈系统的 $\text{LEV}(t)$ 具有指数增长形式。

在正反馈系统中，由于变量的自身反馈作用，不断地使其量值增长加剧。现实生活中正反馈系统很多，如工资价格系统等。

【例 4.4】 一阶负反馈系统的模拟。这里直接以一个现实生活中的系统——污染吸收系统的模拟来介绍。某地区由于工厂排放污染物，若假设每年以恒定速率排放；污染的吸收速率与某一时期环境中的污染量有关，污染量大，吸收速率也增加；其因果图和流图如图 4-7 所示。

假设 CONST=10，PAT=1，其模拟程序如下：

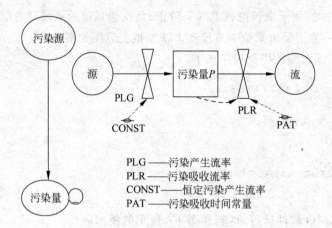

图 4-7　污染吸收系统因果图与流图

$$
\begin{array}{lll}
L & & P.K = P.J + DT * (PLG.JK - PLR.JK) \\
N & & P = 0 \\
R & & PLG.KL = CONST \\
C & & CONST = 10 \\
R & & PLR.KL = P/PAT \\
C & & PAT = 1 \\
PLOT & & P, PLG, PLR \\
SPEC & & DT = 1/LENGTH = 5/PLTPER = 0.2 \\
RUN & &
\end{array}
$$

运行后得其模拟曲线如图 4-8 所示。

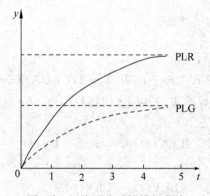

图 4-8　污染吸收系统模拟曲线

如果 PLG＝GONST＝0，即污染发生率为 0 的情况，从污染吸收率 PLR 与污染量 P 的线性关系可知，当污染量大于 0 时，必定产生与其成正比的污染吸收率 PLR 值。在此情况下，P 与 PLR 将随污染 P 本身从初值逐渐衰减到 0，也就是说污染逐渐被吸收干净。

若 PLG＝CONST＞0，此时污染吸收率 PLR 从刚开始起逐渐下降，直到 PLR＝PLG，污染量 P 处在平衡状态。模拟结果如图 4-8 所示。即一旦污染以恒定速率产生，污染吸收率逐渐向污染产生率靠近，污染量 P 趋向平衡，但不能到 0。

4.3　系统预测的常用方法

《孙子兵法》是我国现存最早的一部兵书,也是世界上最早的兵书。其内容博大精深,逻辑缜密严谨。书中所说"知彼知己,百战不殆"、"因敌而制胜",就是指在战前必须对敌我双方影响战争胜负的诸多因素作全面的了解和比较,以预测战争的胜负。《孙子兵法》之所以一直以来受到中外军事家、政治家、企业家的重视,主要是因为它充满了谋略的智慧,提供了种种的预测方法,对军事、政治、经济都有很大的指导作用。可见,预测是成功必不可少的工作之一。正确的、科学的预测是正确决策的前提和依据。

几千年来,人类对预测的研究,先后经历了神话、宗教、哲学和科学预测四个阶段。直到 20 世纪 60 年代以后,由于科学技术的高速发展,才使预测的科学化成为可能。第二次世界大战后,世界经济迅猛发展,一些企业家、工程人员、国家计划制定者,开始使用某些方法使计划具有更高的预见性。西方国家在军事方面应用预测技术也获得了巨大的成功,从而推动了预测理论和方法的研究。到了 20 世纪 60 年代,预测作为一门科学逐步兴起。预测领域不断扩大,研究方法逐渐完善,成为一门发展迅速、应用广泛的新学科。

4.3.1　预测的原则和步骤

1. 预测的原则

科学的预测才是有效的预测,因此在预测时需要遵循以下原则。

1) 整体性原则

系统是由相互联系、相互制约、相互作用的若干部分所组成的具有特定功能的有机整体。系统的发展是沿着时间从过去、现在到将来而变化的,其过程也是一个有机统一的整体。在这个过程中,系统发展受到某种规律的支配。因此,要求预测人员不能孤立地研究某个时间点,而是将系统作为一个发展的整体来研究,预测未来的状态。

2) 关联性原则

系统内部各要素之间存在某种相互作用、相互依赖的特定关系。对于一个系统来说,各种要素错综复杂,预测者应该对要素间的相互联系作全面的分析,找到其中的包含关系、因果关系、隶属关系等,进行科学的预测。

3) 动态性原则

系统的发展不仅受到内部各个因素的制约,同时还受到有关外部环境的影响。因此,预测人员要时刻关注系统内外环境要素的变化,采用相应的方法,及时调整相关的系统参量,以适应外界环境的变化要求。

4) 反馈性原则

预测是为了更好地指导当前的工作,因此要不断反馈,对预测进行修正,为决策提供可靠的依据。

2. 预测的步骤

一个预测的过程大致有 7 个步骤,其框图如图 4-9 所示。

1) 确定预测目标

明确预测所要达到的目标,这是预测首先要解决的问题,就是从决策与管理的需要出发,紧密联系实际需要,确定预测要解决的问题。预测目标包括预测的内容、时间期限和数量单位等。

2) 收集分析资料

根据确定的目标,收集相关的资料和数据,这是预测的基础。收集准确无误的资料是确保预测准确性的前提之一。因此,要对资料进行必要的分析、整理和选择。

为保证资料的准确性,要对资料进行必要的审核和整理,以保证资料的质量。资料的审核,主要是对其完整性、准确性、适用性和时效性进行审核。应弄清楚资料的来源、口径、时间以及有关的背景材料以便确定这些资料是否符合自己分析研究的需要,是否需要重新加工整理等,不能盲目生搬硬套。资料的整理包括对审核过程中发现的错误应尽可能予以纠正,当

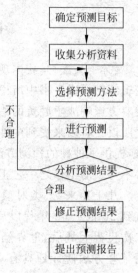

图 4-9　预测步骤框图

对资料中发现的错误不能予以纠正,或者有些资料不符合要求而又无法弥补时,就需要将资料删除,以及对总体的资料进行必要的分类组合。

3) 选择预测方法

通过对数据资料的分析判断,选择合理的预测方法,建立数学模型,这是预测准确与否的关键。应根据掌握资料的情况选择定性或定量的预测方法。当缺乏历史统计资料、准确度较低时,一般采用定性预测方法,凭借掌握的资料和预测者的经验进行预测判断。当掌握的资料比较齐全、准确度高时,一般采用定量预测方法,建立一定的数学模型进行定量的分析。但通常对定量预测还是要进行定性分析,充分考虑定性因素的影响。

4) 进行预测

按照所选择的方法及建立的数学模型,输入数据,进行预测。

5) 分析预测结果

根据预测的结果,认真地分析评价,看结果是否合理。若不合理,则选择其他预测方案,重新进行预测。

6) 修正预测结果

当上一步认为预测结果合理时,还需根据过去和现在的有关资料及各种因素,对预测结果作必要的修正,使预测结果更能反映实际情况。

7) 提出预测报告

把经过修正的最终结果以报告的形式提交给决策者,供决策者参考和应用。其中应说明假设前提、所用方法和预测结果、合理性判断的依据等。

4.3.2　定性预测法

当我们对于预测对象尚未掌握足够的历史数据资料,或者社会与环境因素的影响是主要的,因而难以进行定量预测时,就采用定性预测的方法。定性预测是一种直观预测,

主要根据预测者掌握的实际情况、经验水平和对系统发展的判断能力，来预测某个事件或某些事件集合发生的可能性。

定性预测是应用最早的一种预测技术。它的作用举足轻重。对于一个系统来讲，影响的因素是多种多样的，有很多因素难以用定量的方法描述。特别对于软系统（或称不良结构系统），机理不清，很难用明确的数学模型来描述，如社会系统和经济系统。同时，对一个系统作定量化描述的前提是获得有关对象完整的数据、资料、信息，要有收集、处理、传送存取这些数据资料的技术和方法。而现实中，很多数据、资料是不完整的，甚至不存在或是无法得到，这时就只能依靠定性分析和预测。此外，为了保证预测质量，在进行定量预测时，也要进行定性预测，以定性分析作为出发点，作为定量预测的基础。在定量预测之后，还要进行定性分析，对其结果作必要的调整，才能使预测结果精确。因此，定性预测是不可忽视的。

定性预测的方法很多，这里介绍几个常用的方法。

1. 集思广益法

集思广益法是通过召开讨论会的形式，请熟知所要预测问题的专家发表意见，进行讨论，然后再集中专家的意见，得出大家满意的预测结果。

这种方法的优点是有利于专家交换意见，互相启发，弥补个人不足，也便于全面考虑事件发生和发展的各种可能性。

缺点是参加会议的人数有限，不利于广泛收集各种意见。另外，讨论时专家受心理因素影响较大，易于屈服于某些权威人士和大多数人的意见，而忽视少数人的意见。

2. 德尔菲法

德尔菲法是一种定性预测方法，一般适用于长期预测。它是美国兰德公司于 1964 年发明，以专家为索取信息的对象，依靠专家的知识和经验进行预测的一种方法。德尔菲是古希腊传说中的神谕之地，城中有座阿波罗神殿可以预卜未来，因而借用其名。

德尔菲法是系统分析方法在价值判断领域内的一种有益的延伸。突破了传统的数量分析限制，为更合理有效地进行决策提供了支撑依据。近几十年来，它已经成为一种广泛使用的预测方法。下面从 5 个方面介绍该方法。

1）函询调查

德尔菲法是首先用于技术预测的一种函询调查法，是以匿名的方式通过几轮书面形式来征求专家的意见。并对每一轮意见进行汇总整理，作为参考资料再次发给每位专家，供他们分析判断，提出新的论证。如此多次反复函询、归纳、修改，直到意见趋于一致。

2）专家选择

专家的选择是德尔菲法预测成功的关键。德尔菲法是一种对意见和价值进行判断的作业。因此应邀参加预测的专家必须有很广泛的知识，对于某个预测主题，拟选定的专家应在该领域从事十年以上技术工作。

根据预测任务的性质，可以从部门的内外挑选专家。部门内部的专家对本部门的情况、技术了解比较深入。当不仅仅对具体技术发展预测时，最好也邀请外部的专家进行参与。

预测专家的人数视具体预测问题的规模而定，一般以 10～50 人为宜。人数太少，会限制代表性,影响预测精度;人数太多,难以组织,并且结果处理复杂。

在选择专家的过程中,不仅要注意选择精通技术、有一定声望、有代表性的专家,同时还需要选择边缘学科、社会学和经济学等方面的专家。

3) 调查表的设计

调查表要简化,一般根据实际预测问题的要求编制。为了使专家全面了解情况,一般调查表都应该有前言,用以说明预测的目的和任务,以及专家的回答在预测中的作用。同时还要对德尔菲法作出充分说明。在调查表的问题设计上,要避免出现组合事件,使专家难以作出回答。要限制问题的数量,问题要集中、有针对性,以便使各个事件构成一个有机整体。调查单位或领导小组意见不应该强加于调查表中。

通常调查表分为目标-手段调查表、事件完成时间调查表、肯定式回答调查表、推断式回答调查表等类型。

4) 预测程序

(1) 提出要求,明确预测目标。将所要预测的问题和必要的材料,以通信的方式邮寄给 10~50 名专家,征求专家的意见。

(2) 专家接到书面材料后,根据自己的知识经验,对所测试物的未来发展趋势提出自己的预测,并说明理由,再以书面答复给预测单位。

(3) 把所有专家的意见综合整理,进行归纳,再匿名邮寄给专家,供他们分析判断,进一步征求他们的意见。

(4) 专家就各种预测意见及其依据和理由进行分析,再次预测。

(5) 再次进行综合整理并反馈给专家,如此反复多轮,直到专家意见趋于一致,最后得出预测结果。

5) 预测结果统计分析

对各位专家的估计或预测数进行统计。经实验证实,德尔菲法的专家意见,其概率分布通常符合或接近正态分布。这是对专家意见数据统计处理的理论依据。一般采用平均数或中位数统计出量化结果。如果数据分布的偏态比较大,一般使用中位数以免受个别偏大偏小的判断值的影响;如果数据分布的偏态比较小,一般使用平均数,以便考虑到每个判断值的影响。

(1) 中位数法。这种方法常用中位数和上、下四分数来处理专家们的答案,求出预测的期望值和区间。

当有 n 个(包括重复)专家意见时,其由小到大的排列次序为

$$x_{(1)} \leqslant x_{(2)} \leqslant \cdots \leqslant x_{(n)}$$

求得全距 $= x_{(n)} - x_{(1)}$,即最大值与最小值之差。

确定中位数 $x_{中}$ 及上四分数 $x_{上}$、下四分数 $x_{下}$ 的位置为

$$x_{中} \text{ 的位置} = \frac{n+1}{2}$$

$$x_{下} \text{ 的位置} = \frac{[x_{中} \text{ 位置}] + 1}{2}$$

$$x_{上} \text{ 的位置} = x_{下} \text{ 位置} + [x_{中} \text{ 位置}]$$

式中,方括号$[x]$表示括号内取x的最大整数。

然后依据中位数及上下四分数的位置确定其相应的数值。根据上述位置公式计算的位置要么是整数,要么是整数加$1/2$。当计算的位置为小数时,中位数或四分数就为该小数相邻的两个整数位置数据和的一半。

这样,预测结果为:中位数表示专家组对预测的期望值;全距表示预测值的最大变动幅度,是专家预测值分散程度的一种度量;上、下四分数的区间构成预测区间,根据正态分布理论可知,有50%以上专家的预测值落在预测区间之内。

(2) 平均数法。当对某项目有n个专家参加意见,则可以采用算术平均法来确定专家对项目的预测结果。按下式可计算该项目的平均值。

$$\bar{x} = \frac{1}{n} \sum_{i=1}^{n_j} x_i$$

式中,x_i为每个专家给出的意见值。

德尔菲法作为一种预测工具,可以加快预测速度和节约预测费用,不受地区和人员的限制,可以获得各种不同但有价值的观点和意见。当然,该方法也存在一定的缺点,调查提纲容易出现不细致、不具体;专家意见有时可能不完整或不切实际。对德尔菲法缺点的了解,将有助于更加恰当地使用这一方法。

3. 主观概率法

为了进一步消除德尔菲法中"随大流"的倾向,可以不要求专家对某一事件的发生作出肯定或否定的回答,而只要求每位专家对某一事件发生的程度作出概率性的估计。这就是主观概率法。

主观概率法不仅要求专家凭借个人的经验能力估计事件发生的概率,而且要求估计是有根据说明的。由于不同的专家对同一事件在相同情况下可能提出的概率是不同的,所以在处理结果时,主观概率法是以若干专家的主观概率的平均值作为某一事件发生的概率估计,用公式可表示为

$$\bar{p} = \frac{1}{N} \sum_{i=1}^{N} p_i$$

式中,$\bar{p}$是事件发生的概率;p_i是第i个专家的主观概率;N是专家人数。

4. 交叉概率法

交叉概率法是1968年由海沃德(Hayward)和戈尔登(T. J. Cordon)首次提出的,是对在交互影响因素作用下的事物进行预测的一种定性技术。

当一系列事件$A_1,A_2,\cdots,A_n$,发生概率分别为$p_1,p_2,\cdots,p_n$,它们之间存在相互影响关系。当其中某一事件A_i发生的概率为p_i时,对其他事件发生的概率会产生影响。其中事件A_i发生使另一事件发生的概率增加称为正影响;事件A_i发生使另一事件发生的概率减小称为负影响;另外还存在事件A_i发生使另一事件发生的概率无影响的情况。

交叉概率法是根据专家经验确定不同事件之间相互影响关系的一种研究程序,并用以修正专家的主观概率,从而对事物的发展作出较为客观的评价。

【**例 4.5**】 用德尔菲法和主观概率法得知,事件A_1,A_2,A_3,A_4发生的概率分别为:$p_1=0.6,p_2=0.4,p_3=0.5,p_4=0.2$。并且通过调查得知,这些事件的相互影响关系如

表 4-5 所示。

表 4-5　事件相互影响关系

事件	发生概率	对诸事件的影响			
		A_1	A_2	A_3	A_4
A_1	0.6	—	↑	—	↓
A_2	0.4	↓	—	↓	↑
A_3	0.5	↑	↓	—	↑
A_4	0.2	↑	↑	↓	—

注:"↑"表示正影响;"↓"表示负影响;"—"表示无影响。

解:通过调查,已经知道这些事件之间的影响关系。通过进一步调查得到每一事件发生时,对其余诸事件影响程度的数值大小,即可对各种事件发生的概率进行修正,作出预测。

事件 A_i 发生后,其余事件的发生概率可以调整为

$$p'_j = p_j + kS(1 - p_j)$$

式中,p_j 为事件 A_i 发生前,事件 A_j 的概率;p'_j 为事件 A_i 发生后,事件 A_j 的概率;k 说明事件间的影响方向。若为正影响,取 $k=1$;若为负影响,取 $k=-1$;若无影响,取 $k=0$。S 表明影响程度,取 $0<S<1$,随影响程度由小到大,S 取值由 0 到 1 逐渐加大。

4.3.3　回归预测法

回归预测法注重事物发展在数量方面的分析,重点研究变量与变量之间的相互关系。当建立的回归模型被认定是正确地反映了变量之间的关系时,其重要的用途就是利用模型进行预测,即根据有关解释变量的观测值推测被解释变量在未来时刻的数值。

1. 一元线性回归预测

一元线性回归方程的模型可以表示为

$$y_t = \beta_1 + \beta_2 x_t + \varepsilon_t \quad t = 1, 2, \cdots, n \tag{4-3}$$

式中,β_1 和 β_2 是回归参数;ε_t 是随机扰动因素。

经过回归运算可得到参数的估计值 $\hat{\beta}_1$ 和 $\hat{\beta}_2$,则可得到模型估计式,对模型进行相应的检验和处理,最终得到在统计上可靠的可用于预测的一元线性回归预测模型为

$$\hat{y}_t = \hat{\beta}_1 + \hat{\beta}_2 x_t \tag{4-4}$$

这样,一元线性回归预测就是利用解释变量预期的已知值或预测值对预测期或样本以外的被解释变量作定量估计。

(1) 点预测。将解释变量的预期的已知值或预测值 x_t 代入一元回归模型预测式所得到的被解释变量的值 $\hat{y}_t$ 作为与 x_t 相对应的 y_t 的预测值。

设预测点为 (x_0, y_0),则预测值为

$$\hat{y}_0 = \hat{\beta}_1 + \hat{\beta}_2 x_0 \tag{4-5}$$

（2）区间预测。实际上，利用点预测得到的被解释变量的预测值并不是确定的、无误的。原因在于模型中的参数估计量是不确定的，它是以一定的概率出现在一个区间中，而且重复抽取不同的样本观测值，其区间也是不同的，同时还有随机项 ε 的影响。因此，当给定 x_0 时，只能判断被解释变量的真实值是以一定的概率（即置信水平）出现在某一区间之中。

由于实际观测到的被解释变量 y_0 值，并不完全等于 $\hat{y}_0$，总存在一定的抽样误差。在标准假定条件下，可以证明 $(y_0 - \hat{y}_0)$ 服从于正态分布，即

$$(y_0 - \hat{y}_0) \sim N\left[0, \sigma^2\left(1 + \frac{1}{n} + \frac{(x_0 - \bar{x})^2}{\sum(x_t - \bar{x})^2}\right)\right]$$

由于 σ^2 是未知的，通常用其无偏估计 S^2 来代替。若用 S_0 来表示预测标准误差的估计值，则

$$S_0 = S\sqrt{1 + \frac{1}{n} + \frac{(x_0 - \bar{x})^2}{\sum(x_t - \bar{x})^2}}$$

按照确定置信区间的方法，可以得出 y_0 的 $(1-\alpha)$ 的预测区间为

$$\left(\hat{y}_0 \pm t_{\alpha/2}(n-2) \times S\sqrt{1 + \frac{1}{n} + \frac{(x_0 - \bar{x})^2}{\sum(x_t - \bar{x})^2}}\right) \tag{4-6}$$

式中，$t_{\alpha/2}(n-2)$ 是置信度为 $(1-\alpha)$、自由度为 $(n-2)$ 的 t 分布的临界值。

在用回归模型进行预测时，x_0 的取值不宜离开 $\bar{x}$ 过远，否则预测精度将会大大降低，使预测失效。同时随着样本容量的增加，预测精度将会提高，而样本容量过小，预测的精度就较差。

一元线性回归的预测模型只适用于散点图近似成直线分布的情况，也就是解释变量与被解释变量之间有线性关系时才能应用，否则预测误差较大，是不适用的。

【例 4.6】 两变量温度 X 和冷饮销售量 Y，已知

$$\sum X = 9.4, \quad \sum Y = 959, \quad \sum X^2 = 9.28, \quad \sum XY = 924.8,$$
$$\sum Y^2 = 93\,569, \quad n = 10, \quad t_{0.025}(8) = 2.306。$$

预测温度为 1℃时，冷饮销售量的特定值的置信度为 95% 的预测区间。

解：根据最小二乘法估计回归系数 $\hat{\beta}_0$ 和 $\hat{\beta}_1$，

$$\hat{\beta}_2 = \frac{n\sum X_t Y_t - \sum X_t \sum Y_t}{n\sum X_t^2 - \left(\sum X_t\right)^2} = \frac{10 \times 924.8 - 9.4 \times 959}{10 \times 9.28 - 9.4^2} \approx 52.568$$

$$\hat{\beta}_1 = \bar{Y} - \hat{\beta}_2\bar{X} = 959/10 - 52.568 \times 9.4/10 = 46.486$$

则所求回归预测模型为

$$\hat{Y}_t = 46.486 + 52.568X_t$$

对回归系数进行显著性 t 检验，计算估计值的标准误差

$$S = \sqrt{\frac{\sum Y_t^2 - \hat{a}\sum Y_t - \hat{\beta}\sum X_t Y_t}{n-2}} = 6.838$$

计算得 $S_{\beta_2}=10.262$，$t_{\hat{\beta}_2}=5.123>t_{\frac{a}{2}}=2.306$，说明回归系数 $\hat{\beta}$ 是显著的，X 和 Y 存在线性关系。

下面进行预测，当 $X_0=1$ 时，代入回归模型得到 Y 的点预测值为

$$\hat{Y}_0 = \hat{\beta}_1 + \hat{\beta}_2 X_0 = 46.486 + 52.568 \times 1 = 99.054$$

预测区间为

$$\left(\hat{Y}_0 \pm t_{a/2}(n-2) \times S \sqrt{1 + \frac{1}{n} + \frac{(x_0 - \bar{x})^2}{\sum(x_t - \bar{x})^2}} \right)$$

$$= \left(99.054 \pm 2.306 \times 6.838 \sqrt{1 + \frac{1}{10} + \frac{\left(1 - \frac{9.4}{10}\right)^2}{0.444}} \right)$$

$$= (82.455, 115.653)$$

即当温度为 1℃时，在 $\alpha=0.05$ 的显著水平上，冷饮销售量的预测区间为 82.455～115.653。

2. 多元线性回归预测

在上面的一元线性回归分析中，只涉及两个变量之间的关系。在实际问题中，解释变量往往不止一个，此时，要分析各种因素综合的情况下系统变化的规律性，以预测被解释变量的变动方向和程度。解决的方法是使用多元线性回归预测。

多元线性回归方程的模型可以表示为

$$y_t = \beta_1 + \beta_2 x_{t2} + \cdots + \beta_m x_{tm} + \varepsilon_t \quad t=1,2,\cdots,n \tag{4-7}$$

经过回归运算可得到各个参数的估计值，则可得到模型估计式，对模型进行相应的检验和处理，最终得到在统计上可靠的可用于预测的多元线性回归预测模型为

$$\hat{y}_t = \hat{\beta}_1 + \hat{\beta}_2 x_{t2} + \cdots + \hat{\beta}_m x_{tm} \tag{4-8}$$

多元回归模型的预测值和预测区间计算如下。

(1) 计算估计标准误差。

$$S = \sqrt{\frac{\sum(y_t - \hat{y}_t)^2}{n-m}} \tag{4-9}$$

(2) 当预测点为 $X_0=(x_{01}, x_{02}, \cdots, x_{0m})$，则预测值为

$$\hat{y}_0 = \boldsymbol{X}_0 \hat{B} \tag{4-10}$$

式中，$\hat{B}$ 为回归系数向量 $\boldsymbol{B}$ 的估计值。

预测误差 $e_0 = y_0 - \hat{y}_0$ 的样本方差为

$$S_0^2 = S^2[1 + \boldsymbol{X}_0(X'X)^{-1}X_0']$$

(3) 当预测值的显著水平为 α 时，预测区间为

$$(\hat{y}_0 \pm t_{a/2}(n-m)S_0), \quad n<30 \tag{4-11}$$

$$(\hat{y}_0 \pm Z_{a/2} \cdot S_y), \quad n \geqslant 30 \tag{4-12}$$

在这里由于 $\boldsymbol{X}_0$ 是一个解释变量的数据向量，计算 S_0 较为复杂，所以在实际预测中，一般运用 S 代替 S_0 近似地估计预测区间。

【例 4.7】 某省 1978—1989 年消费基金、国民收入使用额和平均人口资料如表 4-6 所示。若 1990 年该省国民收入使用额为 670 亿元，平均人口为 5 800 万人，当显著性水平 $\alpha = 0.05$ 时，试配合适当的回归模型估计 1990 年消费基金的预测区间。

表 4-6　1978—1989 年消费基金、国民收入使用额和平均人口资料

年份	消费基金/10 亿元	国民收入使用额/10 亿元	平均人口数/百万人
1978	9.0	12.1	48.20
1979	9.5	12.9	48.90
1980	10.0	13.8	49.54
1981	10.6	14.8	50.25
1982	12.4	16.4	51.02
1983	16.2	20.9	51.84
1984	17.7	24.2	52.76
1985	20.1	28.1	53.69
1986	21.8	30.1	54.55
1987	25.3	35.8	55.35
1988	31.3	48.5	56.16
1989	36.0	54.8	56.98

解：设消费基金为 y，国民收入使用额为 x_2，平均人口为 x_3，并假设 y 与 x_2，x_3 之间存在线性关系。则建立二元线性回归预测模型

$$\hat{y} = \hat{\beta}_1 + \hat{\beta}_2 x_2 + \hat{\beta}_3 x_3$$

采用最小二乘法对回归系数进行估计，则

$$\hat{\boldsymbol{B}} = (\boldsymbol{X}'\boldsymbol{X})^{-1}\boldsymbol{X}'\boldsymbol{Y} = \begin{pmatrix} -29.479\,958 \\ 0.496\,870\,9 \\ 0.664\,980\,9 \end{pmatrix}$$

分别对模型进行拟合程度的评价、回归系数的显著性检验、回归方程的显著性检验、DW 检验（计算略），均通过检验。可以认为

$$\hat{y} = -29.479\,958 + 0.496\,870\,9 x_2 + 0.664\,980\,9 x_3$$

是一个较为优良的回归模型，可以用来预测。

设预测点为 $\boldsymbol{X}_0 = (1, 67, 58)$，则其预测值为

$$\hat{y}_0 = \boldsymbol{X}_0 \hat{\boldsymbol{B}} = (1, 67, 58) \begin{pmatrix} -29.479\,958 \\ 0.496\,870\,9 \\ 0.664\,980\,9 \end{pmatrix} = 42.379\,3$$

预测区间为

$$(\hat{y}_0 \pm t_{a/2}(n-m)S)$$

$$= (42.379\,3 \pm 2.26 \times 0.491\,619) = (41.268\,24, 43.490\,36)$$

即 1990 年全省国民收入使用额为 670 亿元，平均人口为 5 800 万人，在显著性水平 $\alpha = 0.05$ 时，该省消费基金的预测区间为 412.682 4 亿～434.903 6 亿元。

3. 非线性回归模型预测

社会现象是非常复杂的,有时解释变量和被解释变量之间的关系不一定是线性的,而可能存在非线性的关系,这时对现象进行预测就要使用非线性模型预测。通常是将非线性函数通过变量代换的方法或是应用泰勒级数展开而变成一元或多元线性函数,然后采用相应的预测方法解决。

下面介绍几种特殊的曲线模型化成直线模型的变量代换方法。

(1) 双曲线模型。双曲线的一般形式为

$$y_t = \beta_1 + \beta_2 \frac{1}{x_t} + \varepsilon_t \tag{4-13}$$

令 $x'_t = \frac{1}{x_t}$,则可得代换后模型

$$y_t = \beta_1 + \beta_2 x'_t + \varepsilon_t$$

其预测模型为

$$\hat{y}_t = \hat{\beta}_1 + \hat{\beta}_2 x'_t \tag{4-14}$$

(2) 二次曲线模型。二次曲线的一般形式为

$$y_t = \beta_1 + \beta_2 x_{t2} + \beta_3 x_{t3}^2 + \varepsilon_t \tag{4-15}$$

令 $x'_{t3} = x_{t3}^2$,则可得代换后模型

$$y_t = \beta_1 + \beta_2 x_{t2} + \beta_3 x'_{t3} + \varepsilon_t$$

其预测模型为

$$\hat{y}_t = \hat{\beta}_1 + \hat{\beta}_2 x_{t2} + \hat{\beta}_3 x'_{t3} \tag{4-16}$$

(3) 对数模型。对数的一般形式为

$$y_t = \beta_1 + \beta_2 \ln x_t + \varepsilon_t \tag{4-17}$$

令 $x'_t = \ln x_t$,则可得代换后模型

$$y_t = \beta_1 + \beta_2 x'_t + \varepsilon_t$$

其预测模型为

$$\hat{y}_t = \hat{\beta}_1 + \hat{\beta}_2 x'_t \tag{4-18}$$

4. 预测检验

模型预测检验,是将估计了参数的模型用于实际经济活动预测,然后将预测结果和实际值进行比较,用其误差的大小判断模型的总体精度。

根据表现形式不同,精度可用绝对误差和相对误差来表示。

设 y_t 为实际值,$\hat{y}_t$ 是预测值,则单个预测值的绝对误差的表现形式为

$$e_t = y_t - \hat{y}_t, \quad t = 1, 2, \cdots, n$$

其中,当 $e_t = 0$ 时,表示预测精确;$e_t < 0$ 时,表示预测值过高;$e_t > 0$ 时,表示预测值过低。

单个预测值的相对误差的表现形式为

$$\tilde{e}_t = \frac{e_t}{y_t} = \frac{y_t - \hat{y}_t}{y_t}, \quad t = 1, 2, \cdots, n$$

其中,当 $y_t > 0$ 时,意义同绝对误差。当 $y_t < 0, \tilde{e}_t < 0$ 时,表示预测值过低;当 $\tilde{e}_t > 0$ 时,表示预测值过高。

但是由于预测误差的大小是由所有样本点的误差决定,所以对于误差的测定,不能只计算某一预测值与实际值的偏离程度,而是要考虑全部样本点与实际值的偏离程度。因而在预测实践中,常采用反映一组预测值精度的指标。可以采用以下几种方法测定预测误差,进行精度分析。

(1) 平均绝对误差(MAE)。

$$\text{MAE} = \frac{1}{n} \sum_{t=1}^{n} |y_t - \hat{y}_t| \tag{4-19}$$

它是 n 个预测值误差的绝对值的平均值,MAE 越小,预测精度越高。

(2) 均方误差(MSE)。

$$\text{MSE} = \frac{1}{n} \sum_{t=1}^{n} (y_t - \hat{y}_t)^2 \tag{4-20}$$

它是介于 $0 \sim \infty$ 之间的,它的数值越小,预测精度越高。

(3) 均方根误差(RMSE)。

$$\text{RMSE} = \sqrt{\frac{1}{n} \sum_{t=1}^{n} (y_t - \hat{y}_t)^2} \tag{4-21}$$

RMSE 的数值越小,预测精度越高。由于它可以取得与实际值相同的单位,所以应用比较广泛。

(4) 泰尔不等系数(U)。

$$U = \frac{\sqrt{\dfrac{1}{n} \sum_{t=1}^{n} (y_t - \hat{y}_t)^2}}{\sqrt{\dfrac{1}{n} \sum_{t=1}^{n} y_t^2} + \sqrt{\dfrac{1}{n} \sum_{t=1}^{n} \hat{y}_t^2}} \tag{4-22}$$

这是由泰尔(H. Theil)提出的。系数 U 介于 $0 \sim 1$ 之间,U 值越小,意味着预测精度越高。

(5) 修正泰尔不等系数(U*)。

$$U^* = \frac{\sqrt{\sum_{t=1}^{n} (y_t - \hat{y}_t)^2}}{\sqrt{\sum_{t=1}^{n} y_t^2}} \tag{4-23}$$

系数 U^* 介于 $0 \sim \infty$ 之间,U^* 的值越接近 0,意味着预测精度越高。$U^* = 0$,表示预测准确,是一种理想的或称为完美的预测。

回归模型用于预测,有时会出现预测某些变量的未来值比较准确,而预测另一些变量时则准确性较差的情况。一般来说,对于变化缓慢的变量,如消费者支出、工资收入等,预测比较准确;而对于变化迅速的变量,如投资、利润收入、短期利率等,预测的准确性比较差。此外,回归预测是由过去推测未来,变量之间的关系是建立在过去的基础之上的,这种关系在短期内可以认为是不变的,但绝不会永远不变,因此较适用于短期预测,在实际中应用最多的就是短期预测。为了适应预测的需要,回归预测法在不断发展,但是预测并不等于计划,只是提供了一个趋势,一个参考。

4.3.4 时间序列预测法

预测是时间序列建模的主要目的之一。在获得一个较为满意的时间序列模型之后,剩下的问题就是如何利用这个模型进行预测了。

时间序列模型预测是研究预测对象与演变过程所经历的时间之间的关系。这种方法以预测目标 Y 为因变量,所经历的时间 t 为自变量,其数学模型为 $Y=f(t)$,称为 $Y-t$ 型。

从表面上看,这种方法似乎没有考虑引起预测目标变化的原因,事实上,它把影响预测目标变化的一切因素由"时间"综合起来描述了,是一种笼统的概括。当影响预测目标的因素很多,有时很难找到影响预测目标变化的主要因素,而且一些因素难以用数据表示或数据不全时,是不能应用回归模型预测法的,这时就可以采用时间序列模型方法进行预测。不过当遇到历史数据起伏较大,或者对未来趋势需要研究误差范围时,就必须与因果关系预测相结合。

时间序列预测法可分为确定性时间序列预测法和随机性时间序列预测法。常规方法有:移动平均法、指数平滑法、回归法、马尔柯夫链分析法等。较为先进的方法有随机过程预测、季节性过程预测、系统状态预测、滤波预测等。

1. 平滑预测法

平滑预测法是一种简单而且应用很广泛的确定型时间序列预测技术。它根据过去的演变特征来预测未来,不考虑随机性。平滑预测技术又可以分为简单移动平均预测法和指数平滑预测法。

1) 简单移动平均预测法

当时间序列的数值由于受周期变动和不规则变动的影响,起伏不大,不宜显示出长期发展趋势时,采用移动平均法可以消除这些因素的影响,分析、预测序列的长期趋势。

设时间序列为 $y_1, y_2, \cdots, y_t, \cdots$,确定移动平均项数 $n(n \leqslant t)$,则有移动平均公式

$$M_t = \frac{1}{n}(y_t + y_{t-1} + \cdots + y_{t-n+1})$$

这时可以用第 t 期移动平均数作为第 $t+1$ 期的预测值,即预测公式为

$$\hat{y}_{t+1} = M_t \tag{4-24}$$

简单移动平均法只适合作近期预测,而且是预测目标的发展趋势变化不大的情况。如果目标的发展趋势存在其他变化,采用简单移动平均法就会产生较大的预测偏差和滞后。

【例 4.8】 现有某商场 1—6 月份的销售额资料如表 4-7 所示,试用 $n=5$ 来进行移动平均,预测 6 月份和 7 月份的销售额。

表 4-7 某商场 1—6 月份的销售额资料

月份	1	2	3	4	5	6
销售额/万元	25	28	23	24	27	30

解:用第 t 期移动平均数作为第 $t+1$ 期的预测值,即

$$\hat{y}_{t+1} = M_t$$

6 月份的销售额为

$$\hat{y}_6 = M_5 = \frac{1}{5}(y_5 + y_4 + y_3 + y_2 + y_1) = \frac{1}{5}(27 + 24 + 23 + 28 + 25) = 25.4(万元)$$

7 月份的销售额为

$$\hat{y}_7 = M_6 = \frac{1}{5}(y_6 + y_5 + y_4 + y_3 + y_2) = \frac{1}{5}(30 + 27 + 24 + 23 + 28) = 26.4(万元)$$

2) 指数平滑预测法

指数平滑法在第 3 章中已经介绍过,是移动平均法的改进和发展。它既不需要存储很多历史数据,又考虑了各期数据的重要性,克服了移动平均法存在的这两个方面的缺点,因此应用极为广泛,最适合用于进行简单的时间分析和中短期预测。根据平滑次数的不同,有一次指数平滑预测、二次指数平滑预测、三次指数平滑预测等。

(1) 一次指数平滑预测。适用于资料数据呈水平趋势,不包括某种持续增长或是下降趋势的情况。例如钻头、磨料、汽车配件等通用产品、易耗品以及某些日用消费品的近期需求常常在一个水平附近上下波动。

一次指数平滑预测模型为

$$\hat{y}_{t+T} = s_t^{(1)} = \alpha y_t + (1-\alpha)s_{t-1}^{(1)}, \quad T = 1,2,\cdots \tag{4-25}$$

式中,$s_t^{(1)}$ 是第 t 期的一次指数平滑值;α 是加权系数,$0 < \alpha < 1$;y_t 是第 t 期的资料数据,t 可视为当前时期;$\hat{y}_{t+T}$ 是第 $t+T$ 期的预测值,T 为预测长度。

一次指数平滑预测就是以第 t 期指数平滑值作为第 $t+1$ 期的预测值。

(2) 二次指数平滑预测。当时间序列的变动出现直线趋势时,用一次指数平滑法进行预测,就会存在明显的滞后偏差。因此需要进行修正,采用二次指数平滑预测。

二次指数平滑预测模型为

$$\hat{y}_{t+T} = a_t + b_t T, \quad T = 1,2,3,\cdots \tag{4-26}$$

式(4-26)中,a_t,b_t 为二次指数平滑系数,计算公式为

$$a_t = 2s_t^{(1)} - S_t^{(2)} \quad b_t = \frac{\alpha}{1-\alpha}(s_t^{(1)} - s_t^{(2)})$$

上式中,$s_t^{(1)}$ 是第 t 期的一次指数平滑值;$s_t^{(2)}$ 是第 t 期的二次指数平滑值;$s_t^{(2)} = \alpha s_t^{(1)} + (1-\alpha)s_{t-1}^{(2)}$;$\alpha$ 为加权系数,$0 < \alpha < 1$。

(3) 三次指数平滑预测。当时间序列的变动表现为二次曲线趋势时,则需要采用三次指数平滑预测。

三次指数平滑预测模型为

$$\hat{y}_{t+T} = a_t + b_t T + c_t T^2, \quad T = 1,2,3,\cdots \tag{4-27}$$

式中,a_t,b_t,c_t 为三次指数平滑系数,计算公式为

$$\begin{cases} a_t = 3s_t^{(1)} - 3s_t^{(2)} + s_t^{(3)} \\ b_t = \frac{\alpha}{2(1-\alpha)^2}\left[(6-5\alpha)s_t^{(1)} - 2(5-4\alpha)s_t^{(2)} + (4-3\alpha)s_t^{(3)}\right] \\ c_t = \frac{\alpha^2}{2(1-\alpha)^2}\left[s_t^{(1)} - 2s_t^{(2)} + s_t^{(3)}\right] \end{cases} \tag{4-28}$$

式(4—28)中，$s_t^{(1)}$ 是第 t 期的一次指数平滑值；$s_t^{(2)}$ 是第 t 期的二次指数平滑值；$s_t^{(3)}$ 是第 t 期的三次指数平滑值；$s_t^{(3)} = \alpha s_t^{(2)} + (1-\alpha)s_{t-1}^{(3)}$；$\alpha$ 是加权系数，$0 < \alpha < 1$。

三次指数平滑预测模型几乎适用于各种实际问题。二次指数平滑预测模型可以看成是三次指数平滑预测模型的特例，即 $c_t = 0$。

在指数平滑预测法的应用中，要用到加权系数和初始值，因此对加权系数和初始值的选取是非常重要的。

对于加权系数 α 选择是否得当，直接影响着预测的效果，通常取 $0.05 \sim 0.3$，α 取值越大，近期数据对预测结果影响越大，同时预测结果受随机因素干扰的程度也较大。因此在进行预测时，既要重视近期信息，又要注意 α 取值大时随机因素影响大的问题。

对于初始值，如果资料数据点较多(如多于 50 个)，可以用 y_1 来替代。如果数据点较少，可以采用前几个数据的平均值作为初始值的方法。如果加权系数选择得较高，则经过数期平滑之后，初始值 s_0 对 s_t 的影响就很小了。故我们可以在最初预测时，选择较高的 α 值来减小可能由于初始值选取不当所造成的预测偏差，使模型迅速调整到当前水平。

【例 4.9】 某省 1978—1987 年固定资产投资总额的资料数据如表 4-8 左边三列所示，试建立指数平滑预测模型并预测 1988 年和 1989 年固定资产投资总额。

表 4-8　某省 1978—1987 年固定资产投资总额的资料数据　　单位：亿元

年份	t	投资总额(y_t)	$s_t^{(1)}$	$s_t^{(2)}$	$s_t^{(3)}$
1978	1	50.7	51.56	51.82	51.90
1979	2	51.8	51.63	51.76	51.86
1980	3	53.3	52.13	51.87	51.86
1981	4	55.2	53.05	52.23	51.97
1982	5	57.58	54.41	52.88	52.24
1983	6	60.2	56.15	53.86	52.73
1984	7	63.3	58.29	55.19	53.47
1985	8	66.8	60.85	56.89	54.49
1986	9	70.7	63.80	58.96	55.83
1987	10	75.0	67.16	61.42	57.51

解：将资料数据在平面坐标系标出，从图 4-10 中可以看出，投资总额呈二次曲线上升，故采用三次指数平滑法进行预测。

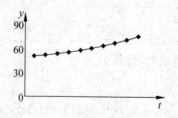

图 4-10　某省固定资产投资总额趋势图

取 $\alpha = 0.3$，初始值 $s_0^{(1)} = s_0^{(2)} = s_0^{(3)} = \dfrac{y_1 + y_2 + y_3}{3} = 51.93$，根据公式计算 $s_t^{(1)}$，$s_t^{(2)}$，$s_t^{(3)}$ 的值列于表 4-8 右边三列中。

根据三次指数平滑系数的公式计算平滑系数 a_t，b_t，c_t，可得到当 $t = 10$ 时，

$$a_{10} = 3 \times (67.16 - 61.42) + 57.51 = 74.73$$

$$b_{10} = \frac{0.3}{2 \times (1-0.3)^2} \times [(6 - 5 \times 0.3) \times 67.16 - 2 \times (5 - 4 \times 0.3) \times 61.42 + (4 - 3 \times 0.3) \times 57.51] = 4.20$$

$$c_t = \frac{0.3^2}{2 \times (1-0.3)^2} \times (67.16 - 2 \times 61.42 + 57.51) = 0.17$$

于是得到如下预测模型

$$\hat{y}_{10+T} = 74.73 + 4.20T + 0.17T^2$$

$T = 1, 2$，分别代入预测模型，可以得到 1988 年和 1989 年固定资产投资总额的预测值：

$$\hat{y}_{1988} = \hat{y}_{11} = 74.73 + 4.20 \times 1 + 0.17 \times 1^2 = 79.10 (亿元)$$

$$\hat{y}_{1989} = \hat{y}_{12} = 74.73 + 4.20 \times 2 + 0.17 \times 2^2 = 83.81 (亿元)$$

2. ARMA 模型预测

ARMA 模型是随机型时间序列模型，包括三类模型：自回归模型（AR）、移动平均模型（MA）、自回归移动平均模型（ARMA）。预测是 ARMA 模型分析最主要的目的，也是检验模型的方法之一。预测就是要利用序列已观察到的样本值对序列在未来某个时刻的取值进行估计。预测的前提是已确定了模型，并已经作了参数估计和进行了基本的检验。应用性的预测可作一步或 l 步预测，但 l 不能太大。当 l 太大，不仅预测意义不大，而且也不可靠。因此，为了保证预测的精度，通常只适合作短期预测。

时间序列模型预测的一般原则是预测方差最小原则。而最小方差的预测就是条件期望预测。

1）AR(p) 模型预测

设时间序列 $\{y_t\}$ 满足

$$y_t = \phi_1 y_{t-1} + \phi_2 y_{t-2} + \cdots + \phi_p y_{t-p} + \varepsilon_t \qquad (4-29)$$

这里 $\{\varepsilon_t\}$ 是零均值白噪声序列，对所有的 t 满足

$$E(\varepsilon_t \mid y_{t-1}, y_{t-2}, \cdots) = 0$$

则 AR(p) 序列 l 步的预测值

$$\hat{y}_t(l) = \phi_1 \hat{y}_t(l-1) + \cdots + \phi_p \hat{y}_t(l-p), \quad l = 1, 2, \cdots \qquad (4-30)$$

式中，$\hat{y}_t(k) = \begin{cases} \hat{y}_t(k), & k \geqslant 1 \\ y_{t+k}, & k \leqslant 0 \end{cases}$。

预测方差为

$$\mathrm{Var}[e_t(l)] = (1 + G_1^2 + \cdots + G_{l-1}^2) \sigma_\varepsilon^2$$

式中，$\{G_i\}$ 为 Green 函数值。

2) MA(q)模型预测

设时间序列$\{y_t\}$满足

$$y_t = \varepsilon_t - \theta_1\varepsilon_{t-1} - \theta_2\varepsilon_{t-2} - \cdots - \theta_q\varepsilon_{t-q} \tag{4-31}$$

则 MA(q)序列 l 步的预测值

$$\hat{y}_t(l) = \begin{cases} -\sum_{i=l}^{q}\theta_i\varepsilon_{t+l-i}, & l \leqslant q \\ 0, & l > q \end{cases} \tag{4-32}$$

这说明 MA(q)序列理论上只能预测 q 步之内的序列走势,超过 q 步预测值恒等于 0。预测方差为

$$\mathrm{Var}[e_t(l)] = \begin{cases} (1+\theta_1^2+\cdots+\theta_{l-1}^2)\sigma_\varepsilon^2, & l \leqslant q \\ (1+\theta_1^2+\cdots+\theta_q^2)\sigma_\varepsilon^2, & l > q \end{cases} \tag{4-33}$$

3) ARMA(p,q)模型预测

设时间序列$\{y_t\}$满足

$$y_t = \phi_1 y_{t-1} + \cdots + \phi_p y_{t-p} + \varepsilon_t - \theta_1\varepsilon_{t-1} - \cdots - \theta_q\varepsilon_{t-q}, \tag{4-34}$$

则 ARMA(p,q)序列 l 步的预测值

$$\hat{y}_t(l) = \begin{cases} \phi_1\hat{y}_t(l-1) + \cdots + \phi_p\hat{y}_t(l-p) - \sum_{i=l}^{q}\theta_i\varepsilon_{t+l-i}, & l \leqslant q \\ \phi_1\hat{y}_t(l-1) + \cdots + \phi_p\hat{y}_t(l-p), & l > q \end{cases} \tag{4-35}$$

式中,$\hat{y}_t(k) = \begin{cases} \hat{y}_t(k), & k \geqslant 1 \\ y_{t+k}, & k \leqslant 0 \end{cases}$。

预测方差为

$$\mathrm{Var}[e_t(l)] = (G_0^2 + G_1^2 + \cdots + G_{l-1}^2)\sigma_\varepsilon^2$$

式中,$\{G_i\}$ 为 Green 函数值。

(4) 区间预测

在预测中,具有重要意义的是区间预测。利用随机时间序列预测方法可以进行区间预测,这是该方法的优点之一。我们统一用 ARMA(p,q)模型进行区间预测,将 AR(p)、MA(q)看作 ARMA(p,q)模型的特殊情况。

在正态假定下,有

$$y_{t+l} \mid y_t, y_{t-1}, \cdots \sim N(\hat{y}_t(l), \mathrm{Var}[e_t(l)]) \tag{4-36}$$

$y_{t+l}|y_t, y_{t-1}, \cdots$的置信水平为 $1-\alpha$ 的置信区间为

$$\left(\hat{y}_t(l) \pm z_{1-\frac{\alpha}{2}} \cdot (1+G_1^2+\cdots+G_{l-1}^2)^{\frac{1}{2}} \cdot \sigma_\varepsilon\right) \tag{4-37}$$

式中,$\{G_i\}$ 为 Green 函数值。

ARMA 方法是目前公认的最好的单一变量时序预测法,是一种精确度较高的短期预测方法,但其计算复杂,一般需要借助计算机来进行。

预测的方法很多,我们在具体使用时应视不同问题选择不同的方法。一般在选择方法时,应考虑三个主要问题,即合适性、费用和精确性。要想提高预测精度,应同时使用多

种方法进行预测,然后进行综合比较,以确定最理想的预测结果。

思考与练习题

1. 什么是系统预测?预测的程序是什么?

2. 定性预测技术的应用意义是什么?请对各种方法进行异同点的比较。

3. 某公司采用德尔菲法,征询 15 位专家对一个新产品投放市场的意见,专家对成功可能性的主观概率估计如下:7 人估计为 0.6,3 人估计为 0.7,3 人估计为 0.5,2 人估计为 0.8。请预测该新产品投放市场成功的概率。

4. 某地 1976—1987 年某种电器销售额如表 4-9 所示。试用一次指数平滑法预测 1988 年该电器的销售额。取 $\alpha=0.2$。

表 4-9 某地 1976—1987 年某种电器销售额　　　　单位:万元

年份	1976	1977	1978	1979	1980	1981	1982	1983	1984	1985	1986	1987
销售额	50	52	47	51	49	48	51	40	48	52	51	59

系统评价方法

所谓系统评价,就是评定系统的价值。但是,价值问题自人类文化以来,就在宗教、哲学、社会、经济等领域内引起人们的普遍关注和议论,直到今天还是一个没有完全解决的问题。譬如,"一杯水和一颗钻石哪个有价值",如果评价它们的人处于不同的环境,就会有完全不同的回答。

时钟的价值在于准确,对系统的评价也要求准确,但是系统评价受到人的主观因素的制约,受到评价者的教育背景、所处的地位、价值观念等的影响,评价者对问题的看法不同,评价的结果也就不同,因此有必要学习一些系统评价的专门知识。本章重点介绍关于系统评价的基本概念和几种常见的系统评价方法。

5.1 系统评价概述

系统评价是系统工程中的一个基本处理方法,也是系统分析中的一个重要环节。系统评价是根据预定的系统目的,在系统分析的基础上,就系统设计所能满足需要的程度和占用的资源进行评审和选择,选择出技术上先进、经济上合理、实施上可行的最优或满意的方案。

1. 系统评价的原则

1) 综合评价的思想原则

这种思想原则,一是与系统的规模越来越大,涉及的范围越来越广,影响度越来越复杂有关;二是与人类的生存环境越来越不利有关;三是与科学技术方法、系统方法与评价提供了有力工具有关。过去一直认为,人类的劳动都会给人类带来好处,然而就在人类陶醉在发展之中时,资源危机发生了,现实给人类敲响了警钟。于是,人们开始注重对事物,特别是工程系统的全面评价,即从政治、经济、社会、技术、风险、自然与生态环境、组织和个人等多方面复杂问题经济综合评价。

2) 经济利益思想原则

经济利益思想原则源远流长,各个历史时期的经济学家和政治家都对其给予了极大的关注。理论上认可了,人类的劳作是有理性的,发展是主题,而经济又是发展的重要方面。因此,人们在评价时,注重系统的投入和产出,希望以最小的投入取得最大的产出。这种思想在工程项目的决策评价中起到重要作用。

3) 规划的思想原则

为了减少盲目性,人们对工程建设等的决策活动进行事先评价越来越重视,不断地寻找能科学地、全面地、客观地反映决策活动特征的评价指标体系。不仅重视项目本身的经济效益、技术性能等的评价,而且把项目纳入国民经济大系统中进行规划。

因此,可以说系统评价的思想是利用系统工程的观点对系统整体进行评价。

2. 系统评价的目标、步骤和内容

1) 系统评价的目标

系统评价是方案选优和决策的基础,评价的好坏影响决策的正确性。评价的目标是为了决策,所以,评价在决策中负有很重要的任务。一般来说有以下几个方面。

(1) 系统运行现状的评价。

(2) 方案可能产生的后果和影响的评价。

(3) 方案开始实施后的跟踪评价及决策完成后的回顾评价。

2) 系统评价的步骤

系统评价的步骤是有效地进行评价的保证,它一般包括以下几项。

(1) 明确系统目标,熟悉系统方案。

(2) 分析系统要素。

(3) 确定评价指标体系。

(4) 制定评价结构和评价准则。

(5) 评价方法的确定。

(6) 单项评价。

(7) 综合评价。

在系统评价过程中,首先要熟悉方案和确定方案指标。根据熟悉方案的情况,结合评价指标,应用适当的方法,先进行单项评价,再做综合评价,从而作出对方案优先顺序的结论。单项评价一般指技术评价、经济评价和社会评价。

3) 系统评价的内容

系统评价的内容可由图 5-1 表示。

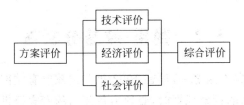

图 5-1　系统评价的内容

对于综合评价,可按下面几个方面的内容进行评价。

(1) 系统结构评价。系统结构评价是最基本的评价,系统结构评价可按下面三个方面的内容来进行。

① 系统结构分析。系统结构分析的目的是要弄清和理顺系统结构组成要素之间的关系,以便进行分析和评价。

② 系统标准结构。为了对系统结构的合理性进行评价,必须有一个评判标准,用来作为评价现实系统的参照系,然后对现实系统进行比较评价,从而得出系统构成结构的优劣。然而在现实中一般不存在标准结构,我们常常根据某种理想结构作为标准结构,显然该结构并不能实现,但仍可作为我们评价系统方案集内各方案结构优劣的标准。

③ 系统结构稳定性评价。任何系统都会受到来自环境的种种干扰,使系统运行状态发生变化。在这种条件下,系统要发挥功能,必须保持良好的结构及稳定的运行状态,还必须具有抗干扰能力。系统稳定性表示身体在其寿命期内可靠地完成应有功能的能力。

（2）"系统-环境"影响评价。任何系统的形式和运行都会受到其所处的环境的影响和制约。系统本身条件的好坏、调控机制是否灵活,直接影响到系统的适应能力和生存能力。因此,"系统-环境"影响的评价也涉及系统结构的评价,可以与之结合进行,一般可分为两步:

① "系统-环境"影响的识别。找出所有"系统-环境"影响关系,并分析清楚其主次关系,弄清各种关系的轻重缓急程度及其影响的状况。

② 系统的环境适应性评价。系统的环境适应性是系统的运行特征之一,对其评价必须基于对环境发展趋势的把握和对系统结构性能的了解。一般系统与环境的关系有四种情况:①系统运行对环境具有改造性;②系统能适应环境的变化;③系统对环境起消极作用;④系统的运行不适应环境的变化,而且对环境起破坏作用。

（3）系统"输入-输出-反馈"评价。系统的输入和输出是系统外部特征和基本表现,表示了系统的转换机能。反馈是系统调节机制灵敏性和有效性的表示。

① 系统的输入、输出指标评价。一般都是用输入与输出之间的比值来反映系统的转换机能,即系统的有效性。对系统的动态性评价,可考虑进行系统反馈性能评价。

② 系统反馈性能评价。反馈是系统动态性能表现,它影响系统的输入并通过系统的转换机制影响系统的输出。反馈机制不健全的系统,由于外部环境的某种变化可能使系统的运行状态变化甚至崩溃,而反馈机制健全的系统有较强的自适应性和稳定性,从而保证整个系统正常运行。

最后把上述对系统各方面的评价综合起来,向决策者提供清晰的评价结论。

5.2　费用-效益分析法

这是系统评价的经典方法之一,早在1902年美国政府有关部门在其"河川江湾法"中规定,在制定河川与江湾的投资规划时,必须由各部门的专家提供有关"费用和效益"的报告,即在可能的领域内,要进行包括费用与效益在内的经济评价。这种分析评价方法后来逐步应用到各种经济领域,而且要求系统给社会提供财富和服务价值,即效益必须超过费用,作为工程选择合理性的保证。

如果费用和效益都可以用货币或其他某种尺度度量时,费用-效益分析方法就比较容易进行,常用的评价基准有三种。

1. 效益性基准

效益性基准,即在一定费用条件下,效益大者估价高,这可作为在可以负担的费用有限时作为选择替代方针的手段。例如在图 5-2 中,当效益达到 E_2 时,则两方案的费用相等;当费用达到 C_2 时,则甲方案效益比乙方案高;当费用达到 C_3 时,则乙方案效益比甲方案高。

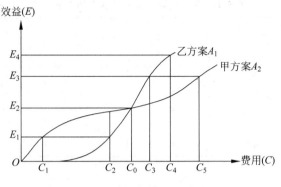

图 5-2　费用与效益的关系

2. 经济性基准

经济性基准,即在一定的效益条件下,费用小者起价值就高,当事先的要求已经达到目标时,应从可以达到目标的替代方案中选择费用最小的替代方案。

例如图 5-2,当 $C=C_2$ 时,$V(A_2)>V(A_1)$;当 $C=C_3$ 时,$V(A_1)>V(A_2)$;当 $C=C_0$ 时,$V(A_1)=V(A_2)$。

3. 纯效益基准

所谓纯效益是指效益减去费用后的纯收入。纯效益基准选择效益大、价值高者为替代方案。适用于不加限制的情况。

如果给出两个具有特定费用和效益的替代方案,尤其是当效果不能转换为货币表示时,要评价它们价值的大小,通常可以按照追加效果与追加费用相比是否合算的原则进行处理。

(1) 等效分析(即效果一定)。以效果作为基准,为了达到系统必须支持的效果,考虑如何用最小费用把效果 E_1 自提高到 E_2,如图 5-3 所示结果:

$$A_1 > B > A_2$$

(2) 等费用分析(即费用一定时)。当系统不能超过一定费用限度 C_2 时,在该范围内谋求提高系统的效果,图 5-3 所示结果是:

$$A_3 > B > A_4$$

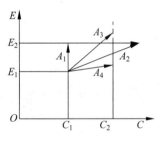

图 5-3　纯效益基准分析

5.3　评　分　法

评分法是系统综合评价时常用的一种评价方法。评分法又可分为加法评分法、加权加法评分法和乘积评分法。

设有 m 个不同的对象要评价,而评价的属性有 n 个。对每个属性规定评价标准,若对第 i 个对象在第 j 个属性得到的标值为 s_{ij},则可得到表 5-1,来表示不同对象在不同属性的得分值。

表 5-1　不同对象在不同属性下的得分值表

属性 j 对象 i	1	2	3	...	n
1	S_{11}	S_{12}	S_{13}	...	S_{1n}
2	S_{21}	S_{22}	S_{23}	...	S_{2n}
3	S_{31}	S_{32}	S_{33}	...	S_{3n}
$\vdots$	$\vdots$	$\vdots$	$\vdots$	$\vdots$	$\vdots$
m	S_{m1}	S_{m2}	S_{m3}	...	S_{mn}

1. 加法评分法

把各评价属性相加起来,要求所有评价属性的标值必须是同量、同级的量纲,即要求规范化。

(1) 对属性标值认为越大越好的指标。

$$\tilde{s} = \frac{s - s_{\min}}{s_{\max} - s_{\min}} \tag{5-1}$$

(2) 对属性标值认为越小越好的指标。

$$\tilde{s} = \frac{s_{\max} - s}{s_{\max} - s_{\min}} \tag{5-2}$$

(3) 如果 S 为文字评语,则事先建立如表 5-2 所示的各评语对标准分的一一对应关系。

表 5-2　评语对标准分的对应关系表

优	1	国际先进	1
良	0.8	国内先进	0.8
中	0.6	同行业先进	0.6
可	0.4	省内先进	0.4
劣	0	市内先进	0

(4) 如果对评价的对象在属性中所占序号感兴趣,则可按分值排序。

$$\tilde{s}_i = \sum_{j=1}^{n} \tilde{s}_{ij} \quad i = 1, 2, \cdots, m \tag{5-3}$$

2. 加权加法评分法

人的主观因素加入评价过程中,用权重值来反映评价者的偏好,即专家本人对属性重要程度的看法。通常用权重系数 w_j 表示第 j 个属性的权系数

$$\sum_{j=1}^{n} w_j = 1 \quad (0 < w_j < 1, j = 1, 2, \cdots, n) \tag{5-4}$$

综合评分值为 $\tilde{s}_i = \sum_{j=1}^{n} w_j \tilde{s}_{ij}$,见表 5-3。

加法评分法的缺点在于当各替代方案的累计评价分数差距不大时,对于哪个方案最优的问题很难得出明确的回答,为此出现了另一个评分法,即乘积评分法。

表 5-3 加权加法评分法分值表

对象 属性 加权值	1 w_1	2 w_2	$\cdots$	n w_n	综合评分值
1	$\tilde{s}_{11}$	$\tilde{s}_{12}$	$\cdots$	$\tilde{s}_{1n}$	$\sum\limits_{j=1}^{n} w_j \tilde{s}_{1j} = \tilde{s}_1$
2	$\tilde{s}_{21}$	$\tilde{s}_{22}$	$\cdots$	$\tilde{s}_{2n}$	$\sum\limits_{j=1}^{n} w_j \tilde{s}_{2j} = \tilde{s}_2$
$\vdots$	$\vdots$	$\vdots$	$\vdots$	$\vdots$	$\vdots$
m	$\tilde{s}_{m1}$	$\tilde{s}_{m2}$	$\cdots$	$\tilde{s}_{mn}$	$\sum\limits_{j=1}^{n} w_j \tilde{s}_{mj} = \tilde{s}_m$

3. 乘积评分法

将评分值连乘起来,按连乘值的大小评定优劣。

$$s_j = \prod_{j=1}^{n} s_{ij} \tag{5-5}$$

5.4 优 序 法

设有 R 个专家 $M_1, M_1, \cdots, M_R, H$ 个作为评价属性的目标 $f_1, f_2, \cdots, f_H, N$ 个作为评价对象的方案 $X_1, X_2, \cdots, X_N$,则优序法步骤如下。

(1) 每位专家针对某目标将方案两两相比,得方案评价矩阵$(H \times R)$个。设第 r 个专家 M_r 针对第 h 个目标,对方案 x_i 和 x_j 加以比较,比较后的值 $a_{ijh}^{(r)}$ 定义如下:

$$a_{ijh}^{(r)} = \begin{cases} 1, & \text{若 } f_h^r(x_i) \text{ 优于 } f_h^r(x_j); \\ 0.5, & \text{若 } f_h^r(x_i) \text{ 等于 } f_h^r(x_j); \\ 0, & \begin{cases} \text{若 } f_h^r(x_i) \text{ 劣于 } f_h^r(x_j); \\ \text{若 } i = j。 \end{cases} \end{cases} \tag{5-6}$$

式中,$f_h^r(x_i)$ 表示第 r 个专家对第 x_i 方案在第 h 个目标的评价值。

(2) 针对某一目标计算方案的优序数,表 5-4 为第 h 目标下的方案评价矩阵表。方案的优序数即按行相加,计算式为

$$\bar{a}_{ih}^{(r)} = \sum_{j=1}^{N} a_{ijh}^{(r)} \tag{5-7}$$

式中,$\bar{a}_{ih}^{(r)}$ 表示第 r 个专家认为的 x_i 方案在第 h 个目标中的优序数。

表 5-4 第 h 目标下的方案评价矩阵表

f_h	x_1	x_2	$\cdots$	x_N	$\bar{a}_{ih}^{(r)}$
x_1	$a_{11h}^{(r)}$	$a_{12h}^{(r)}$	$\cdots$	$a_{1Nh}^{(r)}$	$\bar{a}_{1h}^{(r)}$
x_2	$a_{21h}^{(r)}$	$a_{22h}^{(r)}$	$\cdots$	$a_{2Nh}^{(r)}$	$\bar{a}_{2h}^{(r)}$
$\vdots$	$\vdots$	$\vdots$	$\vdots$	$\vdots$	$\vdots$
x_N	$a_{N1h}^{(r)}$	$a_{N2h}^{(r)}$	$\cdots$	$a_{NNh}^{(r)}$	$\bar{a}_{Nh}^{(r)}$

对各个目标计算方案的优序数，则可得到诸目标下的各方案优序评价矩阵。

（3）计算各个方案在诸目标中的优序数，得优序数评价矩阵表，见表 5-5。优序数也是按行相加。计算式为

$$k_i(r) = \sum_{h=1}^{N} a_{ih}^{(r)} \qquad (5-8)$$

表 5-5　各方案在诸目标中的优序评价矩阵表

x ＼ f	f_1	f_2	$\cdots$	f_H	$k_i^{(r)}$
x_1	$\overline{a}_{11}^{(r)}$	$\overline{a}_{12}^{(r)}$	$\cdots$	$\overline{a}_{1H}^{(r)}$	$k_1^{(r)}$
x_2	$\overline{a}_{21}^{(r)}$	$\overline{a}_{22}^{(r)}$	$\cdots$	$\overline{a}_{2H}^{(r)}$	$k_2^{(r)}$
$\vdots$	$\vdots$	$\vdots$	$\vdots$	$\vdots$	$\vdots$
x_N	$\overline{a}_{N1}^{(r)}$	$\overline{a}_{N2}^{(r)}$	$\cdots$	$\overline{a}_{NH}^{(r)}$	$k_N^{(r)}$

（4）计算各方案的总优序数。结果见表 5-6。总优序数计算公式为

$$k_j = \sum_{r=1}^{R} k_i^{(r)} \qquad (5-9)$$

表 5-6　总优序数评价矩阵表

x ＼ M	M_1	M_2	$\cdots$	M_R	k_i
x_1	$k_1^{(1)}$	$k_1^{(2)}$	$\cdots$	$k_1^{(R)}$	k_1
x_2	$k_1^{(1)}$	$k_2^{(2)}$	$\cdots$	$k_2^{(R)}$	k_2
$\vdots$	$\vdots$	$\vdots$	$\vdots$	$\vdots$	$\vdots$
x_N	$k_N^{(1)}$	$k_N^{(2)}$	$\cdots$	$k_N^{(R)}$	k_N

若认为不同目标 f_l 有不同的重要性，采用权系数 w_l，则各个方案在诸目标中的优序数为

$$k_i^{(r)} = \sum_{l=1}^{H} w_l^{(r)} a_{il}^{(r)} \qquad (5-10)$$

式中，$\sum_{l=1}^{H} w_l^{(r)} = 1, w_l^{(r)} \geqslant 0$。

若认为不同专家 M_r 可以有不同权系数，则总优序数为

$$k_i = \sum_{r=1}^{R} w^{(r)} k_i^{(r)} \qquad (5-11)$$

式中，$w^{(r)} \geqslant 0, \sum_{r=1}^{R} w^{(r)} = 1$。

5.5　层次分析法

层次分析法（the analytic hierarchy process，AHP）把复杂问题分解为若干有序层次，然后根据对客观现实的判断，就每一层次的相对重要性给出定量表示，即所谓的构造比较

判断矩阵。AHP 的关键在于利用判断矩阵,通过求最大特征根及其特征向量来确定出表达每一层次元素相对重要性次序的权重值。通过对各层次分析进而导出对整个问题的分析,即总排序的权重值。

1. AHP 步骤

(1) 明确问题,建立层次结构模型。层次结构模型中最高层是目标层。这一层是系统所要达到的总目标,一般情况是只有一个目标,如有多个分目标时,可以在此目标层下面再建立一个分目标层。

在图 5-4 中,最上层为决策目标。中间层是准则层。列出实现总目标所要采取的各项准则,如有 n 个准则时,则为 $B_1,B_2,\cdots,B_n$。接下来一层是指标层,列出衡量各准则所需要的指标,如有 m 个指标时,则为 $C_1,C_2,\cdots,C_m$。最低层是方案层。列出可供选择的各种可替代反方案。如有 k 个方案时,则为 $P_1,P_2,\cdots,P_k$。

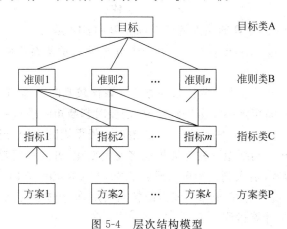

图 5-4　层次结构模型

(2) 构造判断矩阵。判断矩阵为

A_i	B_1	B_2	$\cdots$	B_k
B_1	b_{11}	b_{12}	$\cdots$	b_{1k}
B_2	b_{21}	b_{22}	$\cdots$	b_{2k}
$\vdots$	$\vdots$	$\vdots$	$\vdots$	$\vdots$
B_k	b_{k1}	b_{k2}	$\cdots$	b_{kk}

在判断矩阵中 A_i 为上一层次元素;B_i 为本层次元素。b_{ij} 表示相对于上一层次元素 A_i,B_i 因素比 B_j 因素的重要性程度。

根据对人的心理特征和思维规律的研究,层次分析法用 9 种标度来表示这种判断的方法,对不同情况的比较给出数量标度,如表 5-7 所示。

注:①判断矩阵的个数就是上一层元素的个数;②判断矩阵中的元素 b_{ij} 取值为表 5-7 中的值或其倒数;③判断矩阵中对角线元素 $b_{ii}=1$,其他元素有 $b_{ij}=1/b_{ji}$。

表 5-7　不同情况的数量标度

标度	定　义	说　　明
1	同样重要	两个元素对某一属性具有同样重要性
3	稍微重要	两个元素相比较,一个元素比另一个元素稍微重要
5	明显重要	两个元素相比较,一个元素比另一个元素明显重要
7	重要得多	两个元素相比较,一个元素的主导地位在实践中已经显示出来
9	极端重要	两个元素相比较,一个元素的主导地位占绝对重要地位
2,4,6,8	两相邻判断的折中	表示需要在上述两个标准之间折中时的定量标度

（3）层次单排序及其一致性检验。

① 层次单排序。层次单排序是根据判断矩阵计算,对于上一层次某元素而言,本层次与之有联系的元素重要性次序的权值。单层权值即解方程

$$BW = \lambda_{\max}W \tag{5-12}$$

式中,B 为判断矩阵;$\lambda_{\max}$ 为 B 的最大特征根($\lambda_{\max} \geqslant n$);$W$ 是与 $\lambda_{\max}$ 对应的特征向量。求出 W 各分量,即 $W = (w_1, w_2, \cdots, w_n)^T$。每一个分量就表示所对应的因素的相对重要性权重值。

② 一致性检验。由于采用两两比较的方法获取比较判断矩阵,有时会出现自相矛盾的结果,不可能做到判断矩阵的完全一致性,故需要对判断矩阵进行一致性检验。一致性检验就是要满足随机一致性比率小于 0.10 的条件。根据矩阵理论,当判断矩阵不能保证具有完全一致性时,相应判断矩阵的特征根也将发生变化,可以利用判断矩阵特征根变化来检查判断一致性程度,引入判断矩阵一致性指标,当 CR<0.10 时,便认为判断矩阵具有可接受的一致性。当 CR≥0.10 时,就需调整判断矩阵,使其满足 CR<0.10,从而具有可接受的一致性。CR 计算过程如下。

a. 若 $\lambda_{\max} \geqslant n$,则应满足一致性条件

$$CI = \frac{\lambda_{\max} - n}{n - 1} \tag{5-13}$$

式中,CI 表示一致性指标,n 为判断矩阵阶数。

b. 随机一致性条件 RI(考察判断矩阵阶数)。

若随机一致性比率 $CR = \dfrac{CI}{RI} < 0.10$,则判断矩阵有满意的一致性,否则修改判断矩阵。随机一致性条件 RI 是在判断矩阵中随机输入 1~9 及其倒数时计算得到的一致性指标 CI 的平均值,对 1~9 阶矩阵其 RI 值见表 5-8。

表 5-8　与 1~9 阶矩阵对应的 RI 值

n	1	2	3	4	5	6	7	8	9
RI	0.00	0.00	0.58	0.90	1.12	1.24	1.32	1.41	1.45

（4）层次总排序。利用同一层次中的有层次单排序的结果,计算针对上一层次而言,本层次所有元素重要性的权值。假定上一层次所有元素 $A_1, A_2, \cdots, A_m$ 的层次总排序已完成,得到的权值为 $a_1, a_2, \cdots, a_m$,与 A_j 对应的本层次元素 $B_1, B_2, \cdots, B_n$ 单排序结果为

$b_{1j}, b_{2j}, \cdots, b_{nj}$（就是前面求出的特征向量 $\boldsymbol{W}$），则有层次总排序表 5-9。

表 5-9　层次总排序表

层次 A　权值　层次 B	A_1　a_1	A_2　a_2	$\cdots$	A_m　a_m	B 层次总排序
B_1	b_{11}	b_{12}	$\cdots$	b_{1m}	$\sum\limits_{j=1}^{m} a_j b_{1j} \in (0,1)$
B_2	b_{21}	b_{22}	$\cdots$	b_{2m}	$\sum\limits_{j=1}^{m} a_j b_{2j} \in (0,1)$
$\vdots$	$\vdots$	$\vdots$	$\vdots$	$\vdots$	$\vdots$
B_n	b_{n1}	b_{n2}	$\cdots$	b_{nm}	$\sum\limits_{j=1}^{m} a_j b_{nj} \in (0,1)$

在表 5-9 中，有

$$\sum_{i=1}^{n} \sum_{j=1}^{m} a_j b_{ij} = 1 \tag{5-14}$$

（5）层次总排序的一致性检验。若 B 层次某些因素对于 A_j 单排序的一致性指标为 CI_j，相应的随机一致性指标为 CR_j。则 B 层次总排序一致性比率为

$$CR = \frac{\sum\limits_{j=1}^{m} a_j CI_j}{\sum\limits_{j=1}^{m} a_j RI_j} \tag{5-15}$$

2. 计算方法

构造好判断矩阵后，AHP 方法的定量计算一般分为三步：计算特征向量、计算最大特征根、一致性检验。对于复杂问题，判断矩阵的最大特征根及对应的特征向量求法很复杂，下面简介方根法和求和法（近似解）。

1）方根法

方根法的计算步骤如下。

（1）计算判断矩阵每一行元素的乘积。

$$M_i = \prod_{j=1}^{n} b_{ij} \quad (i = 1, 2, \cdots, n) \tag{5-16}$$

（2）计算 M_i 的 n 次方根。

$$\overline{W}_i = \sqrt[n]{M_i} \quad (i = 1, 2, \cdots, n) \tag{5-17}$$

（3）对向量 $\overline{W}$ 规范化。

$$W_i = \frac{\overline{W}_i}{\sum\limits_{j=1}^{n} \overline{W}_j} \tag{5-18}$$

得到特征向量 $\boldsymbol{W} = (W_1, \cdots, W_n)^{\mathrm{T}}$。

（4）求最大特征根

$$\lambda_{\max} = \sum_{i=1}^{n} \frac{(BW)_i}{nW_i} \qquad (5\text{-}19)$$

式中，$BW = \begin{bmatrix} b_{11} & b_{12} & \cdots & b_{1n} \\ b_{21} & b_{22} & \cdots & b_{2n} \\ \vdots & \vdots & \vdots & \vdots \\ b_{n1} & b_{n2} & \cdots & b_{m} \end{bmatrix} \begin{bmatrix} W_1 \\ W_2 \\ \vdots \\ W_n \end{bmatrix} = \begin{bmatrix} (BW)_1 \\ (BW)_2 \\ \vdots \\ (BW)_n \end{bmatrix}$。

2）求和法

求和法的计算步骤如下。

（1）将判断矩阵 $B = [b_{ij}]_{n \times n}$ 的每一列元素作归一化处理，其元素的一般项为

$$\bar{b}_{ij} = b_{ij} / \sum_{i=1}^{n} b_{ij} \quad (i, j = 1, 2, \cdots, n) \qquad (5\text{-}20)$$

（2）将每一列经归一化后的判断矩阵按行相加为

$$\bar{W}_i = \sum_{j=1}^{n} \bar{b}_{ij} \quad (i = 1, 2, \cdots, n) \qquad (5\text{-}21)$$

（3）对向量 $\bar{W}_i = (\bar{W}_1, \bar{W}_2, \cdots, \bar{W}_n)^{\mathrm{T}}$ 归一化

$$W_i = \bar{W}_i / \sum_{i=1}^{n} \bar{W}_i \quad (i = 1, 2, \cdots, n) \qquad (5\text{-}22)$$

得到特征向量 $W = (W_1, \cdots, W_n)^{\mathrm{T}}$。

（4）最大特征根

$$\lambda_{\max} = \sum_{i=1}^{n} \frac{(BW)_i}{nW_i} \qquad (5\text{-}23)$$

式中，$BW = \begin{bmatrix} b_{11} & b_{12} & \cdots & b_{1n} \\ b_{21} & b_{22} & \cdots & b_{2n} \\ \vdots & \vdots & \vdots & \vdots \\ b_{n1} & b_{n2} & \cdots & b_{m} \end{bmatrix} \begin{bmatrix} W_1 \\ W_2 \\ \vdots \\ W_n \end{bmatrix} = \begin{bmatrix} (BW)_1 \\ (BW)_2 \\ \vdots \\ (BW)_n \end{bmatrix}$。

现以一例说明层次分析法如何运用于系统评价。

【例 5.1】 某厂拟生产一种设备，经调查用户了解到，希望设备功能强，价格低，维修容易。有三种型号设备可供选择，通过分析建立层次结构模型如图 5-5 所示。

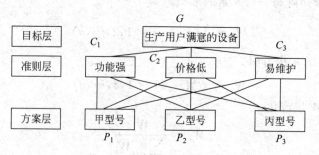

图 5-5 设备生产层次结构模型

如果在三种备选的型号中,甲型号的性能好,价格一般,维护需要一般技术水平;乙型号的性能最好,价格较贵,维护需要一般技术水平;丙型号的性能差,但价格低,容易维护,根据 $1\sim9$ 标度法,确定判断矩阵如下。

对准则 C_1(功能强)来说,判断矩阵为

C_1	P_1	P_2	P_3
P_1	1	1/4	2
P_2	4	1	8
P_3	1/2	1/8	1

对准则 C_2(价格低)来说,判断矩阵为

C_2	P_1	P_2	P_3
P_1	1	4	1/3
P_2	1/4	1	1/8
P_3	3	8	1

对准则 C_3(易维护)来说,判断矩阵为

C_3	P_1	P_2	P_3
P_1	1	1	1/3
P_2	1	1	1/5
P_3	3	5	1

三个准则对目标层的总目标来说的评定顺序,要根据用户购买设备的具体要求而定。假定用户在设备的选择上首先要求功能强,其次易维护,再次是价格低,判断矩阵为

C_1	C_1	C_2	C_3
C_1	1	5	3
C_2	1/5	1	1/3
C_3	1/3	3	1

以例 5.1 中 C_1-P 判断矩阵为例,求和法近似计算层次单排序步骤如下。

C_1	P_1	P_2	P_3
P_1	1	1/4	2
P_2	4	1	8
P_3	1/2	1/8	1
各列之和	5.5	1.375	11

(1) 各列归一化得：

第一列　　$b_{11}=1/5.5=0.181\,8$

　　　　　$b_{21}=4/5.5=0.727\,2$

　　　　　$b_{31}=0.5/5.5=0.091\,0$

第二列　　$b_{12}=0.25/1.375=0.181\,8$

　　　　　$b_{22}=1/1.375=0.727\,2$

　　　　　$b_{32}=0.125/1.375=0.091\,0$

第三列　　$b_{13}=2/11=0.181\,8$

　　　　　$b_{23}=8/11=0.727\,2$

　　　　　$b_{33}=1/11=0.091\,0$

(2) 按行相加，归一化判断矩阵为

$$\begin{bmatrix} 0.181\,8 & 0.181\,8 & 0.181\,8 \\ 0.727\,2 & 0.727\,2 & 0.727\,2 \\ 0.091\,0 & 0.091\,0 & 0.091\,0 \end{bmatrix}$$

$$\overline{W}_1=\sum_{j=1}^{3}\overline{b}_{1j}=0.181\,8+0.181\,8+0.181\,8=0.545\,4$$

$$\overline{W}_2=\sum_{j=1}^{3}\overline{b}_{2j}=0.727\,2+0.727\,2+0.727\,2=2.181\,6$$

$$\overline{W}_3=\sum_{j=1}^{3}\overline{b}_{3j}=0.091\,0+0.091\,0+0.091\,0=0.273\,0$$

(3) 将向量 $\overline{W}=(0.545\,4 \quad 2.181\,6 \quad 0.273\,0)^{\mathrm{T}}$ 归一化。

$$\sum_{i=1}^{3}\overline{W}_i=0.545\,4+2.181\,6+0.273=3$$

$W_1=0.545\,4/3=0.181\,8$；　$W_2=2.181\,6/3=0.727\,2$；　$W_3=0.273\,0/3=0.091\,0$

则所求特征向量：$W=(0.181\,8 \quad 0.727\,2 \quad 0.081)^{\mathrm{T}}$，即 $C_1\text{-}P$ 判断矩阵的各项数值为

$$W=\begin{bmatrix} 0.181\,8 \\ 0.727\,2 \\ 0.091\,0 \end{bmatrix}$$

$$\lambda_{\max}=3;\quad \mathrm{CI}=\frac{\lambda_{\max}-n}{n-1}=0;\quad \mathrm{CR}=\frac{\mathrm{CI}}{\mathrm{RI}}=0<0.1$$

用同样的算法可求出 $C_2\text{-}P$，$C_3\text{-}P$，$G\text{-}C$ 各判断矩阵的各项数值。

$C_2\text{-}P$ 矩阵

$$W=\begin{bmatrix} 0.257\,2 \\ 0.073\,8 \\ 0.669\,0 \end{bmatrix}$$

$$\lambda_{\max}=3.018,\quad \mathrm{CI}=0.009,\quad \mathrm{CR}=0.015<0.1$$

$C_3\text{-}P$ 矩阵

$$W = \begin{bmatrix} 0.186\ 7 \\ 0.157\ 7 \\ 0.655\ 5 \end{bmatrix}$$

$$\lambda_{max} = 3.029, \quad CI = 0.014, \quad CR = 0.02 < 0.1$$

G-C 矩阵

$$W = \begin{bmatrix} 0.633\ 3 \\ 0.106\ 1 \\ 0.260\ 4 \end{bmatrix}$$

$$\lambda_{max} = 3.038, \quad CI = 0.019, \quad CR = 0.03 < 0.1$$

利用层次单排序的结果,进一步综合出对更上一层次的优劣顺序,这就是层次总排序的任务。现对本例进行层次总排序,已经分别得出 P_1, P_2, P_3 对 C_1, C_2, C_3 的顺序以及 C_1, C_2, C_3 对 G 的顺序,则可进一步确定 P_1, P_2, P_3 对 G 的顺序。

总排序的计算过程是:

$$W_1 = 0.633\ 3 \times 0.181\ 8 + 0.106\ 1 \times 0.257\ 2 + 0.260\ 4 \times 0.186\ 7 = 0.191\ 0$$

$$W_2 = 0.633\ 3 \times 0.727\ 2 + 0.106\ 1 \times 0.073\ 8 + 0.260\ 4 \times 0.157\ 7 = 0.509\ 4$$

$$W_3 = 0.633\ 3 \times 0.091\ 0 + 0.106\ 1 \times 0.699\ 0 + 0.260\ 4 \times 0.655\ 5 = 0.299\ 3$$

从计算结果看,乙型设备在综合分析评比中占有一定优势,应予优先考虑,计算结果见表 5-10。

表 5-10 乙型设备计算结果

c a P	c_1	c_2	c_3	总排序结果
	0.633 3	0.106 1	0.260 4	
P_1	0.181 8	0.257 2	0.186 7	0.191 0
P_2	0.727 2	0.073 8	0.157 7	0.509 4
P_3	0.091 0	0.669 0	0.655 5	0.299 3

5.6 模糊综合评价

1. 模糊数学基本知识

1) 特征函数

一个元素 x 和一个集合 A 的关系 $x \in A$ 和 $x \notin A$,集合可通过特征函数来刻画,每个集合都有一个特征函数 $C_A(x)$,其定义如下:

$$C_A(x) = \begin{cases} 1, & x \in A \\ 0, & x \notin A \end{cases} \tag{5-24}$$

特征函数图如图 5-6 所示。

特征函数具有下列性质。

(1) $C_{\bar{A}}(x) = 1 - C_A(x)$ 式中 $C_{\bar{A}}(x)$ 是 A 的补集 $\bar{A}$ 的特

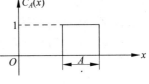

图 5-6 特征函数图

征函数。

(2) $C_{A \cup B}(x) = \max(C_A(x), C_B(x))$。

(3) $C_{A \cap B}(x) = \min(C_A(x), C_B(x))$;

(4) $C_A(x) \equiv 0$ 当且仅当 $A = \Phi$。

(5) $C_A(x) \equiv 1$ 当且仅当 $A = $ 论域 U。

(6) 若 $A \leqslant B$,则对 $\forall x \in U, C_A(x) \leqslant C_B(x)$ 反之亦真。

(7) $A = B$,则对 $\forall x \in U, C_A(x) = C_B(x)$ 反之亦真。

2) 隶属函数

隶属函数是指满足下列条件的函数。

$$0 \leqslant \mu(x) \leqslant 1$$

$$\text{或} \quad \mu(x) \in [0,1]$$

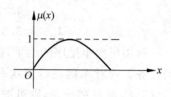

隶属函数图见图 5-7。

图 5-7　隶属函数图

3) 模糊集合的定义与表示法

其定义为:设给定论域 U,$U[0,1]$ 闭区间的任一映射 μ_A

$$\mu_A: U \to [0,1]$$

$$u \to \mu_A(x)$$

都确定 U 的一个模糊集合 $\underset{\sim}{A}$,μ_A 叫作 $\underset{\sim}{A}$ 的隶属函数。$\mu_A(x)$ 叫作 μ 对 $\underset{\sim}{A}$ 的隶属度。

【例 5.2】　某小组五名同学 x_1, x_2, x_3, x_4, x_5。设论域

$$U = \{x_1, x_2, x_3, x_4, x_5\}$$

分别给每个同学的性格稳重度打分(百分制):

x_1 85 分,即 $\mu_A(x_1) = 0.85$;

x_2 75 分,即 $\mu_A(x_2) = 0.75$;

x_3 98 分,即 $\mu_A(x_3) = 0.98$;

x_4 30 分,即 $\mu_A(x_4) = 0.30$;

x_5 60 分,即 $\mu_A(x_5) = 0.60$。

用向量表示模糊集合 $\underset{\sim}{A}$

$$\underset{\sim}{A} = (0.85, 0.75, 0.98, 0.30, 0.60)$$

$$= 0.85/x_1 + 0.75/x_2 + 0.98/x_3 + 0.30/x_4 + 0.60/x_5$$

4) 模糊集合的运算

模糊集合的运算就是逐点对隶属度作相应的运算。

(1) 若 $\underset{\sim}{A} = \Phi \Leftrightarrow$ 对 $\forall x \in U, \mu_A(x) = 0$。

(2) 若 $\underset{\sim}{A} = \underset{\sim}{B} \Leftrightarrow$ 对 $\forall x \in U, \mu_A(x) = \mu_B(x)$。

(3) $\overline{\underset{\sim}{A}} \Leftrightarrow$ 对 $\forall x \in U, \mu_{\overline{A}}(x) = 1 - \mu_A(x)$。

(4) 若 $\underset{\sim}{A} \subseteq \underset{\sim}{B} \Leftrightarrow$ 对 $\forall x \in U, \mu_A(x) \leqslant \mu_B(x)$。

(5) 若 $\underset{\sim}{C} = \underset{\sim}{A} \cup \underset{\sim}{B} \Leftrightarrow$ 对 $\forall x \in U$

$$\mu_C(x) = \max(\mu_A(x), \mu_B(x))$$

$$= \mu_A(x) \vee \mu_B(x)$$

(6) 若 $\underset{\sim}{D} = \underset{\sim}{A} \cap \underset{\sim}{B} \Leftrightarrow$ 对 $\forall x \in U$

$$\mu_D(x) = \min(\mu_A(x), \mu_B(x))$$
$$= \mu_A(x) \wedge \mu_B(x)$$

【例 5.3】 设 $U = \{x_1, x_2, x_3, x_4, x_5\}$，$\underset{\sim}{A} = \{0.5, 0.3, 0.4, 0.2, 0\}$，$\underset{\sim}{B} = \{0.2, 0, 0, 0.6, 1\}$，求补集 $\overline{\underset{\sim}{A}}, \overline{\underset{\sim}{B}}$，并集 $\underset{\sim}{A} \cup \underset{\sim}{B}$ 和交集 $\underset{\sim}{A} \cap \underset{\sim}{B}$。

解：根据运算规则，有补集 $\overline{\underset{\sim}{A}} = \{0.5, 0.7, 0.6, 0.8, 1\}$，$\overline{\underset{\sim}{B}} = \{0.8, 1, 1, 0.4, 0\}$

$$\text{并集 } \underset{\sim}{A} \cup \underset{\sim}{B} = \{0.5, 0.3, 0.4, 0.6, 1\}$$
$$\text{交集 } \underset{\sim}{A} \cap \underset{\sim}{B} = \{0.2, 0, 0, 0.2, 0\}$$

5) 模糊矩阵

【例 5.4】 设有一组同学为 X，$X = \{$张三，李四，王五$\}$，选修课程 Y，$Y = \{$英语，法语，德语，日语$\}$，期末考试结束后设他们的成绩如表 5-11 所示。

表 5-11　学生的考试成绩

姓名	语种	成绩
张三	英	86
张三	法	84
李四	德	96
王五	日	66
王五	英	78

其成绩除以 100，折合成隶属度，则可以认为他们的结业成绩构成 $X \times Y$ 上的一个模糊关系 $\widetilde{R}$。

	英	法	德	日
张三	0.86	0.84	0	0
王五	0	0	0.96	0
李四	0.76	0	0	0.66

把模糊关系写成矩阵形式即得

$$\widetilde{R} = \begin{bmatrix} 0.86 & 0.84 & 0 & 0 \\ 0 & 0 & 0.96 & 0 \\ 0.76 & 0 & 0 & 0.66 \end{bmatrix}$$

这个矩阵称为"模糊矩阵"，其中的元素必取 $[0, 1]$ 之间的值。

【例 5.5】 考虑两人对策中石头、剪刀、布的游戏。设局中人甲、乙具有相同的策略集 x 和 y。$x = y = \{$石头，剪刀，布$\}$。

根据对策规则列表，见表 5-12。

如果"甲胜"记作"1"，"平局"记作"0.5"，"甲负"

表 5-12　对策结果

R		Y（乙）		
		石头	剪刀	布
X（甲）	石头	平	甲胜	甲负
	剪刀	甲负	平	甲胜
	布	甲胜	甲负	平

记作"0",则得关系矩阵

$$R = \begin{bmatrix} 0.5 & 1 & 0 \\ 0 & 0.5 & 1 \\ 1 & 0 & 0.5 \end{bmatrix}$$

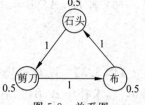

图 5-8　关系图

关系图见图 5-8。因为 $x=y$，故只画 x 中的元素。

　　6) 模糊变换

　　在模糊情形中，设给定一个模糊模型 $R=(r_{ij})_{m \times n}$，$0 \leqslant r_{ij} \leqslant 1$，和一个模糊向量 $x=(x_1,x_2,\cdots,x_m)$，$0 \leqslant x_i \leqslant 1(i=1,2,\cdots,m)$。

　　如果把线性变换 $Y=AX$ 中的乘法换为"$\wedge$"，加法换为"$\vee$"，并把 X 写在 R 之前，即

$$Y = X \circ R$$

所得结果 Y 实际上是模糊向量 X 和模糊关系矩阵 R 的合成，这个合成法则为

$$y_{ij} = \bigvee_{k=1}^{n} (x_{ik} \wedge r_{kj}) \quad i=1,2,\cdots,m; \ j=1,2,\cdots,n$$

合成性质如下：

(1) $(P \circ Q) \circ R = P \circ (Q \circ R)$。

(2) $O \circ R = R \circ O = O$；

　　$I \circ R = R \circ I = R$。

式中，O 是零关系（O 所对应的矩阵元素全为 0）；I 是恒等关系（I 所对应的矩阵是单位矩阵）。

(3) $R^m \circ R^n = R^{m+n}$

式中，$R^m = \underbrace{R \circ R \circ \cdots \circ R}_{m\text{个}}$；$R^n = \underbrace{R \circ R \circ \cdots \circ R}_{n\text{个}}$。

2. 模糊综合评判问题（建立模糊模型）

　　设给定两个论域：$U=\{u_1,u_2,\cdots,u_n\}$，$V=\{v_1,v_2,\cdots,v_n\}$，其中 U 代表综合评判的因素组成的集合，V 代表评语组成的集合。则模糊变换

$$Y = X \circ R$$

式中，X 是 U 上的模糊集合；评判的结果 Y 是 V 上的模糊集合。

　　【例 5.6】　综合评判电视机，设论域 $U=\{$图像，声音，价格$\}$，评语的论域 $V=\{$很好，较好，可以，不好$\}$。设有一台选定的电视机，单就图像来说，请一些专门人员进行评判。有 50% 的人认为"很好"，有 40% 的人认为"较好"，有 10% 的人认为"可以"，没有人认为"不好"，则图像的评判结果为 (0.5,0.4,0.1,0)。

　　又假设就声音来说，对电视机的评价为

$$(0.4,0.3,0.2,0.1)$$

对价格而言，评价为

$$(0,0.1,0.3,0.6)$$

这就构成一个模糊矩阵

$$R = \begin{bmatrix} 0.5 & 0.4 & 0.1 & 0 \\ 0.4 & 0.3 & 0.2 & 0.1 \\ 0 & 0.1 & 0.3 & 0.6 \end{bmatrix}$$

设有一类顾客,买电视机时主要要求图像清楚,价格便宜,音质稍差不要紧,则可设
$$X = (0.5, 0.2, 0.3)$$
这就是此类顾客对电视机的三个因素的权数分配。由综合评判可知,这类顾客对电视机的评判结果为

$$Y = X \circ R$$
$$= (0.5, 0.2, 0.3) \circ \begin{bmatrix} 0.5 & 0.4 & 0.1 & 0 \\ 0.4 & 0.3 & 0.2 & 0.1 \\ 0 & 0.1 & 0.3 & 0.6 \end{bmatrix}$$
$$= (0.5, 0.4, 0.3, 0.3)$$

作归一化处理

$$\bar{Y} = \left(\frac{0.5}{1.5}, \frac{0.4}{1.5}, \frac{0.3}{1.5}, \frac{0.3}{1.5} \right) = (0.33, 0.27, 0.2, 0.2)$$

这就是这类顾客对电视机的评判结果,对此类电视机而言,把图像、声音和价格同时考虑时,仍是"很好"的比重最大。说明顾客喜欢这种电视机。

进行综合评判时,因素 $u_1, u_2, \cdots, u_n$ 选取要适当,参加评判的人数不能太少,且应有代表性和实践经验。

思考与练习题

1. 系统评价原则有哪些?各有什么特点?

2. 系统评价方法有哪些?各种方法适用于哪些情况?

3. 模糊综合评判法的特点是什么?

4. 利用方根法计算例 5.1 中的判断矩阵 C_2-P、C_3-P 和 G-C 的特征向量和最大特征根。

第6章 系统决策与对策方法

在系统工程的工作中，系统工程人员作为参谋、智囊，其工作的各个阶段都着重于"谋"，将各种行动方案及其后果信息提供给决策者，让他们根据系统工程报告中的内容进行思索、充实、调整、肯定、修正或摒弃原先的设想，采纳系统分析报告中的某些建议，作出判断。也就是说系统工程工作的目的就是为决策者提供"断"的科学方法和思路。本章将介绍一些系统决策与系统对策的方法。

6.1 决策模型与分类

决策，从字面上来讲，就是"作出决定"，不同的决定将带给你不同的结果。犹如人走到多岔路口，决定走哪条路一样，选择不同的路将使你走的路线长短、所用时间，甚至终点各不相同。当然这仅仅是对"决策"概念最狭义的理解。从广义上讲，系统决策是指人们为了达到某一目标，运用各种方法，在系统地分析主客观条件之后，从几种不同的可行方案中选取最优(满意)方案的一种分析过程。在系统决策定义中，强调了决策的目标性和选择性。

决策技术首先在 20 世纪 60 年代初用于石油和天然气等重要的工业部门的决策问题，随后被引入美国的火星无人探险和将核动力引入墨西哥国家动力系统的可行性研究等项目中。现在，决策被越来越广泛地应用于各个领域：在人们的日常生活中、在企业的生产经营活动中、在国家政府的政治生活中。决策的正确与否会给人们、企业或国家带来收益或损失。一个错误的决策可能造成企业或国家几万元甚至几十亿元的损失，甚至可能导致企业破产。在一切失误中，决策的失误是最大的失误。

6.1.1 决策模型

任何决策问题至少要包含如下要素。

(1) 决策者。决策者是进行决策的集体或个人，一般是指领导者或领导集体。

(2) 状态空间。状态空间指不以决策者的意志为转移的客观情况，是决策者不可控制的因素，但对决策结果有重大的影响。一般用 $d_j(j=1,2,\cdots,n)$ 表示某一状态，称为状态变量；所有可能的状态 d_j 的全体集合称为状态空间，记为 D。

(3) 决策空间。决策空间是由可供选择的方案、行动或策略组成，是决策者可以控制的因素。一般用 $s_i(i=1,2,\cdots,m)$ 表示某一决策，称为决策变量；所有的决策变量 s_i 的全体集合称为决策空间，记为 S。

(4) 决策函数。每一状态下所对应的每种决策将产生某种结果(受损或受益)，将这种结果表示为 S 和 D 的函数，记作 $C=f(S,D)$，称为决策函数。当 S 和 D 均为有限集

合,即

$$S = \{s_1, s_2, \cdots, s_m\} \quad D = \{d_1, d_2, \cdots, d_n\}$$

则对应的决策函数值 $f(s_i, d_j) = c_{ij}$ 构成的矩阵 $\boldsymbol{C} = (c_{ij})_{m \times n}$ 称为损益矩阵。

(5) 决策准则。决策准则常记为 $V, V = g(C)$，是决策者对决策进行最后的评价、比较和选择的标准。在决策时又分为单一准则和多准则。

综上所述，一个决策问题可以用如下表达式加以描述。

$$C = f(S, D) \quad V = g(C)$$

式中，S 是决策变量；D 是状态变量；C 是决策函数；V 是决策准则。

6.1.2　决策分类

决策的分类方法有多种，从不同的角度出发可将决策分为不同的种类。

(1) 按决策所处的环境分类。决策可分为确定型决策、风险型决策和不确定型决策三种。确定型决策是指决策环境是完全确定的，作出的选择的结果也是确定的。风险型决策是指决策的环境不是完全确定的，而其发生的概率是已知的。不确定型决策是指决策者对将发生结果的概率一无所知，只能凭决策者的主观倾向进行决策。愈是高层和愈关键的决策往往是不确定型决策，决策者要为此要付出许多。

(2) 按决策目标的个数分类。决策可分为单目标决策和多目标决策。单目标决策是指只有一个目标的决策。多目标决策是指两个以上目标的决策。对复杂系统，往往是多目标决策。

(3) 按性质的重要性分类。可将决策分为战略决策、策略决策和执行决策。战略决策是涉及某组织发展和生存的全局性、长远问题的决策，其所涉的因素众多，关系复杂。如企业的管理方针、长远发展规划的决策。策略决策是为完成战略决策所规定的目的而进行的局部性决策，它是为实现战略决策目标服务的决策，如产品规格的选择、工艺方案和设备的选择。执行决策是根据策略决策的要求对执行行为方案的选择，是有关日常业务和计划的决策，如生产的进度管理、库存管理。

(4) 按决策的结构分类。可以分为结构化决策、非结构化决策和半结构化决策。结构化决策是一种有章可循的决策，一般是可以重复的。这类决策一般都有明确的决策目标和决策准则，当这种决策问题出现时，可以通过一定的程序加以解决，而不必寻求新的解决程序。例如，企业日常的订货程序、材料出入库手续等。非结构化决策一般是无章可循，不经常出现的、复杂的、特殊的决策。这种决策往往是由于出现了新情况或对新问题所作的决策。当这种决策问题出现时，主要依靠决策者的经验、知识等进行决策。例如，由于市场变化，企业改造生产线的决策等。半结构化决策是在某些方面结构化而又不是完全结构化的决策。即对问题有所了解但不全面，有所分析但不确切，有所估计但不确定。

(5) 按决策的目标、变量和条件量化的程度分类。可以分为定性决策、定量决策和半定性半定量决策。定性决策是指难以用确切的数量方法来表达决策过程。定量决策则可以用较确切的数量方法来表达决策过程。如果一个决策既包含了定性的因素，又包含了定量的因素，这样的决策就是半定性半定量决策。

6.2　风险型决策

风险型决策,也称为统计型决策或随机型决策。在风险型决策中,决策者不能肯定将出现何种状态,但各种状态出现的可能性(概率)是可以事前估计或计算的。决策者根据各种状态出现的概率,按有关准则进行决策的方法称为风险决策。在风险型决策过程中常常采用损益矩阵来进行决策。常用的风险型决策方法有最大可能性准则、期望值准则、决策树法等。

6.2.1　最大可能性准则

根据概率论的知识可知,一个事件概率越大,它发生的可能性就越大。基于这种观点,选择一个概率最大的(也就是可能性最大)状态进行决策,其他状态可以不考虑。

【例 6.1】　某企业要投资一种新产品,需要对投资规模作决策。

设投资方案有三种,即决策空间有三个变量,$S=\{s_1,s_2,s_3\}$。s_1 为投资 300 万元,作大规模生产;s_2 为投资 200 万元,作中等规模生产;s_3 为投资 100 万元,作小批量生产。

未来的经济形势可能有三种情况,即状态空间有三个变量,$D=\{d_1,d_2,d_3\}$。d_1 为经济形势很好;d_2 为经济形势一般;d_3 为经济形势很差。

经估计,各个方案在三种可能经济形势下的年利润如表 6-1 所示。

表 6-1　各个方案的年利润　　　　　　　单位:万元

S　C　D	d_1	d_2	d_3
s_1	60	0	−40
s_2	30	10	10
s_3	10	0	−5

设例 6.1 中三种状态所出现的概率分别为 0.5、0.3、0.2,则 d_1: 经济形势好,这个状态出现的概率最大,根据最大可能性准则选择在状态 d_1 下进行决策。通过比较表 6-1 可以知道企业选择 s_1 方案获得的利润最大,所以选取决策 s_1(即投资 300 万元,作大规模生产)为最优决策。

这一准则只有在状态空间中某一种状态出现的概率比其他状态出现的概率大很多,而它们相应的损益值差别不很大时,决策效果才较好,否则,可能会引起严重错误。

6.2.2　期望值准则

根据决策目标不同,期望值准则又分为最大期望收益决策准则和最小机会损失决策准则。如果决策目标是收益最大,则采用最大期望收益决策准则;如果决策目标是使损失最小,则应采取最小机会损失决策准则。

所谓期望值准则是应用概率论中离散随机变量的数学期望,把每个决策方案的期望值求出来,加以比较,根据不同的决策目标选择决策方案。

期望值准则决策步骤:

(1) 计算各决策的损益期望。

$$E(s_i) = \sum_{j=1}^{n} p_j c_{ij} \quad (i = 1, 2, \cdots, m) \tag{6-1}$$

式中,p_j 是状态 d_j 出现的概率。

(2) 根据决策目标选取最优方案。

$$s^* = \max\{E(s_i)\} \quad \text{或} \quad s^* = \min\{E(s_i)\} \tag{6-2}$$

以例 6.1 的数据进行计算,见表 6-2。

表 6-2　各决策的损益期望值

S \ C \ D \ p	自然状态(经济形势)			$E(s_i)$
	d_1(好)	d_2(一般)	d_3(差)	
	$p(d_1)=0.5$	$p(d_2)=0.3$	$p(d_3)=0.2$	
s_1	60	0	-40	22
s_2	30	10	10	20
s_3	10	0	-5	4

通过比较可知 $E(s_1)=22$ 最大,所以采取决策方案 s_1,也就是作大规模生产,可能获得的效益最大。同理,如果决策目标是使损失最小,则应取期望值最小的决策方案。

期望值准则利用了统计规律,比凭直观感觉或主观想象进行决策要合理得多,是一种有效的决策准则,适用于一次决策多次重复进行生产的情况。

6.2.3　决策树法

期望值法是进行单项决策的一种方法,即整个决策过程只作一次决策就得到结果。但一般讲,管理活动是序贯决策,即整个决策过程由一系列决策组成。对于序贯决策,期望值准则就无能为力了。描述序贯决策的有力工具是决策树,决策树法是对决策局面的一种图解,可以使决策问题形象化。

决策树的基本结构如图 6-1 所示。

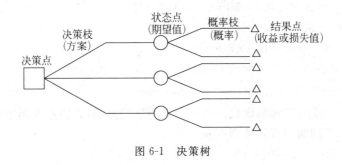

图 6-1　决策树

□为决策点,表明要对由它引出的方案进行分析和决策。由决策点引出的分枝称为方案分枝,方案分枝的数量与方案个数相同。

○为状态点,表明方案节点,其上方数字表示该方案的效益期望值。由状态点引出的分枝称为概率分枝。在每一分枝上注明自然状态及其出现的概率。概率分枝的数量与自然状态的数量相同。

△为结果点,表明不同的方案在相应的自然状态下所取得的收益或损失,其旁边标注上收益值或损失值。

决策树通常有多条树枝,根据问题的层次,画时由左至右,由粗而细构成一个树形图。

决策树法采用逆决策顺序方法求解,由右至左进行计算。首先根据最右面的收益(或损失)值和概率枝上的概率计算出各个决策方案的期望值,并标于状态点上。然后,比较各方案期望值的大小,根据决策目标选择期望值最大(或最小)的方案,舍弃其余方案。舍弃时,在对应决策枝上标以两平行的剪枝符号。最后决策点上方的数字就是最优方案的期望值。

【例 6.2】   某企业欲以新工艺代替旧工艺,取得新工艺的途径有两种:自行研究和购买专利。自行研究成功的概率是 0.6,购买专利谈判成功的概率是 0.8。采取新工艺后将考虑两种生产方案:一是产量不变,二是增加产量。如果研究或谈判失败,则仍采用旧工艺,保持原产量不变。据市场预测,未来产品涨价、价格不变和跌价的可能性分别为 0.4、0.5 和 0.1。各个决策方案在不同价格情况下的损益值如表 6-3 所示。

表 6-3   各个决策方案在不同价格情况下的损益值

项 目		涨价 0.4	价格不变 0.5	跌价 0.1
按原工艺生产		100	0	−100
购买专利成功(0.8)	产量不变	150	50	−200
	产量增加	250	50	−300
自行研究成功(0.6)	产量不变	200	0	−200
	产量增加	600	−250	−300

第一步:画出决策树,如图 6-2 所示。

第二步:计算各点的损益期望值。

点 4:$0.1×(−100)+0.5×0+0.4×100=30$

点 8:$0.1×(−200)+0.5×50+0.4×150=65$

点 9:$0.1×(−300)+0.5×50+0.4×250=95$

点 10:$0.1×(−200)+0.5×0+0.4×200=60$

点 11:$0.1×(−300)+0.5×(−250)+0.4×600=85$

点 7:$0.1×(−100)+0.5×0+0.4×100=30$

在决策点 5,因为 95>65,因此应划掉产量不变的方案,并将点 9 期望值转移到点 5。同理,把点 11 的期望值转移到点 6。

点 2:$0.2×30+0.8×95=82$

点 3:$0.6×85+0.4×30=63$

第三步：确定方案。点 2 与点 3 比较，点 2 的期望值大，合理的决策应该是购买专利。

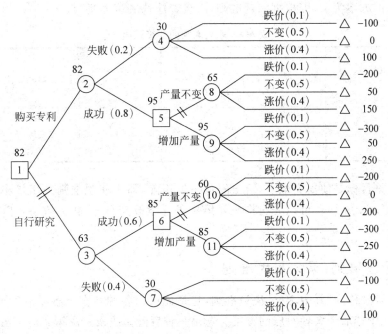

图 6-2　例 6.2 决策树

6.3　完全不确定型决策

决策者能够判定可能出现的状态，但不能判定各状态出现的可能性（即概率）的大小，在这种情况下所进行的决策就称为不确定型决策。对于不确定型决策问题，根据问题的特点和决策者自己的主观愿望偏好，可以采用不同的决策准则。下面分别加以介绍各决策准则。

6.3.1　悲观准则（最大最小决策准则）

悲观准则又称为"坏中求好"准则，它是先选出各种状态下各个方案的最小收益值，然后再从中选出最大者对应的方案。这是一种保守型的决策，决策者信心不足，不愿冒风险，对未来形势比较悲观，适用于经济实力比较脆弱的决策者。其数学表示为

$$s^* = \max_{s_i}\{\min_{d_j} c_{ij}\} \qquad (6\text{-}3)$$

具体作法如下。

（1）在收益矩阵中，确定每个决策方案 s_i 在各个状态下 d_j 可能得到的最小收益值 c_i，即各行中的最小元素为

$$c_i = \min\{c_{i1}, c_{i2}, \cdots, c_{in}\} \quad (i = 1, 2, \cdots, m)$$

（2）求各最小收益值的最大值 s^*，则对应的方案 s_i 即为应选决策方案。

$$s^* = \max\{c_1, c_2, \cdots, c_m\}$$

如例 6.1，从每一行中找出最小值置于表的最右列（见表 6-4），再从该列中找出最大值。它对应的方案为 s_2，即根据悲观准则，决策者应选决策方案 s_2。

表 6-4　悲观准则的决策过程

S \ C \ D	d_1	d_2	d_3	min	
s_1	60	0	−40	−40	
s_2	30	10	10	10	←max
s_3	10	0	−5	−5	

如果决策目标是使损失最小，给出的是损失矩阵，那么悲观准则采用最小最大准则，即 $s^* = \min\limits_{s_i}\{\max\limits_{d_j} c_{ij}\}$，也可以先将损失矩阵中各元素改变符号，化为收益矩阵，再采用最大最小准则。

6.3.2　乐观准则（最大最大准则）

乐观准则又称为"好中求好"决策准则，它是先选出各种状态下各个方案的最大收益值，然后再从中选取最大者对应的方案。这是一种冒险型决策。决策者对自己很有信心，敢于承担风险，比较适用于经济实力强大的决策者，其数学表示为

$$s^* = \max\limits_{s_i}\{\max\limits_{d_j} c_{ij}\} \tag{6-4}$$

具体作法如下。

（1）在收益矩阵中，确定每个决策方案 s_i 在各个状态下 d_j 可能得到的最大收益值 c_i，即各行中的最大元素为

$$c_i = \max\{c_{i1}, c_{i2}, \cdots, c_{in}\} \quad (i = 1, 2, \cdots, m)$$

（2）求各最大收益值的最大值 s^*，则对应的方案 s_i 即为应选决策方案。

$$s^* = \max\{c_1, c_2, \cdots, c_m\}$$

如例 6.1，从每一行中找出最大值置于表的最右列（见表 6-5），再从该列中找出最大值。它对应的方案为 s_1，即根据乐观准则决策者应选决策方案 s_1。

表 6-5　乐观准则的决策过程

s \ c \ d	d_1	d_2	d_3	max	
s_1	60	0	−40	60	←max
s_2	30	10	10	30	
s_3	10	0	−5	10	

如果决策目标是使损失最小，给出的是损失矩阵，那么乐观准则采用最小最小准则，即 $s^* = \min\limits_{s_i}\{\min\limits_{d_j} c_{ij}\}$，也可以先将损失矩阵中各元素改变符号，化为收益矩阵，再采用最

大最大准则。

6.3.3 等概率准则（Laplace 准则）

等概率准则是 19 世纪由数学家 Laplace 提出的。当决策者面对某一状态空间时，在不能确切地知道某种状态出现的概率时，他没有理由认为某一状态比另一状态有更大的可能性出现，只能认为各状态出现的概率是相等的，即每一状态出现的概率为 1/状态数。决策者首先计算各决策方案的收益（损失）期望值，然后在所有这些期望值中选择最大者（最小者），以它对应的策略为决策方案。其数学表示为

$$s^* = \max_{s_i}\left\{\frac{1}{n}\cdot\sum_{j=1}^{n}c_{ij}\right\} \quad 或 \quad s^* = \min_{s_i}\left\{\frac{1}{n}\cdot\sum_{j=1}^{n}c_{ij}\right\} \quad (i=1,2,\cdots,m) \quad (6\text{-}5)$$

具体作法如下。

（1）在收益（损失）矩阵中，计算各决策方案收益（损失）期望值。

$$E(s_i) = \frac{1}{n}\sum_{j=1}^{n}c_{ij} \quad (i=1,2,\cdots,m)$$

（2）求最大收益期望值 s^*（或最小损失期望值），则方案对应的方案 s_i 即为应选的决策方案。

$$s^* = \max\{E(s_i)\} \quad 或 \quad s^* = \min\{E(s_i)\}$$

如例 6.1，三种状态出现的概率均为 1/3，计算各决策方案的利润期望值。

$$E(s_1) = \frac{1}{3}\times(60+0-40) = 6.67$$

$$E(s_2) = \frac{1}{3}\times(30+10+10) = 16.7$$

$$E(s_3) = \frac{1}{3}\times(10+0-5) = 1.67$$

根据等概率准则，从各期望值中找出最大者：$\mathrm{Max}(6.67,16.7,1.67)=16.7$，所以，决策者应选决策方案 S_2，决策过程如表 6-6 所示。

表 6-6 等概率准则的决策过程

S \ C \ D	d_1	d_2	d_3	$E(s_i)$	
s_1	60	0	-40	6.67	
s_2	30	10	10	16.7	←max
s_3	10	0	-5	1.67	

6.3.4 折中准则

折中准则又称为乐观系数法。当决策者对客观情况的估计既不那么乐观，也不那么悲观，则可以从中平衡一下，作某种折中。认为未来可能发生的状态只有两种，即最理想状态和最不理想状态。根据经验和判断确定一个乐观系数 $\alpha(0\leqslant\alpha\leqslant1)$，以 α 和 $(1-\alpha)$ 分

别作为最大收益值(最理想状态)和最小收益值(最不理想状态)的权数,计算各方案的期望收益值,并以期望收益值最大的方案作为所要选择的方案。当 $\alpha=1$ 时,该准则等价于乐观准则;当 $\alpha=0$ 时,该准则等价于悲观准则。折中准则的数学表示为

$$s^* = \max\{E(s_i)\} \tag{6-6}$$

具体作法如下。

(1) 根据决策者对状态的乐观程度取一个乐观系数 α,则 $(1-\alpha)$ 是悲观系数。

(2) 计算各决策方案的期望收益值。

$$E(s_i) = \alpha \max_i\{c_{ij}\} + (1-\alpha)\min_i\{c_{ij}\} \quad (i=1,2,\cdots,m)$$

(3) 求各期望收益值中的最大值,则最大值对应的即为所选决策方案。

$$s^* = \max\{E(s_1),E(s_2),\cdots,E(s_m)\}$$

如例 6.1,设乐观系数 α 为 0.8,则计算各决策方案的期望收益值置于表的最右列(见表 6-7)。根据折中准则,从各期望值中找出最大者。所以,决策者应选决策方案 s_1。

表 6-7　折中准则的决策过程

S \ C \ D	d_1	d_2	d_3	$E(s_i)$	
s_1	60	0	−40	$60 \times 0.8 + (-40) \times 0.2 = 40$	←max
s_2	30	10	10	$30 \times 0.8 + 10 \times 0.2 = 26$	
s_3	10	0	−5	$10 \times 0.8 + (-5) \times 0.2 = 7$	

6.3.5　最小机会损失准则

最小机会损失准则又称为最小后悔值准则。当某一状态出现时,由于决策者没有选择收益最大或损失最小的决策方案而造成的损失值称为机会损失,也称为后悔值。由后悔值构成的矩阵称为后悔值矩阵。最小机会损失准则是将能够获利而未获利也看成是一种机会损失,所以在决策中要求使未来的机会损失达到最小值,其数学表示为

$$s^* = \min_{s_i}\{\max_{d_j}(\overline{c}_{ij})\} \tag{6-7}$$

式中, $\overline{c}_{ij}$ 为后悔值。

具体作法如下。

(1) 在收益矩阵中,求出各状态 d_j 下的最大收益值,即各列的最大元素。

$$b_j = \max_{s_i}(c_{ij}) \quad (j=1,2,\cdots,n)$$

(2) 计算各列的机会损失值。

$$\overline{c}_{ij} = b_j - c_{ij} \quad (i=1,2,\cdots,m;\ j=1,2,\cdots,n)$$

(3) 求出各决策方案的机会损失最大值。

$$s_i = \max_j(\overline{c}_{ij}) \quad (i=1,2,\cdots,m)$$

(4) 求各决策方案机会损失最大值中的最小值,其对应的方案即为所选的决策方案。

$$s^* = \min(s_i)$$

如例 6.1，决策者应选决策方案 s_2，决策过程如表 6-8 所示。

表 6-8 最小机会损失准则的决策过程

s \ c \ d	d_1	d_2	d_3	$\overline{c}_{i1}$	$\overline{c}_{i2}$	$\overline{c}_{i3}$	s_i	
s_1	60	0	-40	0	10	50	50	
s_2	30	10	10	30	0	0	30	←min
s_3	10	0	-5	50	10	15	50	

如果给出的是损失矩阵，那么每一状态下的最小损失值减去各决策方案的损失值之差，称为机会损失值。

综上所述，由于决策者对待风险的态度不同，所采用的决策准则也不同，那么得到的决策方案也就各不相同。表 6-9 归纳了例 6.1 依据不同的决策准则所得到的结果。

表 6-9 例 6.1 不同的决策准则得到的决策方案

决策准则	应选决策方案
悲观准则	s_2
乐观准则	s_1
等概率准则	s_2
折中准则	s_1
最小机会损失准则	s_2

对于不确定型决策，难以肯定哪个准则好，哪个准则不好，因为它们之间没有规定一个统一的评价标准。至于采用哪个准则，只能依靠决策者对各种状态的看法而定。在决策过程中，应该注意分析各种准则隐含的假定和决策时的各种客观条件。客观条件越接近于某一准则的隐含假定，则选用该准则进行的决策结果就越正确。

6.4 系统对策

上面几节所介绍的都是只涉及一个决策主体，在特定环境下进行决策的问题。在这些情况下，决策主体只需要考虑面对可能出现的不同状态时该采取的与状态对应的决策行为，这类问题属于非对抗型的决策问题。然而，但在现实生活中，我们更多看见的、遇到的都是由多个不同的决策主体参与的竞争和对抗，此时，我们所要考虑的不仅仅是环境因素，还有竞争对手所采取的和将会采取的行动等，而这类问题就属于对抗型决策问题。司马迁所著的我国第一部纪传体通史《史记》中就记载了一个典型的对抗型决策问题，即著名的"田忌赛马"，讲述了孙膑应用策略帮助田忌在弱势的条件下赢得赛马比赛的故事。而现如今，在没有孙膑在旁出谋划策的情况下，我们如何才能在当代社会比比皆是的竞争中，做出合适的决策以领先芸芸竞争对手并赢得胜利呢？面对这类对抗型的决策问题时，我们可以使用对策论来分析、解决棘手的问题。

6.4.1 对策论简介

对策论(game theory)，又称博弈论、"赛局理论"，也称对策分析、冲突分析，属应用数学的一个分支。对策论衍生于古老的博弈游戏，如象棋、扑克中的胜负问题，后来数学家们将其抽象化，建立完备的逻辑结构，对其内在的规律变化进行研究，使对策论逐渐被系统化，成为系统理论的重要支流。日常生活中，其实每个人的行为如同博弈一般，对手们相互揣摩、制约，尽量减小自己的损失，而对策论旨在研究每个人行为中的理性化和逻辑化的部分。换句话说，决策论主要研究在决策主体的行为发生直接相互作用时的决策问题以及这种决策的均衡，即研究分析在具有竞争或对抗的行为中，竞争的各方是否存在最合理的行动方案，以及用以找到这个合理的方案的数学理论和方法。

中国很早就有了对策论的思想，春秋时期的军事著作《孙子兵法》可谓一部对策论著作，但是人们对对抗型的决策问题的解决方式停留在经验总结上，并没有将其充分地理论化，加之缺乏适当的数学工具，不能形成系统的思想，因此并不能看作真正的对策论。近代的对策论研究始于20世纪20年代，法国数学家波莱尔(E. Borel)对随机情况下的策略选择理论进行了研究，这是关于对策论的最早探索。对策论的正式创立和发展归功于美籍匈牙利人冯·诺依曼(John Von Neumann)。1928年，他发表了《关于伙伴游戏理论》，在此之前，对策论还不是一个单独的研究领域。在该文中，这位伟大的数学家构造了对策论的基本理论，但那时由于理论的数学性较强，理论的用途令人难以理解，所以在当时没有得到广泛传播。直至后来，1944年冯·诺依曼与经济学家摩根斯坦恩(Oskar Morgenstern)合著的《对策论和经济行为》(*Theory of Games and Economic Behavior*)一书问世，将2人博弈推广到n人博弈，并将应用领域从原先的象棋、扑克格局的研究扩展到了社会、经济等诸多领域中竞争行为的研究，奠定了这一学科的基础和理论体系，使对策论的重要性得到广泛认可，也标志着对策论的正式诞生，具有划时代的非凡意义。自此以后，对策论迅速发展。冯·诺依曼等人研究的是合作型对策(博弈)。所谓合作型对策，即不同局中人之间可以相互商定，达成一致协议。由于这种协议具有约束力，因此双方必须执行。而从20世纪50年代开始，非合作对策逐渐成为研究热点。所谓非合作对策，即局中人不能公然达成某种协议，即使私下达成了，这种协议也不具备制约性。1950年，关于相关困境的探讨首次出现在人们的视野，作为美国兰德公司的对对策论调查的一部分，由数学家梅尔文·德雷希尔(Melvin Dresher)和梅里尔·弗勒德(Merrill Flood)拟定得出，后来由美国数学家塔克(Albert W. Tucker)以囚徒的方式阐述，而当时兰德公司想要对对策论深入研究的目的是想将其应用到全球战略中去。同一时期内，美国数学家约翰·纳什(John Forbes Nash, Jr.)提出了"纳什均衡"(Nash equilibrium)的概念，又称为非合作博弈均衡，成为非合作博弈研究的主要开创者。1965年，德国经济学家赖因哈德·泽尔腾(Reinhard Selten)将纳什均衡的概念引入动态分析，提出"精练纳什均衡"概念。1967年，美籍经济学家约翰·海萨尼(John Harsanyi)则把不完全信息引入博弈论的研究。1994年，纳什、泽尔腾、海萨尼因为在经济博弈论中的杰出贡献获得了诺贝尔经济学奖。在这些学术界的闪亮星辰之后，20世纪80年代又出现了大卫·克瑞普斯(David M. Kreps)和大卫·威尔逊(David S. Wilson)等几个有影响的人物，在对策论的研究上又取得了丰硕成果。

以上介绍了对策论的定义和发展历史,但是对于对策论究竟是什么仍然比较模糊。下面这个例子可以更加直观地说明对策论。

在中国古代历史上有一个成语——"鹬蚌相争,渔翁得利":一天恰逢天气晴朗,河滩上的一个河蚌就张开了蚌壳想晒晒太阳。此时正巧有只鹬鸟飞过,看见正在享受日光的河蚌,便贪恋起蚌肉的美味来,偷偷靠近河蚌,想啄食它的肉。河蚌见状马上合上两片壳,却刚好夹住了鹬鸟嘴巴。鹬鸟想挣脱,无奈河蚌紧紧夹住它的嘴不放,而河蚌也无法脱身。鹬鸟就说:"如果你不放了我,今天不下雨,明天也不下雨,那你就会变成死蚌了。"河蚌说道:"我怎么会放了你。你的嘴巴今天抽不出,明天抽不出来,等死的就是你了。"二者谁都不肯舍弃让步,这时刚好有个老渔翁走过看到这一幕,就把它们俩都捉走了。

先来看河蚌与鹬鸟之间的博弈,鹬鸟为了吃掉河蚌不肯将嘴从蚌壳中抽出,甘愿冒着牺牲的危险,而河蚌为了不被鹬鸟吃掉不肯张开蚌壳,也情愿冒着牺牲的危险;再来看渔翁与这两者的博弈,正因为河蚌和鹬鸟都想置对方于死地而僵持不下,渔翁正好能够将二者一并擒获。

如此简单的一个小故事里就包含着对策论的思想,对策论看似简单,只要运用得当,就能取得极大的收获,这也是对策论的魅力所在。

事实上日常生活中,人们的决策行为之间相互影响的例子很多,这也为对策论提供了在不同领域大展拳脚的机会。例如,国与国之间的贸易等谈判,或是平时工作中就会涉及的企业之间的加工或订货谈判,各企业之间在国内外的市场竞争,企业对新产品和新技术的开发和利用战略等。在以上这些例子中,所涉及的对象大多是不同的利益主体,都希望通过一定的策略选择,来达到对自己有利的结果。而同时,又没有任何一方能够单独决定谈判的结果或有能力垄断市场。因此,决策者需要根据竞争各方的利益和可能采取的行动来决定自己应该采取的策略。

6.4.2　对策模型基本概念

在具体介绍如何使用对策论解决问题前,先来了解一下对策模型涉及的几个基本概念。

首先需要了解的是对策中的三个基本要素,尽管随着对策模型形式的变化,涉及的概念也千差万别,但本质上必须包括局中人(players)、策略集(moves/strategies)和支付函数(payoffs)。

1. 局中人

局中人也称参与人、参与者,是指在一个博弈中的决策主体,他有权选择自己行动以使效用最大化,也直接承担竞争成败导致的后果。需要注意的是,局中人可以是个人,也可以是集体组织,例如企业、政党或国家等。在实践应用中,利益关系相同与行动完全一致的参与对象往往被视为同一个局中人。例如,一个球队虽然有很多球员,但他们同属一个利益主体,在球赛中将一个球队看作一个局中人。按局中人的数量划分,可分为"二人对策"和"多人对策"。"二人对策"只含有两个局中人,"多人对策"有两个以上的局中人。继续球队的例子,可将一场由两支队伍参加的球赛看作二人对策。

2. 策略集

在对策中,可供局中人选择的实际可行、完整的行动方案的集合,我们称为该局中人的策略集。对策中每个局中人的策略集中各取一个策略所组成的策略组称为对策的一个局势。对策胜负的关键是策略的选择,每个局中人至少要握有两个策略,才能够与其他局中人构成对策。

此处需要注意的是,策略是一个完整的行动方案,并不是指某个单独的行动,而是指一组对其他局中人的行动做出的所有行动的选择,即描述了局中人在什么时候会选择什么行动。如果所有局中人的策略有限,我们称为"有限对策",否则称为"无限对策"。

3. 支付函数

一个特定的策略组合(局势)下局中人能得到的确定的效用结果称为支付,对策决定了每个局中人的得与失,支付也被称为得失或收益。显然,每个局中人在结束时的得失,不仅仅与该局中人自身所选的策略有关,而且与所有局中人所选的策略有关,它是全体局中人所取定的一组策略(局势)的函数,称为支付函数,即为局中人从对策中获得的效用水平。单个局中人的策略无法决定输赢,而必须通过各方策略的相互组合而形成的局势来决定胜负情况,这便体现了对策系统的整体涌现性。在对策中,如果任何一个策略组合(局势)中所有局中人的支付之和均为零,我们称之为"零和对策",如果一个策略组合(局势)中所有局中人的支付之和均为一个常数,称之为"常和对策"。

4. 其他概念

除了以上介绍的对策的基本要素,对策分析中可能还会涉及一些概念。当局中人决策有先后顺序时,可分为决策人和对抗者。决策人指的是在对局中先做决策的一方,他的决策往往是通过自身的认识、经验和表面状态判断得出的结果;与之相对的对抗者是对局中行动滞后的一方,根据决策人的决策做出的对应决定。另外一个需要了解的概念就是次序,当局中人决策有先后之分,且一个局中人需做多个决策时,就涉及次序问题。若决策构成相同但运用次序不同,也会导致截然不同的结果,田忌赛马就是很好的例子,如果变换任何一个出马顺序,他将都不会是胜者。对策分析还涉及均衡的概念,均衡即平衡。为方便理解,我们可以先回顾一下经济学均衡价格的概念,均衡价格是商品的供给曲线与需求曲线相交时的价格,即供给量与需求量相同时对应的价格。若市场价高于均衡价,会引起供给量上升,市场价则会降低;若市场价低于均衡价,会引起需求量上升,市场价则会上升。这是供给力量与需求力量相互作用,使市场价趋于均衡的结果。与之类似的,博弈均衡也是各方局中人的力量相互作用下,每个局中人都希望使自己的效用最大化,从而做出决策,最后得到的各方都不愿意改变自己策略的一个相对静止的平衡状态。

对策是因局中人的互动而形成的一种系统,而支付函数则从整体上定量地刻画出了这个系统。只有在明确的规定制约之下,局中人实施各自的策略的整个过程才能够被称为是对策系统。因此,对策被视为一种过程系统,最终的胜负结果是对策系统定性的整体涌现性,而该系统定量的整体涌现性则体现在了支付函数上。所以,对策论实际上是定量化的系统理论,它的主要目标是根据支付函数寻找优化的策略。

6.4.3 对策模型的分类

在对策论中存在着许多模型分类的标准和方法,一般可分为合作和非合作,合作与否取决于局中人之间有无具有一定约束力的协议。

从局中人行动的先后顺序的角度,可以将对策(博弈)划分为静态博弈和动态博弈两大类。静态博弈是指局中人同时选择行动,或虽然并非同时选择行动,但后行动者不知道先行动者采取了怎样的具体行动,如"囚徒困境"选择行动时的情况;动态博弈是指局中人的行动有先后顺序,并且后行动者可以观察到先行动者所采取的行动,如平时的棋类比赛。

在对策分析中,信息是重要的参考因素。从局中人对有关其他局中人的特征、策略空间及支付函数的知识的了解程度,可以分为完全信息博弈和不完全信息博弈。完全信息是指每一个局中人对于所有的其他局中人的特征、策略、支付函数有准确的知识,这种情况下就是完全信息博弈,否则就是不完全信息博弈。

由于合作博弈复杂度远大于非合作博弈,理论也不够成熟,所以目前所谈的博弈一般是指非合作博弈。将行动顺序与信息两个角度结合起来,就可以划分得到四种不同类型的博弈:完全信息静态博弈、完全信息动态博弈、不完全信息静态博弈、不完全信息动态博弈。它们分别对应着不同的均衡概念:纳什均衡(Nash equilibrium)、子博弈精练纳什均衡(subgame perfect Nash equilibrium)、贝叶斯纳什均衡(Bayesian Nash equilibrium)、精练贝叶斯纳什均衡(perfect Bayesian Nash equilibrium),如表 6-10 所示。

表 6-10 模型的分类

信 息 ＼ 行动顺序	静 态	动 态
完全信息	完全信息静态博弈 均衡概念:纳什均衡(纳什,1950—1951)	完全信息动态博弈 均衡概念:子博弈精练纳什均衡(泽尔腾,1965)
不完全信息	不完全信息静态博弈 均衡概念:贝叶斯纳什均衡(海萨尼,1967—1968)	不完全信息动态博弈 均衡概念:精练贝叶斯纳什均衡(泽尔腾,1975;Kreps and Wilson,1982;Fudenberg and Tirole,1991)

6.4.4 零和对策

零和对策是对策中较为简单的一种情形,指局中人得分之和恒为零的情况。如果该对策中只有两个局中人,即两人零和博弈,一方的失利意味着对方的胜利,且得分正好互为相反数,或者双方打成平手,得分之和恒为零。下面给出两个例子,具体说明零和对策的情况。

桌上只有一个苹果,而家里有姐姐和弟弟两个人,所以苹果的分法有三种可能性:第一,把苹果给姐姐,弟弟放弃;第二,把苹果给弟弟,姐姐放弃;第三,苹果切成两半平均分给姐弟俩。

在上述情况下,姐姐得到或失去的正是弟弟失去或得到的,或者姐弟两个人都没有占到便宜和蒙受损失。两个人对策的总收益为零。因此,这种局中人完全对抗或打成平手的状态就可以看作一种零和对策。

最经典的零和对策的案例莫过于"石头-剪刀-布"的游戏了。假设有 2 名局中人分别做出石头、剪刀、布中的一种行为,任何一方胜利得 1 分,失利扣 1 分,如果两者打平则都得 0 分,那么所有的结果可以由表 6-11 所示的矩阵表示。

表 6-11　石头-剪刀-布游戏结果

甲＼乙	石头	剪刀	布
石头	(0,0)	(1,−1)	(−1,1)
剪刀	(−1,1)	(0,0)	(1,−1)
布	(1,−1)	(−1,1)	(0,0)

可以发现,不论在何种策略下,两个局中人的得分总是为零,而且以上游戏的策略是有限的,因此也被称为二人有限零和博弈。

6.4.5　非零和博弈

1. 囚徒困境

囚徒困境(Prisoner's dilemma)是在对策论、经济学等领域中常被作为例子用来说明所有个人最优的选择却不是全体最优选择,它是非零和博弈的代表之一。其最早是由美国兰德公司的梅里尔·弗勒德和梅尔文·德雷希尔在 1950 年拟定的,后来美籍数学家艾伯特·塔克(Albert W. Tucker)将这个合作和冲突的模型命名为"囚徒困境",以囚徒方式阐述,而得到了闻名遐迩的博弈悖论。

经典的囚徒困境有如下表述:警方逮捕甲、乙两名嫌疑犯,但没有足够证据给他们定罪。于是将这两个嫌疑犯分开提出相同的条件:

(1) 如果两人都不坦白,那么将他们各判 1 年监禁。

(2) 如果两人都坦白,他们将每人各判 5 年监禁。

(3) 如果只有一人坦白,则坦白者将即时获释,不坦白者将判 10 年监禁。

每个囚徒需在背叛与保持沉默之间做出选择。在该对策中,局中人有两个,即囚徒甲和囚徒乙。每个局中人有两种策略:背叛与保持沉默。他们的支付函数可以用矩阵的形式来表示,如表 6-12 所示。矩阵中,括号内的第一、第二个数字分别对应甲、乙在策略组合中得到的支付,这个矩阵也称为支付矩阵。

表 6-12　囚 徒 困 境

囚徒甲＼囚徒乙	背叛	保持沉默
背叛	(−5,−5)	(0,−10)
保持沉默	(−10,0)	(−1,−1)

在描述完对策局势后,局中人进行策略选择。假设每个局中人都寻求自身利益最大化,对这两个囚徒而言:

(1) 若对方沉默,我方可能有两种支付:0 或 -1,背叛为 0,沉默为 -1,选择效用大的 0,则会选择背叛。

(2) 若对方背叛,我方还是可能有两种支付:-5 或 -10,背叛为 -5,沉默为 -10,选择效用大的 -5,则还是会选择背叛。

两人面对的情况相同,理性思考的情况下得出的结论都会是背叛。因此,两人同时背叛是唯一可能达到的纳什均衡,两人都要服刑 5 年。但是如果同时选择沉默两人只要服刑 1 年,显然得到的纳什均衡并不是全局最优的,不是帕累托最优解决方案。但是在理性人的假设前提下,双方都会选择背叛,却不如相互合作的效用高,形成了囚徒的困境。现实中,也能找到很多类似的例子,经济学、政治学、社会学、动物行动学等都可以使用类似的方法来化简分析。

对策论中的理性人是精于算计的,但是有时过于关注自身利益而忽视了其他因素可能会失去预期的收益。这里还有一个例子可以说明问题:

三国时期,魏国的曹操领军南下想吞并地处江南的吴国。江南地区多丘陵与河流,要攻陷该地区就必须利用水军,加上东吴地区历来以骁勇善战的水军闻名,曹操便下令在数月之内操练水军,同时打造当时最先进的战船以助战争。由于曹操的北方士兵多不熟悉水性,会影响战争的进度,曹操便下令将所有战船用铁链牢牢地锁在一起以维持船的稳定性,同时易于操练将士。他自认为将所有的战船固定在一起既能够威慑敌人,又能够训练出强大的水军。然而,正是因为所有的船都被绑在了一起,以至于他在最后的战役中被人数远远不敌自己的敌军借助风向用大火烧光了战船,溃不成军,差点自身难保,这就是历史上著名的"赤壁之战"。

这就是聪明反被聪明误。虽然聪明可以带来好处,但是如果过分地关心自身利益而忽视了客观存在的影响利益的其他因素,那么即使再聪明的策划也往往适得其反。

2. 智猪博弈

某些情况下,即使在一个合理、公平的竞争环境下,具有优势的一方最终得到的结果并不一定与其付出成正比,即多劳未必多得。

智猪博弈(Pigs' payoffs)就是这类对策论中一个非常著名的案例,由纳什于 1950 年提出,是著名的"纳什均衡"。假设猪圈里分别有一头大猪和一头小猪,在猪圈的一头是猪食槽,而另一头则安装有控制猪食供应的按钮,每按一下按钮就会有 10 个单位的猪食进槽,而按按钮者必须付出 2 个单位的成本。现在有如下规定。

(1) 若大猪等在槽边,小猪去按按钮,则大猪吃到 9 个单位的食物,小猪吃到 1 个单位的食物。

(2) 若大猪小猪同时去按按钮并到达槽边,则大猪吃到 7 个单位的食物,小猪吃到 3 个单位的食物。

(3) 若小猪等在槽边,大猪去按按钮,则大猪吃到 6 个单位的食物,小猪吃到 4 个单位的食物。

每头猪在行动(按钮)与等待(吃食)之间做出选择。在该对策中,在此博弈中,有大猪和小猪两个局中人。每个局中人有两种策略供选择：行动和等待。其支付函数用支付矩阵的形式表示得到如表 6-13 所示的结果。矩阵中，括号内的第一、第二个数字分别对应大、小猪在策略组合中得到的支付。

表 6-13　智猪博弈

大猪　＼　小猪	行动	等待
行动	(5,1)	(4,4)
等待	(9,−1)	(0,0)

根据上述的支付矩阵不难看出：

（1）若大猪行动，则可能有两种支付：1 或 4；相应的，小猪行动就能得到支付为 1，等待的话为 4。此时大猪选择行动，小猪选择等待。

（2）若大猪等待，则可能有两种支付：−1 或 0；相应的，小猪行动就能得到支付为−1，等待的话为 0。此时大猪选择等待，小猪也选择等待。

因此最终的结果是不论大猪做出怎样的选择，小猪都会选择等待。即等待是小猪的占优策略，它只需等在食槽旁边"搭便车"，大猪却是"劳碌命"。

中国历史上还有一个令人耳熟能详的成语——"画蛇添足"，其中也包含了这个道理。"画蛇添足"最早出自《战国策》：古代楚国有个贵族想要祭祀祖宗，就请很多朋友前来帮忙。在祭祀典礼结束后，这个贵族想把一壶祭酒赏给前来帮忙的朋友。但是就只有一壶，大家一起喝肯定不够，一个人喝却绰绰有余。于是朋友们互相商量说："不如我们各自在地上比赛画蛇，谁先画好，就把这壶酒给谁。"于是比赛开始了。过了一会儿，有一个人最先把蛇画好了。但是他看看周围的人还在埋头画画，便端起酒壶正要喝，却得意扬扬地想："既然我这么快，不如再给它添上几只脚吧！"于是左手拿着酒壶，右手继续画蛇。等他刚把蛇的脚画完，另一个人也已经把蛇画成了。众人嘲笑道："蛇本来是没有脚的，你怎么能给它添脚呢！"大家都认为是另一个人赢了，便把酒赠予了他。而那个给蛇添脚的人却失掉了快到嘴的那壶酒。

这个事例其实和"智猪博弈"包含的意义相近。所有的局内人都处于公平竞争之下，画蛇添足的人虽然画得最快，但是却被认为多此一举而没有得到应有的奖励，而给了另一个人。说明一些情况下，并不是多劳就能多得。

思考与练习题

1. 什么是风险型决策？什么是完全不确定型决策？它们的主要区别是什么？

2. 什么是对策论？它主要研究什么样的决策问题？

3. 某企业拟开发生产一种新产品，有三个方案可供选择。其收益矩阵见表 6-14。

表 6-14　各方案的收益值

状态	需求大	需求中等	需求小
方案一	400	150	−200
方案二	200	200	−120
方案三	100	100	50

试根据不确定型决策的各种决策准则,选择合适的方案(假定乐观系数为 0.7)。

4. 某公司拟举办一个展销会,有甲、乙、丙三个地点可以选择,但不同地点在不同天气情况下的收益也不同,如表 6-15 所示,各种天气出现的概率分别为 p_1, p_2, p_3,试绘制决策树。

表 6-15　三个方案的收益值

方案	天 气 情 况		
	晴(p_1)	阴(p_2)	雨(p_3)
甲	4	6	1
乙	5	4	1.5
丙	6	2	1.2

第 7 章

系统优化方法

最优化理论是一个重要的数学分支,它所研究的问题是在众多的方案中什么样的方案最优以及怎样找出最优方案。早在公元前 500 年,古希腊数学家毕达哥拉斯就已发现了黄金分割法,17 世纪牛顿发明微积分时已经提出极值问题,后来又出现拉格朗日乘数法。1847 年柯西提出了最速下降法,还有求无约束极值的变分法。这些统称为古典最优化方法。

人们关于最优化问题的研究学习,随着历史发展的不断深入。最优化理论与方法在第二次世界大战后迅速发展,成为一门新兴学科,并且随着科学技术的进步和现代化生产的发展,越来越受到人们的重视,其发展日趋成熟。现在,最优化理论和方法已经被广泛地应用于生产管理、经济规划、交通运输、能源开发、环境保护以及军事作战等多个领域的实践中。最优化问题的研究不仅成为一种迫切需要,而且由于电子计算机日益普及,有了求解的有力工具。现在已经有许多计算机算法解决最优化问题,如 Kuhn-Tucker 定理、Bellman 最优化原理和动态规划、Pontriagin 的极大值原理,以及 Kalman 的关于随机控制系统最优滤波器。目前最优化理论已成了国内外许多大学本科生及研究生的必修课。本章将首先叙述关于最优化问题的基本概念,并提出几种常见的最优化问题的解法。

7.1 最优化问题概述

把要做的事情尽量办好,是事之常理,把这个朴素的事理学原则用现代科学语言表达出来,就叫作最优化原理。在既定约束条件下实现最优目标的方法,就称为最优化方法。最优化概念反映了人类实践活动中十分普遍的现象,即要在尽可能节省人力、物力和时间的前提下,争取获得在可能范围内的最佳效果。人们不能超越客观条件许可的限制期望目标的实现,但是可以而且必须在客观条件的限制之内,能动地争取目标的实现。这种能动性原则,是指导一切事理活动的原则,最优化概念集中体现了这种能动性。

在中国战国时期,曾经有过一次流传后世的赛马比赛,就是田忌赛马。这个故事说明在已有的条件下,经过筹划、安排,选择一个最好的方案,就会取得最好的效果。可见,筹划安排是十分重要的。敌我双方交战,要克敌制胜就要在了解双方情况的基础上,做出最优的对付敌人的方法,这就是"运筹帷幄之中,决胜千里之外"的说法。

在生产经营活动中经常遇到这样一类问题,即如何合理地利用有限的人力、物力、财力等资源,以便得到最好的经济效益,也就是要在现有的各项资源条件的限制下,如何确定方案,使预期目标达到最优。最优化问题不仅具有趣味性,而且由于解题方法灵活,技巧性强,因此对于开阔解题思路,增强数学能力很有益处。解决这类问题需要的基础知识相当广泛,很难做到一一列举。下面首先从一个生产计划问题开始来说明最优化问题。

【例 7.1】 某工厂在计划期内要安排生产 A、B 两种产品,已知生产单位产品所占用的设备的台时,Ⅰ、Ⅱ两种原材料的消耗及每单位产品的利润如表 7-1 所示。问该如何安排生产计划使该工厂获利最多?

表 7-1 原材料消耗、设备台时及每单位产品利润

	A	B	每天可用能力
设备台时/h	1	2	8
原材料Ⅰ/kg	2	0	8
原材料Ⅱ/kg	0	1	3
利润/元	2	3	

这是一个在原材料和设备台时有限的情况下寻求最大利润的生产计划问题。

解:设在计划期间 A、B 产品的产量分别为 x_1,x_2。

设备的有限台时是 8h,这是一个限制产量的条件,所以在确定 A、B 产品的产量时,要考虑不超过设备的有效台时,即可用不等式表示为

$$x_1 + 2x_2 \leqslant 8$$

同理,因原材料Ⅰ、Ⅱ的限量,可以得到以下不等式:

$$2x_1 \leqslant 8$$
$$x_2 \leqslant 3$$

此外,产量不能为负值,所以必须满足 $x_1 \geqslant 0$,$x_2 \geqslant 0$。

该工厂的目标是在不超过所有资源的条件下,确定产量 x_1,x_2 以得到最大的利润,若用 z 表示利润,这时 $z = 2x_1 + 3x_2$。

综上所述,该生产计划问题可用以下数学模型来表示:

$$目标函数 \quad \max z = 2x_1 + 3x_2$$
$$约束条件 \quad x_1 + 2x_2 \leqslant 8$$
$$2x_1 \leqslant 8$$
$$2x_2 \leqslant 3$$
$$x_1, x_2 \geqslant 0$$

【例 7.2】 设有四项任务 B_1,B_2,B_3,B_4,派四个人 A_1,A_2,A_3,A_4 去完成。每个人都可以承担四项任务中的任何一项,但所耗费的资金不同。设 A_i 完成 B_j 所需资金为 c_{ij}。问如何分配任务使总支出最少?

这是一个指派问题。

$$设变量 \ x_{ij} = \begin{cases} 1, & 指派 A_i 完成 B_j \\ 0, & 不指派 A_i 完成 B_j \end{cases}$$

$$则总支出为 \quad S = \sum_{i=1}^{4} \sum_{j=1}^{4} c_{ij} x_{ij}$$

综上所述,该指派问题可用下列数学模型来表示:

$$目标函数 \quad \min S = \sum_{i=1}^{4} \sum_{j=1}^{4} c_{ij} x_{ij}$$

$$约束函数 \quad \sum_{j=1}^{4} x_{ij} = 1, i = 1,2,3,4$$

$$\sum_{i=1}^{4} x_{ij} = 1, j = 1,2,3,4$$

$$x_{ij} = 0 \text{ 或 } 1$$

这里的变量 x_{ij} 称为 0-1 变量。

由上面的几个例子可知，在满足约束条件的解中确定使目标函数达到最大或最小值的问题就是最优化问题，最优化问题的一般数学模型为

$$目标函数 \quad \max(\min) f(x) \tag{7-1}$$

$$约束条件 \quad \text{s.t.} \quad x \in S \tag{7-2}$$

模型由三个要素组成：

（1）变量。变量又称为决策变量，是问题中要确定的未知量，用以表明最优化问题中用数量表示的方案、措施，可以由决策者决定和控制。满足约束条件的解 $(x_1, x_2, \cdots, x_n)$ 称为可行解，可行解的全体组成的集合称为该问题的可行域。

（2）目标函数。目标函数是决策变量的函数，按优化目标的不同分别在这个函数前加上 max 或 min。

（3）约束条件。约束条件指决策变量取值时受到的各种资源条件的限制，通常表达为含决策变量的等式或不等式。

最优化问题根据变量的取值是连续的还是离散的可分为连续型最优化问题和离散型最优化问题。连续型最优化问题根据目标函数和约束条件的不同形式，还可以分为不同的类型。

（1）根据目标函数和约束条件函数类型分类。若目标函数和约束条件均是线性函数，最优化问题称为线性规划，线性规划满足严格的比例性和可叠加性；若其中至少一个为非线性函数，则最优化问题称为非线性规划问题。

（2）根据数学模型中有无约束条件分类。不含约束条件（即 S 为整个空间 $\pmb{R}^n$）的最优化问题称为无约束最优化问题，否则称为约束最优化问题。

此外还有一些特殊类型的最优化问题。如目标函数是二次函数，约束条件全部是线性函数的最优化问题被称为二次规划问题。当目标函数不是数量函数而是向量函数，又称为多目标规划问题等。

7.2　线　性　规　划

7.2.1　线性规划模型

数学规划的研究对象是计划管理工作中有关安排和估值的问题，解决的主要问题是在给定条件下，按某一衡量指标来寻找安排的最优方案。它可以表示成求函数在满足约束条件下的极大极小值问题。

数学规划和古典的求极值的问题有本质上的不同，古典方法只能处理具有简单表达式和简单约束条件的情况。而现代的数学规划中的问题目标函数和约束条件都很复杂，

而且要求给出某种精确度的数字解答,因此算法的研究特别受到重视。

这里最简单的一种问题就是线性规划(linear programming)。如果约束条件和目标函数都是呈线性关系的就叫线性规划。线性规划是最优化理论的一个重要分支,它是研究如何在多项互相竞争的活动中间最优地分配各项有限资源的一种数学方法。线性规划研究的问题主要有两类:一类是已经给定可用的资源的数量,如何运用这些资源来完成最大量的任务;另一类是已经给定一项任务,研究如何统筹安排,才能以最少量的资源去完成这项任务。要解决线性规划问题,从理论上讲都要解线性方程组,因此解线性方程组的方法,以及关于行列式、矩阵的知识,就是线性规划中非常必要的工具。

线性规划及其解法——单纯形法的出现,对运筹学的发展起到了重大的推动作用。许多实际问题都可以化成线性规划来解决,而单纯形法又是一个行之有效的算法,加上计算机的出现,使一些大型复杂的实际问题的解决成为现实。

对于一类最优化问题,如果同时满足如下条件:

(1) 按问题的不同,要求实现决策变量的线性函数(即目标函数)最大化或最小化。

(2) 存在一组用线性等式或线性不等式表示的约束条件。

(3) 每一个问题都用一组决策变量$(x_1, x_2, \cdots, x_n)$表示某一方案,一般这些变量取值是非负的。

我们将满足上述条件的问题称为线性规划问题,简称为 LP。一般线性规划的数学模型具有如下形式:

$$\max z(\min f) = c_1 x_1 + c_2 x_2 + \cdots + c_n x_n$$

$$\begin{cases} a_{11} x_1 + a_{12} x_2 + \cdots + a_{1n} x_n \leqslant (=, \geqslant) b_1 \\ a_{21} x_1 + a_{22} x_2 + \cdots + a_{2n} x_n \leqslant (=, \geqslant) b_2 \\ \vdots \\ a_{m1} x_1 + a_{m2} x_2 + \cdots + a_{mn} x_n \leqslant (=, \geqslant) b_m \\ x_1, x_2, \cdots, x_n \geqslant 0 \end{cases} \quad (7\text{-}3)$$

式中,a_{ij}, b_i, c_j 是确定的常数;c_j 称为价值系数;b_i 表示第 i 种资源的拥有量;a_{ij} 称为技术系数或工艺系数,表示变量 x_j 取值为 1 个单位时所消耗或含有的第 i 种资源的数量。

由式(7-1)和式(7-2)可知,线性规划问题可以有多种形式。目标函数有的要求最大化,有的要求最小化;约束条件可以是"$\leqslant$",也可以是"$\geqslant$"形式的不等式,还可以是等式;决策变量一般是非负的,但也允许在$(-\infty, \infty)$范围内取值,即无约束。

用矩阵和向量形式来描述时,上述模型可写为

$$\max z(\min f) = \boldsymbol{CX}$$

$$\boldsymbol{AX} \leqslant (=, \geqslant) \boldsymbol{b}$$

$$\boldsymbol{X} \geqslant 0$$

其中

$$\boldsymbol{A} = \begin{pmatrix} a_{11} & a_{12} & \cdots & a_{1n} \\ a_{21} & a_{22} & \cdots & a_{2n} \\ \vdots & \vdots & \vdots & \vdots \\ a_{m1} & a_{m2} & \cdots & a_{mn} \end{pmatrix}$$

A 称为约束条件的 $m \times n$ 维系数矩阵,一般 $m < n$; $m, n > 0$。

不同问题的线性规划在目标函数和约束条件的内容和形式上有所差别,所以可以有多种表达式,为了求解问题的方便,常将多种线性规划问题统一变换为标准形式,如下所示:

$$\max z = c_1 x_1 + c_2 x_2 + \cdots + c_n x_n$$

$$\begin{cases} a_{11} x_1 + a_{12} x_2 + \cdots + a_{1n} x_n = b_1 \\ a_{21} x_1 + a_{22} x_2 + \cdots + a_{2n} x_n = b_2 \\ \vdots \\ a_{m1} x_1 + a_{m2} x_2 + \cdots + a_{mn} x_n = b_m \\ x_1, x_2, \cdots, x_n \geqslant 0 \end{cases} \tag{7-4}$$

其中 $b_i \geqslant 0$,简写为

$$\max z = \sum_{j=1}^{n} c_j x_j$$

$$\begin{cases} \sum_{i=1}^{n} a_{ij} x_j = b_i & i = 1, 2, \cdots, m \tag{7-5} \\ x_j \geqslant 0 & j = 1, 2, \cdots, n \tag{7-6} \end{cases}$$

对于不符合标准形式的线性规划问题,可以通过下列方法化为标准形式。

(1) 若目标函数要求实现最小化,即为 $\min z = \sum_{j=1}^{n} c_j x_j$,因为 $\min z$ 等价于求 $\max(-z)$,可以令 $z' = -z$,即化为 $\max z' = -\sum_{j=1}^{n} c_j x_j$,就将目标函数最小化变换为求目标函数最大化。

(2) 约束条件的右端项 $b_i < 0$ 时,将等式或不等式两端同乘以 (-1)。

(3) 约束条件为不等式,有两种处理方法:一种是当约束条件为"$\leqslant$"不等式,则可在"$\leqslant$"不等式的左端加入非负松弛变量,把原"$\leqslant$"不等式变为等式;另一种是约束条件为"$\geqslant$"不等式,则可在"$\geqslant$"不等式的左端减去一个非负剩余变量,把不等式约束变为等式约束。把松弛变量和剩余变量加到原约束条件中去的目的是使不等式转化为等式,松弛变量和剩余变量在实际问题中分别表示未被充分利用的资源和超出的资源数量,均未转化为价值和利润,所以引进模型后它们在目标函数中的系数均为 0。

(4) 若存在无约束的变量 x_k,可令 $x_k = x'_k - x''_k$,其中 $x'_k, x''_k \geqslant 0$,将其代入线性规划模型即可。

下面举例说明如何将任意形式的线性规划数学模型化为标准型。

【例 7.3】 将下述线性规划问题化为标准型。

$$\min z = -3x_1 + 4x_2 - 2x_3 + 5x_4 \tag{7-7}$$

$$\begin{cases} 4x_1 - x_2 + 2x_3 - x_4 = -2 \\ x_1 + x_2 + 3x_3 - x_4 \leqslant 14 \tag{7-8} \\ -2x_1 + 3x_2 - x_3 + 2x_4 \geqslant 2 \tag{7-9} \\ x_1, x_2, x_3 \geqslant 0 \quad x_4 \text{ 无约束} \end{cases}$$

解：步骤为

(1) 由于 x_4 无约束，所以令 $x_4 = x_5 - x_6$，其中 $x_5, x_6 \geqslant 0$；

(2) 约束条件(7-7)右端项小于 0，所以将约束等式两端乘以 (-1)；

(3) 在约束条件(7-8)中加入一个松弛变量 x_7，使不等式约束化为等式约束；

(4) 在约束条件(7-9)中减去一个剩余变量 x_8，使不等式约束化为等式约束；

(5) 目标函数求最小化，令 $z' = -z$，把求 $\min z$ 改为求 $\max z'$。

则该问题的标准型如下：

$$\max z' = 3x_1 - 4x_2 + 2x_3 - 5(x_5 - x_6)$$

$$\begin{cases} -4x_1 + x_2 - 2x_3 + (x_5 - x_6) = 2 \\ x_1 + x_2 + 3x_3 - (x_5 - x_6) + x_7 = 14 \\ -2x_1 + 3x_2 - x_3 + 2(x_5 - x_6) - x_8 = 2 \\ x_1, x_2, x_3, x_5, x_6, x_7, x_8 \geqslant 0 \end{cases} \tag{7-10}$$

7.2.2 单纯形法

求解线性规划的方法有很多种，如单纯形法、对偶单纯形法、原始对偶法等，其中单纯形法是应用最早也是最广泛的一种求解线性规划问题的行之有效的方法。它是 1947 年由美国数学家 G. B. Dantzig 创立的，他被称为线性规划之父。单纯形法的来历也十分有趣，有一次 Dantzig 上课迟到，看到黑板上留了几个题目，他就抄了一下，回家后埋头苦作。几个星期之后，Dantzig 去找老师，他万分歉意，说题目太难了，所以现在才交。几天之后，他的老师就把他叫了过去，兴奋地告诉他原来黑板上的题目不是家庭作业，而是本领域尚未解决的问题，他给出的解法也就是单纯形法。单纯形法迄今为止仍是实际求解线性规划的最为有效的方法。随着计算机的出现，使得一些大型复杂的实际问题的解决成为现实。

1. 基本概念

在讨论线性规划问题的求解之前，先介绍一下关于线性规划问题的解的概念。

(1) 可行解。满足约束条件(7-5)、(7-6)的解 $\boldsymbol{X} = (x_1, x_2, \cdots, x_n)^{\mathrm{T}}$，称为线性规划问题的可行解，使目标函数达到最大值的可行解叫最优解。

(2) 基。设 $\boldsymbol{B}$ 是约束方程组系数矩阵 $\boldsymbol{A}$ 中 $m \times m$ 阶非奇异矩阵($|\boldsymbol{B}| \neq 0$)，则称 $\boldsymbol{B}$ 是线性规划问题的一个基，即矩阵 $\boldsymbol{B}$ 是由 m 个线性独立的列向量组成，设 $\boldsymbol{B} = (\boldsymbol{P}_1, \boldsymbol{P}_2, \cdots, \boldsymbol{P}_m)$，称 $\boldsymbol{P}_j (j = 1, 2, \cdots, m)$ 为基向量，与基向量 $\boldsymbol{P}_j$ 对应的变量 $x_j (j = 1, 2, \cdots, m)$ 为基变量，否则称为非基变量。

(3) 基解。令所有非基变量 $x_{m+1} = x_{m+2} = \cdots = x_n = 0$，因为 $|\boldsymbol{B}| \neq 0$，由 m 个约束方程解出 m 个基变量的唯一解 $\boldsymbol{X}_B = (x_1, x_2, \cdots, x_m)^{\mathrm{T}}$ 加上非基变量取 0 的值有 $\boldsymbol{X} = (x_1, x_2, \cdots, x_m, 0, \cdots, 0)^{\mathrm{T}}$，称 $\boldsymbol{X}$ 为线性规划问题的基解。

(4) 基可行解。满足非负约束(7-6)的基解，称为基可行解。

(5) 调入变量。在求解过程中需要变成基变量的非基变量。

(6) 调出变量。在求解过程中变成非基变量的目前的基变量。`

2. 单纯形法的基本步骤

单纯形法的核心思想是不仅将取值范围限制在顶点上，而且保证每换一个顶点，目标函数值都有所改善。它是一个反复迭代的过程,有一定的规律可以遵循,其基本思想是:从可行域中某个基可行解出发,每次用一个非基变量来取代一个基变量,也就是把一个非基变量从 0 增加到某一个正数,而把相应的一个基变量从一个正数变成 0,使得每一个新的解有可能改进目标函数值,经过一次次迭代,目标函数值一步步改进,当使目标函数达到最大值时,线性规划就得到了最优解。单纯形法的基本步骤如下。

(1) 找出初始可行基,确定初始基可行解,建立初始单纯形表(见表 7-2),一般先取松弛变量为基变量。

表 7-2　初始单纯形表

$c_j \longrightarrow$			c_1	$\cdots$	c_m	$\cdots$	c_j	$\cdots$	c_n	θ_i
C_B	X_B	b	x_1	$\cdots$	x_m	$\cdots$	x_j	$\cdots$	x_n	
c_1	x_1	b_1	1	$\cdots$	0	$\cdots$	a_{1j}	$\cdots$	a_{1n}	θ_1
c_2	x_2	b_2	0	$\cdots$	0	$\cdots$	a_{2j}	$\cdots$	a_{2n}	θ_2
$\vdots$	$\vdots$	$\vdots$	$\vdots$		$\vdots$		$\vdots$		$\vdots$	$\vdots$
c_m	x_m	b_m	0	$\cdots$	1	$\cdots$	a_{mj}	$\cdots$	a_{mn}	θ_n
$-z$			0	$\cdots$	0	$\cdots$	σ_j	$\cdots$	σ_n	

单纯形表中,X_B 列填入基可行解中的基变量,C_B 列填入基变量对应的价值系数,b 列填入方程组右端的常数,c_j 行填入价值系数,下一行填入对应的变量,以下各行依次填入方程组各变量的系数。

(2) 检验各非基变量 x_j 的检验数 $\sigma_j = c_j - \sum_{i=1}^{m} c_i a_{ij}$,若 $\sigma_j \leqslant 0 (j=m+1, m+2, \cdots, n)$,则可得到最优解,停止计算;否则转入步骤(3)。

(3) 在 $\sigma_j > 0 (j=m+1, m+2, \cdots, n)$ 中,若有某个 σ_k 对应 x_k 的系数列向量 $P_k \leqslant 0$,则此问题无界,停止计算;否则,转入步骤(4)。

(4) 根据 $\max(\sigma_j > 0) = \sigma_k$,确定 x_k 为调入变量,按最小比值规则计算

$$\theta = \min\left(\frac{b_i}{a_{ik}} \middle| a_{ik} > 0\right) = \frac{b_l}{a_{lk}}$$

确定 x_l 为调出变量。转入步骤(5)。

(5) 用加减消元法化主元 a_{lk} 为 1,同列其他系数为 0,把 x_k 所对应的列向量变为

$$\begin{pmatrix} a_{1k} \\ a_{2k} \\ \vdots \\ a_{lk} \\ \vdots \\ a_{mk} \end{pmatrix} \Rightarrow \begin{pmatrix} 0 \\ 0 \\ \vdots \\ 1 \\ \vdots \\ 0 \end{pmatrix} \Leftarrow 第 l 行$$

将 X_B 列中的 x_l 换为 x_k,得到新的单纯形表,重复步骤(2)~步骤(5),直到终止。

【例 7.4】 利用单纯形法求解例 7.1 的线性规划问题。

$$\max z = 2x_1 + 3x_2$$

$$\begin{cases} x_1 + 2x_2 \leqslant 8 \\ 2x_1 \quad\quad\ \leqslant 8 \\ \quad\quad x_2 \leqslant 3 \\ x_1, x_2 \geqslant 0 \end{cases}$$

解：将上述线性规划问题的模型化为标准形式

$$\max z = 2x_1 + 3x_2$$

$$\begin{cases} x_1 + 2x_2 + x_3 \quad\quad\quad = 8 \\ 2x_1 \quad\quad\quad + x_4 \quad\ = 8 \\ \quad\quad x_2 \quad\quad\quad + x_5 = 3 \\ x_1, x_2, x_3, x_4, x_5 \geqslant 0 \end{cases}$$

取松弛变量 x_3, x_4, x_5 为基变量，得如表 7-3 所示的初始单纯形表。

得到初始基可行解

$$\boldsymbol{X}^{(0)} = (0, 0, 8, 8, 3)^{\mathrm{T}}$$

目标函数的取值 $z = 0$。

根据步骤(2)、(3)、(4)，因 $\max(\sigma_j > 0) = \sigma_2$，所以选择 x_2 为调入变量，由最小比值规则计算 θ：

$$\theta = \min\left(\frac{b_i}{a_{i2}} \,\Big|\, a_{i2} > 0\right) = \min(8/2, -, 3/1) = 3$$

选择它所在的行对应的变量 x_5 为调出变量，进行行变换产生一个改进的基可行解，得如表 7-4 所示的单纯形表。

表 7-3　例 7.1 的初始单纯形表

C_B	$c_j \longrightarrow$ $\boldsymbol{X}_B$	b	2 x_1	3 x_2	0 x_3	0 x_4	0 x_5	θ_i
0	x_3	8	1	2	1	0	0	4
0	x_4	8	2	0	0	1	0	—
0	x_5	3	0	[1]	0	0	1	3
	$-z$		0	2	3	0	0	0

表 7-4　经过一次变换的单纯形表

C_B	$c_j \longrightarrow$ $\boldsymbol{X}_B$	b	2 x_1	3 x_2	0 x_3	0 x_4	0 x_5	θ_i
0	x_3	2	[1]	0	1	0	-2	2
0	x_4	8	2	0	0	1	0	4
3	x_2	3	0	1	0	0	1	—
	$-z$		-9	2	0	0	0	-3

于是得到新的基可行解
$$X^{(1)} = (0,3,2,8,0)^T$$
目标函数的取值 $z=9$。

同理,根据步骤(2)、(3)、(4)确定 x_1 为调入变量,x_3 为调出变量,得如表 7-5 所示的单纯形表。

表 7-5　经过二次变换的单纯形表

C_B	X_B	b	x_1 2	x_2 3	x_3 3	x_4 0	x_5 0	θ_i
2	x_1	2	1	0	1	0	-2	—
0	x_4	4	0	0	-2	1	[4]	1
3	x_2	3	0	1	0	0	1	3
$-z$			-13	0	0	-2	0	1

于是又得到新的基可行解
$$X^{(2)} = (2,3,0,4,0)^T$$
目标函数的取值 $z=13$。

经过一系列变换得到最终单纯形表如表 7-6 所示。

表 7-6　最终单纯形表

C_B	X_B	b	x_1 2	x_2 3	x_3 0	x_4 0	x_5 0
2	x_1	4	1	0	0	1/2	0
0	x_5	1	0	0	$-1/2$	1/4	1
3	x_2	2	0	1	1/2	$-1/4$	0
$-z$		-14	0	0	$-3/2$	$-1/4$	0

由表最后一行检验数 $\sigma_j \leq 0 (j=1,2,\cdots,n)$ 可知此时已经得到最优解
$$X^* = X^{(3)} = (4,2,0,0,1)^T$$
目标函数值 $z^*=14$。

一般地,求解完线性规划问题,工作还未结束,还要对模型及其解进行特性分析。

综合以上内容可知解决线性规划问题的一般步骤如下。

(1) 明确问题的目标,划定决策实施的范围,建立线性目标函数。

(2) 选定决策变量,一组决策变量就是一个决策方案。

(3) 建立约束条件,每个约束条件均为决策变量的线性函数。

(4) 线性规划模型求解。

(5) 线性规划模型及其解的特性分析,如灵敏度分析等。

7.3　动态规划

7.3.1　动态规划概述

动态规划是美国数学家贝尔曼(R. Bellman)等人于 20 世纪 50 年代提出的解决多阶

段决策过程最优化问题的一种数学方法,并根据多阶段决策问题的特点提出了解决这类问题的"最优化原理",研究了许多实际问题,最终建立了数学规划的一个新分支——动态规划(dynamic programming,DP)。

动态规划是一种将复杂问题转化为比较简单问题的最优化方法,一些线性规划、非线性规划及整数规划都可以用动态规划方法来求解。因此,动态规划从创立到现在五十多年来,在存储控制、网络流、作业安排、生产控制等方面都有所讨论,在工程技术、工业生产、经济、军事以及自动控制等领域都有广泛的应用,并获得了显著的效果。动态规划方法作为现代企业管理中的一种重要决策方法,可以用来解决最优路径问题、资源分配问题、生产调度问题、库存问题、装载问题、排序问题、设备更新问题等,所以动态规划是现代管理学中进行科学决策不可缺少的工具。

可以根据时间变量是离散的还是连续的,把动态规划问题分为离散决策过程和连续决策过程;根据决策过程的演变是确定性的还是随机性的,动态规划问题又可分为确定性的决策过程和随机性的决策过程,即离散确定性、离散随机性、连续确定性、连续随机性四种决策过程模型。

动态规划的优点在于,它把一个多维决策问题转化为若干一维最优化问题,再对一维最优化问题一个一个地求解。这种方法是许多求极值方法所做不到的,它几乎优于所有现存的优化方法。除此之外,动态规划能求出全局极大或极小值,这一点也优于其他优化方法。需要指出的是,动态规划是求解最优化问题的一种方法,是解决问题的一种途径,而不是一种新的算法。

动态规划不存在一种标准的数学形式,求解动态规划问题没有类似于单纯形法这样的统一的方法。对于动态规划方法的使用,有时可以说是一种艺术,它需要对动态规划问题的一般结构有较深入的了解,必须对具体问题具体分析,针对不同的问题,使用动态规划的最优化原理(optimization principle)和方法,建立起与其相应的数学模型。在一个具体问题中,如何定义状态、决策、阶段效应等,以及如何得到问题的基本方程表达式,在很大程度上还有赖于分析者的经验、洞察和判断能力。根据动态规划这些特点,要求我们在学好动态规划的基本原理和方法的同时,还应具有丰富的想象力,需要通过练习和实践,以及总结已有的研究成果,只有这样才能建好模型求出问题的最优解。

7.3.2 多阶段决策问题

在现实生活中,有一类活动的过程,由于它的特殊性,可将过程分成若干互相联系的阶段,在它的每一阶段都需要做出决策,从而使整个过程达到最好的活动效果。因此各个阶段决策的选取不能任意确定,它依赖于当前面临的状态,又影响以后的发展。当各个阶段决策确定后,就组成一个决策序列,因而也就确定了整个过程的一条活动路线。这种把一个问题看作一个前后关联具有链状结构的多阶段过程就称为多阶段决策过程,这种问题称为多阶段决策问题。

在多阶段决策问题中,各个阶段采取的决策,一般来说是与时间有关的,决策依赖于当前状态,又随即引起状态的转移,一个决策序列就是在变化的状态中产生出来的,故有"动态"的含义,我们称这种解决多阶段决策最优化的过程为动态规划方法。但是,一些与时间没有关系的静态规划(如线性规划、非线性规划)问题,在人为地引进"时间"因素之后,也可以作为多阶段决策问题,用动态规划方法来解决。

多阶段决策问题中每个阶段最优决策的选择不是孤立的,它必须依赖于前面的状态,又要考虑该决策对以后的阶段状态的影响。多阶段决策过程最优化的目标是要使整个活动的总体效果达到最优。由于各阶段决策之间有机地联系着,本阶段决策的执行将影响到下一个阶段的决策,以至于影响总体效果,所以决策者在每个阶段决策时不应仅考虑本阶段最优,还应考虑对最终目标的影响,从而做出对全局来讲是最优的决策。

下面通过实例来说明多阶段决策问题。

【例 7.5】 最短路问题。

图 7-1 给定一个线路网络,各节点表示地点,线段表示相应两点间的道路,线段上的数字表示相应距离。求由点 A 到点 G 之间的最短路线。若线段上的数字表示费用,最短路问题就变成最少费用问题。

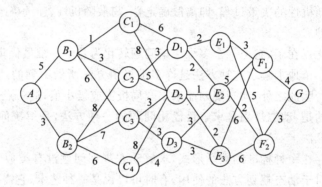

图 7-1　点 A 到点 G 之间的线路网络

【例 7.6】 机器负荷分配问题。

某种机器可以在高低两种负荷下进行生产。在高负荷下进行生产时,产品的年产量 g 与投入生产的机器数量 u_1 的关系为

$$g = g(u_1)$$

这时,机器的年完好率为 $a(0 < a < 1)$,即如果年初完好的机器数量为 u,到年终时完好的机器就为 au。在低负荷下进行生产时,产品的年产量 h 和投入生产的机器数量 u_2 的关系为

$$h = h(u_2)$$

这时,机器年完好率为 $b(0 < b < 1)$。

设生产开始时的机器数量为 s_1,要求制订一个 n 年计划,在每年开始时决定如何分配完好机器在两种不同负荷下工作的数量,使在 n 年内产品的总产量最高。

7.3.3　动态规划模型

1. 动态规划相关概念

(1) 阶段(stage)。根据多阶段决策问题的特性,按时间或空间的自然特征将所给问题的过程,恰当地分为若干相互联系的阶段,按一定的次序去求解。描述阶段的变量称为

阶段变量,常用 k 表示。如例 7.5,从 A 到 G 可以分成从 A 到 B(B 有两种选择 B_1,B_2),从 B 到 C(C 有四种选择 C_1,C_2,C_3,C_4),从 C 到 D(D 有三种选择 D_1,D_2,D_3),从 D 到 E(E 有三种选择 E_1,E_2,E_3),从 E 到 F(F 有两种选择 F_1,F_2),再从 F 到 G 六个阶段,$k=1,2,3,4,5,6$。

(2) 状态(state)。状态表示某个阶段开始所处的自然状况或客观条件,它既是该阶段某支路的起点,又是前一阶段某支路的终点,通常一个阶段可分为若干状态。描述过程状态的变量称为状态变量,常用 s_k 表示第 k 阶段的状态变量。如例 7.5 中,第二阶段有两个状态,则状态变量 s_k 可取两个值 B_1、B_2,即 $s_2 = \{B_1, B_2\}$。

状态变量必须具有如下一个重要特征:无后效性。所谓无后效性,是指某状态 s_k 出发的后继过程(又称为 k 子过程)不受前面演变过程的影响。也就是说,由第 k 阶段的状态 s_k 出发的 k 子过程,可以看作一个以状态 s_k 为初始状态的独立过程,当前的状态是过去历史的一个完整总结,过程的过去历史只能通过当前状态去影响它未来的发展。无后效性是动态规划中的状态和通常描述的系统的状态之间的本质区别,在具体确定状态时,必须使状态包含问题给出足够信息,使之满足无后效性。

(3) 决策(policy)。当给定某一个阶段的状态,就可以作出不同的决定,从而确定下一阶段的状态,这种决定叫作决策,描述决策的变量称为决策变量。决策变量是状态变量的函数,常用 $u_k(s_k)$ 表示第 k 阶段当状态处于 s_k 时的决策变量。决策变量的取值往往被限制在某一范围之内,这个范围称为允许决策集合。允许决策集合常用 $D_k(s_k)$ 描述,表示第 k 阶段从状态 s_k 出发的允许决策。明显地,$u_k(s_k) \in D_k(s_k)$。如例 7.5 中,$D_2(B_2) = \{C_2, C_3, C_4\}$,表示第二阶段从状态 B_2 出发的允许决策集合,若选取的点为 C_3,则 C_3 是在决策 $u_2(B_2)$ 作用下的一个新的状态,记为 $u_2(B_2) = C_3$。

(4) 策略(strategy)。由过程的第 k 阶段开始到终止状态为止,各阶段的决策按顺序排列组成的决策序列 $\{u_k(s_k), \cdots, u_n(s_n)\}$ 称为 k 子过程策略,简称为子策略,记为 $p_{k,n}(s_k)$。

$$p_{k,n}(s_k) = \{u_k(s_k), u_{k+1}(s_{k+1}), \cdots, u_n(s_n)\}$$

特别地,当 $k=1$ 时,此决策序列就成为全过程的一个策略,简称策略,记为 $p_{1,n}(s_1)$。

$$p_{1,n}(s_1) = \{u_1(s_1), u_2(s_2), \cdots, u_n(s_n)\}$$

由上述各个概念,就可以得到以下递推关系:

$$p_{k,n}(s_k) = \{u_k(s_k), p_{k+1,n}(s_{k+1})\}$$

在实际问题中,可供选择的策略有一定的范围,此范围称为允许策略集合,记为 P。允许策略集合中达到最优效果的策略称为最优策略,记为 P^*。

(5) 状态转移方程(state transform equation)。第 $k+1$ 阶段的状态变量 s_{k+1} 的值随第 k 阶段的状态变量 s_k 和决策变量 u_k 的值的变化而变化,即一旦 s_k 和 u_k 已知,s_{k+1} 的值就被唯一确定,我们将这种确定的对应关系记为 $s_{k+1} = T_k(s_k, u_k)$。它描述了过程中由一个状态到另一个状态的转移规律,称为状态转移方程,表示由第 k 阶段的某一状态 s_k 出发,采取了依据 s_k 而做出的某一决策 u_k,经过转移规律 T_k,达到了第 $k+1$ 阶段的某一状态。

(6) 指标函数(index function)。指标函数是用来衡量所实现过程优劣的一种数量指标,它是定义在全过程和所有后部子过程上的数量函数,记作 $V_{k,n}$,即

$$V_{k,n} = V_{k,n}(s_k, u_k, s_{k+1}, \cdots, s_{n+1}) \quad k = 1, 2, \cdots, n$$

$V_{1,n}(s_1, p_{1,n})$ 表示初始状态为 s_1 采用策略 $p_{1,n}$ 时全过程的指标函数值，$V_{k,n}(s_k, p_{k,n})$ 表示在阶段 k，状态为 s_k 采用策略 $p_{k,n}$ 时，后部子过程的指标函数值。

对于给定的状态 s_k 来说，k 子策略 $p_{k,n}(s_k)$ 不同，$V_{k,n}$ 的值也会有所不同。最优决策就是求指标函数的最优值，又称为最优值函数，记为 $f_k(s_k)$。

$$f_k(s_k) = \mathop{\mathrm{opt}}\limits_{\{u_k, \cdots, u_n\}} V(s_k, u_k, \cdots, s_{n+1})$$

表示从第 k 阶段的状态 s_k 出发到第 n 阶段的终止状态的过程，采取最优策略所得到的指标函数值。其中"opt"是最优化（optimization）的缩写，根据实际情况可取 min 或 max。使 $V_{k,n}$ 取得 $f_k(s_k)$ 所对应的 k 子策略称为在给定状态 s_k 下的最优 k 子策略，记作 $p_{k,n}^*$。

常见的指标函数形式有：

① 求和型指标函数。求和型指标函数就是过程和它的任一子过程的指标是它所包含的各阶段的指标的和，即

$$V_{k,n}(s_k, u_k, \cdots, s_{n+1}) = \sum_{j=k}^{n} v_j(s_j, u_j)$$

式中，$v_j(s_j, u_j)$ 表示第 j 阶段的阶段指标，这时上式可写成

$$V_{k,n}(s_k, u_k, \cdots, s_{n+1}) = v_k(s_k, u_k) + V_{k+1,n}(s_{k+1}, u_{k+1}, \cdots, s_{n+1})$$

② 乘积型指标函数。乘积型指标函数就是过程和它的任一子过程的指标是它所包含的各阶段的指标的乘积，即

$$V(s_k, u_k, \cdots, s_{n+1}) = \prod_{j=k}^{n} v_j(s_j, u_j)$$

这时上式可写成

$$V_{k,n}(s_k, u_k, \cdots, s_{n+1}) = v_k(s_k, u_k) V_{k+1,n}(s_{k+1}, u_{k+1}, \cdots, s_{n+1})$$

2. 动态规划的基本思想

求解动态规划问题的基本思想就是 Bellman 在分析了大量多阶段决策问题所归纳出来的最优化原理，即对最优策略来说，无论过去的状态和决策如何，由前面诸决策所形成的状态出发，相应的剩余决策序列必构成最优子策略。也就是说，最优策略后部的子策略总是最优的。

此原理很容易用反证法加以证明。如在例 7.5 中，若从 A 到 G 最短线路为 $A \to B_1 \to C_2 \to D_1 \to E_2 \to F_2 \to G$，那么从 D_1 出发到点 G 的最短线路只能是 $D_1 \to E_2 \to F_2 \to G$。因为如果不是这样，则从点 D_1 到点 G 有另一条距离更短的路线存在，把它和原来由点 A 到点 D_1 的最短路线连接起来，就会得到由点 A 到点 G 的比假设最短路线还短的一条新路线，这与假设矛盾，是不可能的。

根据动态规划的基本思想可知，寻求最短路线的方法，就是从最后一段开始，用由后向前逐步递推的方法，求出各点到 G 点的最短路线。最后求出由点 A 到点 G 的最短路线，这种解法称为逆序解法。

下面结合例 7.5 来说明这种解法。

当 $k=6$ 时，由点 F_1 到终点只有一条路线，故 $f_6(F_1)=4$，同理 $f_6(F_2)=3$。

当 $k=5$ 时，出发点有三个 E_1, E_2, E_3。若从 E_1 出发，则有两条路线可以选择，一条是

到 F_1，另一条是到 F_2，则

$$f_5(E_1) = \min\left\{\begin{array}{l}d_5(E_1,F_1)+f_6(F_1)\\d_5(E_1,F_2)+f_6(F_2)\end{array}\right\} = \min\left\{\begin{array}{l}3+4\\5+3\end{array}\right\} = 7$$

所以其相应的决策为 $u_5^*(E_1)=F_1$。这说明，由 E_1 到终点 G 的最短路线为 $E_1 \rightarrow F_1 \rightarrow G$，最短距离为 7。

同理可得

$$f_5(E_2) = \min\left\{\begin{array}{l}d_5(E_2,F_1)+f_6(F_1)\\d_5(E_2,F_2)+f_6(F_2)\end{array}\right\} = \min\left\{\begin{array}{l}5+4\\2+3\end{array}\right\} = 5$$

得相应的决策 $u_5^*(E_2)=F_2$

$$f_5(E_3) = \min\left\{\begin{array}{l}d_5(E_3,F_1)+f_6(F_1)\\d_5(E_3,F_2)+f_6(F_2)\end{array}\right\} = \min\left\{\begin{array}{l}6+4\\6+3\end{array}\right\} = 9$$

得相应的决策 $u_5^*(E_3)=F_2$。

类似地，可算得

当 $k=4$ 时，有 $f_4(D_1)=7,u_4^*(D_1)=E_2$

$$f_4(D_2)=6,u_4^*(D_2)=E_2$$
$$f_4(D_3)=8,u_4^*(D_3)=E_2$$

当 $k=3$ 时，有 $f_3(C_1)=13,u_3^*(C_1)=D_1$

$$f_3(C_2)=10,u_3^*(C_2)=D_1$$
$$f_3(C_3)=9,u_3^*(C_3)=D_2$$
$$f_3(C_4)=12,u_3^*(C_4)=D_3$$

当 $k=2$ 时，有 $f_2(B_1)=13,u_2^*(B_1)=C_2$

$$f_2(B_2)=16,u_2^*(B_2)=C_3$$

当 $k=1$ 时，只有一个状态点 A，则

$$f_1(A) = \min\left\{\begin{array}{l}d(A,B_1)+f_2(B_1)\\d(A,B_2)+f_2(B_2)\end{array}\right\} = \min\left\{\begin{array}{l}5+13\\3+16\end{array}\right\} = 18$$

最短路线为 $A \rightarrow B_1 \rightarrow C_2 \rightarrow D_1 \rightarrow E_2 \rightarrow F_2 \rightarrow G$。逆序解法试算表见表 7-7。

表 7-7　逆序解法试算表

k	s_k	u_k	$d_{mk,nk}$	$f_{k+1}(u_k)$	$d_{mk,nk}+f_{k+1}(u_k)$	$f_k(s_k)$	u_k^*
6	F_1	G	4	0	4	4	G^*
	F_2	G	3	0	3	3	G^*
5	E_1	F_1	3	4	7	7	F_1^*
		F_2	5	3	8		
	E_2	F_1	5	4	9	5	F_2
		F_2	2	3	5		
	E_3	F_1	6	4	10	9	F_2
		F_2	6	3	9		

续表

k	s_k	u_k	$d_{mk,nk}$	$f_{k+1}(u_k)$	$d_{mk,nk}+f_{k+1}(u_k)$	$f_k(s_k)$	u_k^*
4	D_1	E_1	2	7	9	7	E_2^*
		E_2	2	5	7		
	D_2	E_2	1	5	6	6	E_2
		E_3	2	9	11		
	D_3	E_2	3	5	8	8	E_2
		E_3	3	9	12		
3	C_1	D_1	6	7	13	13	D_1
		D_2	8	6	14		
	C_2	D_1	3	7	10	10	D_1^*
		D_2	5	6	11		
	C_3	D_2	3	6	9	9	D_2
		D_3	3	8	11		
	C_4	D_2	8	6	14	12	D_3
		D_3	4	8	12		
2	B_1	C_1	1	13	14	13	C_2^*
		C_2	3	10	13		
		C_3	6	9	15		
	B_2	C_2	8	10	18	16	C_3
		C_3	7	9	16		
		C_4	6	12	18		
1	A	B_1	5	13	18	18	B_1^*
		B_2	3	16	19		

3. 构造动态规划模型

根据动态规划的概念及前面所述的例子不难看出,在用动态规划方法解决实际问题时,必须首先明确本问题中的阶段、状态、决策、策略以及指标函数,并建立状态转移方程,然后根据 k 阶段最优指标的大小找出与之对应的最优子策略,直至找出问题的最优解。我们把找出实际问题中的阶段、状态、决策、策略以及指标函数,建立状态转移方程这一过程称为建立动态规划模型。应该说建立动态规划模型是解决动态规划问题的第一步,也是非常重要的一步。模型建立得是否简洁、准确,直接关系到问题最优解的筛选及准确性。因此,建立动态规划模型是十分重要的。

在应用动态规划方法求解问题之前必须建立动态规划模型,由前面介绍的动态规划的基本概念和基本思想可知,在建立动态规划模型的过程中必须注意以下几点。

(1) 要解决的实际问题应由几个相互联系的阶段组成,而每个阶段始点往往存在几个可供选择的不同状态,对每一阶段都必须进行决策,同时要求能写出状态移动方程,有些实际问题阶段的组成并不明显,需要仔细地观察和人为地划分,对每一种状态可根据决策变量取值所对应的成本大小做出决策,进而找出最优策略(最低成本)。

(2) 在动态规划求解中不可避免地需要确定问题的策略、子策略和指标函数。一般来说,要解决的问题不同,策略和子策略的内容也不同,而指标函数的含义也随问题的改变而改变。

4. 动态规划问题的求解步骤

动态规划的基本方法是,从最后一个阶段的优化开始,按逆向顺序逐步向前一阶段优化扩展,并将后一阶段的优化结果带到前一个阶段中去,依次逐步向前递推,直至全过程的优化结束。这种逆向顺序逐步向前递推的方法可简称为逆序递推法,它是解决动态规划问题中经常采用的一种方法。其步骤可归纳如下。

(1) 将问题分为恰当的阶段,经常是按事物发展的时间和空间来划分不同阶段,各阶段的首尾要互相衔接。

(2) 正确选择状态变量 s_k,确定它在每一阶段的取值范围,使之既能有效地描述过程,又满足无后效性。

(3) 确定每阶段的允许决策集合 $D_k(s_k)$ 及决策变量 u_k。

(4) 正确写出状态转移方程 $s_{k+1}=T_k(s_k,u_k)$。

(5) 正确写出指标函数 $V_{k,n}$。

(6) 根据 Bellman 原理,写出动态规划方程。

【例 7.7】 在例 7.6 中,设机器在高负荷下生产的产量函数 $g=10u_1$,其中 u_1 为投入生产的机器数量,年完好率 $a=2/3$;在低负荷下生产的产量函数 $h=7u_2$,其中 u_2 为投入生产的机器数量,年完好率 $b=9/10$。开始生产时完好的机器数量 $s_1=100$,生产期数 $n=4$ 年,试用动态规划方法求解这个问题,使 n 年内产品产量最高。

解: 设阶段变量 k 表示期数,$k=1,2,3,4$;

状态变量 s_k 表示第 k 期初完好机器数;

决策变量 u_k 表示第 k 期中投入高负荷生产的机器数,则 s_k-u_k 为同期投入低负荷生产的机器数,由已知条件可知:

状态转移方程为

$$s_{k+1} = \frac{2}{3}u_k + \frac{9}{10}(u_k - x_k)$$

允许决策集合为

$$D_k(s_k) = \{u_k \mid 0 \leqslant u_k \leqslant s_k\}$$

第 k 期产量

$$v_k(s_k,u_k) = 10u_k + 7(s_k - u_k)$$

于是指标函数为

$$V_k = \sum_{j=k}^{4}\left[10u_j + 7(s_j - u_j)\right]$$

而最优函数 $f_k(s_k)$ 为第 k 期初从 s_k 出发到第 4 期结束时产品产量的最大值,所以由基本方程有

$$f_k(s_k) = \max_{u_k \in D_k(s_k)}\left\{10u_k + 7(s_k - u_k) + f_{k+1}\left[\frac{2}{3}u_k + \frac{9}{10}(s_k - u_k)\right]\right\}$$

显然 $f_5(s_5)=0$,计算分四步进行:

第一步,$k=4$ 时

$$f_4(s_4) = \max_{0 \leqslant u_4 \leqslant s_4} \{10u_4 + 7(s_4 - u_4) + f_5(s_5)\}$$

$$= \max_{0 \leqslant u_4 \leqslant s_4} \{3u_4 + 7s_4\} = 10s_4$$

$$u_4^* = s_4$$

第二步,$k = 3$ 时

$$f_3(s_3) = \max_{0 \leqslant u_3 \leqslant s_3} \left\{10u_3 + 7(s_3 - u_3) + f_4\left[\frac{2}{3}u_3 + \frac{9}{10}(s_3 - u_3)\right]\right\}$$

$$= \max_{0 \leqslant u_3 \leqslant s_3} \left\{10u_3 + 7(s_3 - u_3) + 10\left[\frac{2}{3}u_3 + \frac{9}{10}(s_3 - u_3)\right]\right\}$$

$$= \max_{0 \leqslant u_3 \leqslant s_3} \left\{\frac{2}{3}u_3 + 16s_3\right\} = \frac{50}{3}s_3$$

$$u_3^* = s_3$$

第三步,$k = 2$ 时

$$f_2(s_2) = \max_{0 \leqslant u_2 \leqslant s_2} \left\{10u_2 + 7(s_2 - u_2) + f_3\left[\frac{2}{3}u_2 + \frac{9}{10}(s_2 - u_2)\right]\right\}$$

$$= \max_{0 \leqslant u_2 \leqslant s_2} \left\{10u_2 + 7(s_2 - u_2) + \frac{50}{3}\left[\frac{2}{3}u_2 + \frac{9}{10}(s_2 - u_2)\right]\right\}$$

$$= \max_{0 \leqslant u_2 \leqslant s_2} \left\{22s_2 - \frac{8}{9}u_2\right\} = 22s_2$$

$$u_2^* = 0$$

第四步,$k = 1$ 时

$$f_1(s_2) = \max_{0 \leqslant u_1 \leqslant s_1} \left\{10u_1 + 7(s_1 - u_1) + f_2\left[\frac{2}{3}u_1 + \frac{9}{10}(s_1 - u_1)\right]\right\}$$

$$= \max_{0 \leqslant u_1 \leqslant s_1} \left\{10u_1 + 7(s_1 - u_1) + 22\left[\frac{2}{3}u_1 + \frac{9}{10}(s_1 - u_1)\right]\right\}$$

$$= \max_{0 \leqslant u_1 \leqslant s_1} \left\{\frac{134}{5}s_1 - \frac{32}{15}u_1\right\} = 26.8s_1$$

$$u_1^* = 0$$

将 $s_1 = 100$ 代入上式,求出最大产量为 2 680,而且可递推出

$$u_1^* = 0, \quad s_2 = \frac{2}{3}u_1^* + \frac{9}{10}(s_1 - u_1^*) = 90,$$

$$u_2^* = 0, \quad s_3 = \frac{2}{3}u_2^* + \frac{9}{10}(s_2 - u_2^*) = 81,$$

$$u_3^* = 81, \quad s_4 = \frac{2}{3}u_3^* + \frac{9}{10}(s_3 - u_3^*) = 54,$$

$$u_4^* = 54, \quad s_5 = \frac{2}{3}u_4^* + \frac{9}{10}(s_4 - u_4^*) = 36。$$

即最优策略为 $P^* = \{0, 0, 81, 54\}$。其含义是:前两期将完好机器全部投入低负荷生产,后两期将全部机器投入高负荷生产,第四期末剩下的完好机器数为 36 台。

7.4 非线性规划

在实际问题中存在一类特殊的最优化问题,它们的目标函数或约束条件中包含有自变量的非线性函数,则将这一类特殊的规划问题称为非线性规划,简记为 NP。在实际情况中,有些问题需要用非线性规划模型表达,借助非线性规划的解法来求解。一般来说,解非线性规划问题要比解线性规划问题困难得多。而且,也不像线性规划有单纯形法这一通用方法,非线性规划目前还没有适于各种问题的一般算法,各个方法都有自己特定的适用范围。非线性规划是线性规划的进一步发展和继续。许多实际问题如设计问题、经济平衡问题都属于非线性规划的范畴。非线性规划扩大了数学规划的应用范围,同时也给数学工作者提出了许多基本理论问题,使数学中的如凸分析、数值分析等也得到了发展。

非线性规划问题模型的一般形式为

$$\min f(x)$$
$$\begin{cases} h_i(x) = 0 & i = 1, 2, \cdots, m \\ g_j(x) \geqslant 0 & j = 1, 2, \cdots, l \end{cases} \tag{7-11}$$

一般将不带有约束的极小化问题称为无约束极小化问题;根据约束条件是否是等式,还可以将非线性规划问题分为等式约束下的极小化问题和不等式约束下的极小化问题。

7.4.1 基本概念

下面介绍有关非线性规划问题的基本概念。

(1) 整体最优解。$f(x)$ 为目标函数,S 为可行域,若 $x^* \in S$,对于一切 $x \in S$,恒有 $f(x^*) \leqslant f(x)$,则称 x^* 为最优化问题的整体最优解。若 $x^* \in S$,对于一切 $x \in S$,$x \neq x^*$,恒有 $f(x^*) < f(x)$,则称 x^* 为最优化问题的严格整体最优解。

(2) 局部最优解。若 $x^* \in S$,存在 x^* 的某邻域 $N_\varepsilon(x^*)$,使得对于一切 $x \in S \cap N_\varepsilon(x^*)$ 恒有 $f(x^*) \leqslant f(x)$,则称 x^* 为最优化问题的局部最优,其中 $N_\varepsilon(x^*) = \{x \mid \parallel x - x^* \parallel < \varepsilon, \varepsilon > 0\}$。若 $x^* \in S$,对于一切 $x \in S \cap N_\varepsilon(x^*)$,$x \neq x^*$,恒有 $f(x^*) < f(x)$,则称 x^* 为最优化问题的严格局部最优解。

显然,整体最优解一定是局部最优解,但局部最优解不一定是整体最优解。一般情况下,从所有可行解中找出整体最优解是困难的,往往只能求出局部最优解。

(3) 凸函数。设 S 是 n 维欧几里得空间 $\mathbf{R}^n$ 中的一个子集,若任意两点 $x^{(1)} \in S$,$x^{(2)} \in S$ 的连线上的所有点 $\alpha x^{(1)} + (1-\alpha) x^{(2)} \in S (0 \leqslant \alpha \leqslant 1)$ 都成立,则称 S 为凸集。对定义于凸集上的实值函数 $f: S \rightarrow \mathbf{R}$,若对于凸集合中的任意两点 $x^{(1)}$ 和 $x^{(2)}$,恒有

$$f(\alpha x^{(2)} + (1-\alpha) x^{(1)}) \leqslant \alpha f(x^{(2)}) + (1-\alpha) f(X^{(1)}) \quad (0 \leqslant \alpha \leqslant 1) \tag{7-12}$$

成立,则式(7-12)被称为凸函数。若 $-f(x)$ 是凸函数,则 $f(x)$ 为凹函数。

凸函数的几何解释如图 7-2 所示。设 $x^{(1)}$ 和 $x^{(2)}$ 是凸函数上任意两点,$\alpha x^{(1)} + (1-\alpha) x^{(2)}$

是这两点连线上的一点,则在 $\alpha x^{(1)}+(1-\alpha)x^{(2)}$ 处的函数值 $f(\alpha x^{(1)}+(1-\alpha)x^{(2)})$ 不大于 $f(x^{(1)})$ 和 $f(x^{(2)})$ 的加权平均值 $\alpha f(x^{(1)})+(1-\alpha)f(x^{(2)})$。也就是说,连接函数曲线上任意两点的弦不在曲线的下方。

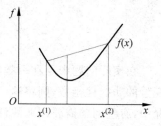

图 7-2　凸函数的几何解释

判断一个函数是否为凸函数,除了依据上述定义外,对于可微函数还可以使用下面两个充分必要条件。

① 判断凸性的一阶充要条件。设 S 是 n 维欧几里得空间 $\mathbf{R}^n$ 上的开凸集,$f(x)$ 在 S 上具有一阶连续偏导数,则 $f(x)$ 为 S 上的凸函数的充要条件是,对任意两个不同点 $x^{(1)}\in S$ 和 $x^{(2)}\in S$,恒有

$$f(x^{(2)})\geqslant f(x^{(1)})+\nabla f(x^{(1)})^{\mathrm{T}}(x^{(2)}-x^{(1)})$$

其中 $\nabla f(x)^{\mathrm{T}}$ 为函数 $f(x)$ 在点 x 处的梯度向量的转置。

$$\nabla f(x)=\left(\frac{\partial f(x)}{\partial x_1},\frac{\partial f(x)}{\partial x_2},\cdots,\frac{\partial f(x)}{\partial x_n}\right)^{\mathrm{T}}$$

② 判断凸性的二阶充要条件。设 S 是 n 维欧几里得空间 $\mathbf{R}^n$ 上的开凸集,$f(x)$ 在 $\mathbf{R}$ 上具有二阶连续偏导数,则 $f(x)$ 为 $\mathbf{R}$ 上的凸函数的充要条件是:$f(x)$ 的 Hessian 矩阵 $H(x)$ 在 $\mathbf{R}$ 上处处半正定,即

$$Z^{\mathrm{T}}H(x)Z\geqslant 0$$

式中,

$$H(x)=\begin{bmatrix}\dfrac{\partial^2 f(x)}{\partial x_1^2} & \dfrac{\partial^2 f(x)}{\partial x_1 \partial x_2} & \cdots & \dfrac{\partial^2 f(x)}{\partial x_1 \partial x_n}\\[2mm] \dfrac{\partial^2 f(x)}{\partial x_2 \partial x_1} & \dfrac{\partial^2 f(x)}{\partial x_2^2} & \cdots & \dfrac{\partial^2 f(x)}{\partial x_2 \partial x_n}\\[2mm] \vdots & & & \\[2mm] \dfrac{\partial^2 f(x)}{\partial x_n \partial x_1} & \dfrac{\partial^2 f(x)}{\partial x_n \partial x_2} & \cdots & \dfrac{\partial^2 f(x)}{\partial x_n^2}\end{bmatrix}$$

(4) 凸规划问题。将式(7-11)展开如下形式

$$\min_{x\in R}f(x)$$
$$\mathrm{s.t.}\quad C_i(x)=0 \quad i\in E \tag{7-13}$$
$$C_i(x)\geqslant 0 \quad i\in K$$

式中,E 和 K 是下标的有限集合。当目标函数 $f(x)$ 为凸函数,等式约束函数 $C_i(i\in E)$ 是一次函数,不等式约束函数 $C_i(i\in K)$ 是凹函数时,称式(7-13)为凸规划问题。

可以证明,凸规划的可行域为凸集,其局部最优解即为全局最优解,而且其最优解的集合形成一个凸集。当凸规划的目标函数 $f(x)$ 为严格凸函数时,若其存在最优解,那么其最优解必定唯一。由此可见,凸规划是一类比较简单而又具有重要理论意义的非线性规划。

若 x^* 是式(7-13)的局部最优解,在约束条件中,满足 $C_i(x^*)=0$ 的条件被称为 x^* 处起作用的约束条件。自然,等式约束条件一定是起作用约束条件。若在 x^* 处的起作用的梯度向量 $\nabla C_i(x^*)$ 线性无关,则称 x^* 为正则点。此时,对于式(7-13)的最优化条件有

如下定理成立。

Kuhn-Tucher(库恩-塔克)条件 若 x^* 是式(7-13)的局部最优解,且 x^* 为正则点,则存在向量 $\boldsymbol{\Gamma}^* = (\gamma_1^*, \gamma_2^*, \cdots, \gamma_l^*)^{\mathrm{T}}$,使下述条件成立

$$\nabla f(x^*) - \sum_{j=1}^{l} \gamma_j^* \ \nabla g_j(x^*) = 0$$
$$\gamma_j^* g_j(x^*) = 0 \quad j = 1, 2, \cdots, l \tag{7-14}$$
$$\gamma_j^* \geqslant 0 \quad j = 1, 2, \cdots, l$$

式(7-14)简称为 K-T 条件。满足这个条件的点称为库恩-塔克点(或 K-T 点)。K-T 条件是非线性规划领域中最重要的理论成果之一,是正则点 x^* 成为局部最优解的必要条件。但一般说它并不是充分条件(对于凸规划,它既是最优点存在的必要条件,同时也是充分条件)。

【例 7.8】 某企业有 n 个项目可供选择投资,并且至少要对其中一个项目投资。已知该企业拥有总资金 A 元,投资于第 $i(i=1, \cdots, n)$ 个项目需花资金 a_i 元,并预计可收益 b_i 元。试选择最佳投资方案。

解: 这是一个投资决策问题,设投资决策变量为

$$x_i = \begin{cases} 1, & \text{决定投资第 } i \text{ 个项目} \\ 0, & \text{决定不投资第 } i \text{ 个项目} \end{cases}, \quad i = 1, \cdots, n,$$

则投资总额为 $\sum_{i=1}^{n} a_i x_i$,投资总收益为 $\sum_{i=1}^{n} b_i x_i$。因为该公司至少要对一个项目投资,并且总的投资金额不能超过总资金 A,故有限制条件

$$0 < \sum_{i=1}^{n} a_i x_i \leqslant A$$

另外,由于 $x_i(i=1, \cdots, n)$ 只取值 0 或 1,所以还有

$$x_i(1 - x_i) = 0, \quad i = 1, \cdots, n$$

最佳投资方案应是投资额最小而总收益最大的方案,所以这个最佳投资决策问题归结为在总资金以及决策变量(取 0 或 1)的限制条件下,极大化总收益和总投资之比。因此,其数学模型为

$$\max Q = \frac{\sum_{i=1}^{n} b_i x_i}{\sum_{i=1}^{n} a_i x_i}$$

$$\text{s.t. } 0 < \sum_{i=1}^{n} a_i x_i \leqslant A$$

$$x_i(1 - x_i) = 0, \quad i = 1, \cdots, n$$

对于一个实际问题,在把它归结成非线性规划问题时,一般要注意如下几点。

(1)确定供选方案。首先要收集同问题有关的资料和数据,在全面熟悉问题的基础上,确认什么是问题的可供选择的方案,并用一组变量来表示它们。

(2)提出追求目标。经过资料分析,根据实际需要和可能,提出要追求极小化或极大化的目标。并且,运用各种科学和技术原理,把它表示成数学关系式。

（3）给出价值标准。在提出要追求的目标之后，要确立所考虑目标的"好"或"坏"的价值标准，并用某种数量形式来描述它。

（4）寻求限制条件。由于所追求的目标一般都要在一定的条件下取得极小化或极大化效果，因此还需要寻找出问题的所有限制条件，这些条件通常用变量之间的一些不等式或等式来表示。

7.4.2　非线性规划的 MATLAB 解法

MATLAB 中非线性规划的数学模型写成以下形式：

$$\min f(x)$$

$$\begin{cases} Ax \leqslant B \\ \text{Aeq} \cdot x = \text{Beq} \\ C(x) \leqslant 0 \\ \text{Ceq}(x) = 0 \end{cases},$$

式中，$f(x)$ 是标量函数；$A, B, \text{Aeq}, \text{Beq}$ 是相应维数的矩阵和向量；$C(x), \text{Ceq}(x)$ 是非线性向量函数。

MATLAB 中的命令是：

$$X = \text{FMINCON}(\text{FUN}, \text{X0}, A, B, \text{Aeq}, \text{Beq}, \text{LB}, \text{UB}, \text{NONLCON}, \text{OPTIONS})$$

它的返回值是向量 x，其中 FUN 是用 M 文件定义的函数 $f(x)$；X_0 是 x 的初始值；$A, B, \text{Aeq}, \text{Beq}$ 定义了线性约束 $A * x \leqslant B, \text{Aeq} * x = \text{Beq}$，如果没有等式约束，则 $A = []$，$B = [], \text{Aeq} = [], \text{Beq} = []$；LB 和 UB 是变量 x 的下界和上界，如果上界和下界没有约束，则 $\text{LB} = [], \text{UB} = []$，如果 x 无下界，则 $\text{LB} = -\inf$，如果 x 无上界，则 $\text{UB} = \inf$；NONLCON 是用 M 文件定义的非线性向量函数 $C(x), \text{Ceq}(x)$；OPTIONS 定义了优化参数，可以使用 MATLAB 缺省的参数设置。

【例 7.9】　求下列非线性规划问题

$$\begin{cases} \min f(x) = x_1^2 + x_2^2 + 8 \\ x_1^2 - x_2 \geqslant 0 \\ -x_1 - x_2^2 + 2 = 0 \\ x_1, x_2 \geqslant 0 \end{cases}$$

（1）编写 M 文件 fun1. m

```
functionf = fun1(x);
f = x(1)^2 + x(2)^2 + 8;
```

编写 M 文件 fun2. m

```
function[g, h] = fun2(x);
g = - x(1)^2 + x(2);
h = - x(1) - x(2)^2 + 2;
```

（2）在 MATLAB 的命令窗口依次输入

```
options = optimset;
```

```
[x,y] = fmincon('fun1',rand(2,1),[],[],[],[],zeros(2,1),[],...'fun2',options)
```

就可以求得当 $x_1=1$，$x_2=1$ 时，最小值 $y=10$。

7.4.3　求解非线性规划的基本迭代格式

记(NP)的可行域为 K，若 $x^* \in K$，并且 $f(x^*) \leqslant f(x)$，$\forall x \in K$，则称 x^* 是(NP)的整体最优解，$f(x^*)$ 是(NP)的整体最优值。如果有 $f(x^*) < f(x)$，$\forall x \in K, x \neq x^*$，则称 x^* 是(NP)的严格整体最优解，$f(x^*)$ 是(NP)的严格整体最优值。

若 $x^* \in K$，并且存在 x^* 的邻域 $N_\delta(x^*)$，使 $f(x^*) \leqslant f(x)$，$\forall x \in N_\delta(x^*) \bigcap K$，则称 x^* 是(NP)的局部最优解，$f(x^*)$ 是(NP)的局部最优值。如果有 $f(x^*) < f(x)$，$\forall x \in N_\delta(x^*) \bigcap K$，则称 x^* 是(NP)的严格局部最优解，$f(x^*)$ 是(NP)的严格局部最优值。

由于线性规划的目标函数为线性函数，可行域为凸集，因而求出的最优解就是整个可行域上的全局最优解。非线性规划却不然，有时求出的某个解虽是一部分可行域上的极值点，但并不一定是整个可行域上的全局最优解。

对于非线性规划模型，可以采用迭代方法求它的最优解。迭代方法的基本思想是：从一个选定的初始点 $x^0 \in \mathbf{R}^n$ 出发，按照某一特定的迭代规则产生一个点列 $\{x^k\}$，使得当 $\{x^k\}$ 是有穷点列时，其最后一个点是(NP)的最优解；当 $\{x^k\}$ 是无穷点列时，它有极限点，并且其极限点是(NP)的最优解。

设 $x^k \in \mathbf{R}^n$ 是某迭代方法的第 k 轮迭代点，$x^{k+1} \in \mathbf{R}^n$ 是第 $k+1$ 轮迭代点，记

$$x^{k+1} = x^k + t_k p^k \tag{7-15}$$

这里 $t_k \in \mathbf{R}^1$，$p^k \in \mathbf{R}^n$，$\| p^k \| = 1$，显然 p^k 是由点 x^k 与点 x^{k+1} 确定的方向。式(7-15)就是求解非线性规划模型(NP)的基本迭代格式。

通常，我们把基本迭代格式(7-15)中的 p^k 称为第 k 轮搜索方向，t_k 为沿 p^k 方向的步长，使用迭代方法求解(NP)的关键在于，如何构造每一轮的搜索方向和确定适当的步长。

设 $\bar{x} \in \mathbf{R}^n$，$p \neq 0$，若存在 $\delta > 0$，使 $f(\bar{x}+tp) < f(\bar{x})$，$\forall t \in (0,\delta)$，称向量 p 是 f 在点 $\bar{x}$ 处的下降方向。

设 $\bar{x} \in \mathbf{R}^n$，$p \neq 0$，若存在 $t > 0$，使 $\bar{x}+tp \in K$，称向量 p 是点 $\bar{x}$ 处关于 K 的可行方向。

一个向量 p，若既是函数 f 在点 $\bar{x}$ 处的下降方向，又是该点关于区域 K 的可行方向，则称之为函数 f 在点 $\bar{x}$ 处关于 K 的可行下降方向。

现在，我们给出用基本迭代格式(7-15)求解(NP)的一般步骤如下。

(1) 选取初始点 x^0，令 $k=0$。

(2) 构造搜索方向，依照一定规则，构造 f 在点 x^k 处关于 K 的可行下降方向作为搜索方向 p^k。

(3) 寻求搜索步长。以 x^k 为起点沿搜索方向 p^k 寻求适当的步长 t_k，使目标函数值有某种意义的下降。

(4) 求出下一个迭代点。按迭代格式(7-15)求出 $x^{k+1} = x^k + t_k p^k$。

若 x^{k+1} 已满足某种终止条件，停止迭代。

思考与练习题

1. 试述最优化问题的数学模型的结构及各要素的特征。

2. 试述单纯形法的基本思想和计算步骤。

3. 试述动态规划的最优化原理、动态规划方法的基本思想和动态规划基本方程的结构。

4. 某工厂生产甲、乙两种产品,单位产品的销售价格和所需要的原料的数量、原料的供应量及单价如表 7-8 所示,问工厂应如何安排生产,才能使所获利润最大? 建立该线性规划问题的数学模型。

表 7-8　原料的供应量及单价

项目	甲	乙	日供应量	原料单价/(百元/kg)
原料 A/kg	6	2	180	1
原料 B/kg	4	10	400	2
原料 C/kg	3	5	210	14
销售价格/百元	120	150		

5. 用单纯形法求解下面的线性规划问题。

$$\max z = 15x_1 + 25x_2$$

$$\text{s. t.} \begin{cases} 3x_1 + 2x_2 \leqslant 64 \\ 2x_1 + x_2 \leqslant 40 \\ 3x_2 \leqslant 75 \\ x_1, x_2 \geqslant 0 \end{cases}$$

6. 某工厂有 5 台设备分配给编号为 $j=1,2,3$ 的三个车间。使用不同的设备对每个车间带来的经济收益 $g_j(x_i)$ 如表 7-9 所示。

表 7-9　使用不同设备带来的经济收益　　　　　　　　单位:万元

项目	车间 1	车间 2	车间 3
设备 1	3	5	4
设备 2	7	10	6
设备 3	9	9	11
设备 4	10	11	12
设备 5	13	11	12

问应如何把设备分配给各个车间,才能使总收益最大?

第 8 章

面向复杂系统的研究方法

人类对客观世界的探索是一个从简单到复杂,从单一、具体到整体、抽象的过程。但认知过程的不充分性对客观存在的复杂性并无影响,客观存在的复杂性不会也不可能随着科学技术的发展而消失,它即使能被认知,仍然是复杂的。系统科学本身就是研究复杂性的科学,对客观存在的复杂现象和复杂系统进行研究,是我们传承 20 世纪人类在不同领域取得的伟大成就,解决 21 世纪所面临的严峻问题所提出的要求。本章介绍一些复杂系统的研究方法。

8.1 复杂网络简介

自然界和人类社会中存在着形式各异的复杂系统,取得了突破性研究进展的复杂网络是用来描述复杂系统并帮助我们更深入地了解其特性的重要工具之一。

复杂网络对于系统科学有着极其重要的理论意义和工程应用价值,中国系统工程学会将复杂网络对系统工程与系统科学的贡献作了深远的展望。众所周知,结构是客观事物的基本属性,也是各学科领域研究的一个重要问题。虽然每门学科在其研究对象的结构方面,都有非常丰富的具体成果,但从系统学的高度、横跨物质系统、生物系统和社会经济系统的具体研究成果,也就是系统学层面的成果还不多,其系统层面的内涵迄今还没有完备的阐述。复杂网络是综合以往的自组织理论、非线性理论与复杂性理论研究的成果而形成的崭新的理论。复杂网络的兴起,为系统科学的研究开阔了视野,提供了全新的视角。复杂网络作为复杂系统的一般抽象和描述方式,突出强调了系统结构的拓扑特征。可以说,任何复杂系统都可以当作复杂网络来研究。以复杂网络形式研究复杂系统,可以加深人们对系统结构的深入了解,随着复杂网络研究的深入以及用网络理论研究系统演化工作的深入开展,复杂系统演化的研究必将出现新的突破性结果;反过来,复杂网络的研究成果对探索复杂性具有一定的启发和借鉴意义。当然也可以从系统科学的角度来研究网络,这也是网络研究的新视角。可见,利用网络理论对系统进行研究,是系统科学一种新的研究手段。

8.1.1 确定性系统与早期网络模型

在数学模型中,有相当一部分离散模型是网络模型。分析和解决网络模型的有力工具是图论,图论中的"图"并不是通常意义下的几何图形或物体的形状图,而是以一种抽象的形式来表达一些确定的事物,以及这些事物之间具备或不具备某种特定关系的一个数学系统。

早在 1736 年,欧拉(Euler)就把所谓的哥尼斯堡(Konigsberg)七桥问题化为图论问题来研究。哥尼斯堡七桥问题是这样的：哥尼斯堡是一座城市，位于名叫普莱格尔 (Pregel) 的河上，河中有两个岛屿 A 与 D，为了沟通城市交通，岛与岛及岛与岸之间架设了七座桥，如图 8-1 所示。现在的问题是，要从任何一地出发游历城，是否能在每座桥只允许通过一次的前提下，最后又返回到原出发地？实际上，任何这样的尝试都没有成功。后来欧拉创造了一种图论的方法证明了哥尼斯堡七桥问题不可能有解。

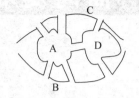

图 8-1　哥尼斯堡七桥示意图

当人们掌握了系统中的事物及其事物间的相互关系，就可以用数学的一个分支图论来描述这个确定性的系统。这时，系统部件就抽象为图中的节点，部件之间的相互关系就抽象为连接这些节点的边，则描述该确定系统拓扑结构的规则图就清晰地展示在我们的面前。规则网络的特性是平均群聚程度高，平均路径长度长，网络拓扑结构较均衡。

当确定性系统中的某些因素产生变化时，规则网络不能完全反映该系统的特性。对于那些部件之间随机发生相互作用的大型复杂系统，就不能用规则图来描述其拓扑结构特性，随机图可用来描述这类系统。1960 年匈牙利数学家 Erdös 和 Rényi 提出了随机网络模型（ER 模型）。这个有影响的模型由 n 个节点构成，每个节点以概率 p 通过一条边连接到另一节点上。该随机网络节点具有 k 条边（或度为 k）的概率服从泊松分布，网络中大多数节点具有大约相同的连接边数，节点平均度为 $<k>$。这个模型奠定了随机网络理论的基础，使得随机网络理论被人们广泛接受，随机网络理论成为当时复杂网络研究的主流。随机网络具有较短的平均路径长度，但随机网络的群聚系数远小于同样规模的规则网络。

1998 年美国康奈尔大学 Watts 和 Strogatz 提出了小世界模型，该模型描述从一个局部有序系统（确定性系统）到一个随机网络的转化过程，模型从具有 n 个节点的规则环形网开始，环形网中的每个节点连接到它的 d 个最近邻接节点上，然后每条边以概率 p 随机重连，不允许自环与重边出现。这样构成的网络当随机重连概率为 0 时，仍然是规则网络，当概率大于 0 时，网络的平均最短路径长度就要发生变化，而群聚系数变化不大，网络具有平均最短路径小、群聚系数大的特征即小世界特性。

8.1.2　实际网络的拓扑结构

1999 年开始，Barabási 等人对万维网这个开放的、不断变化的复杂系统进行了研究。他们用编制的软件，从一个给定网页出发，把在该网页上搜索到的所有超链接都记录下来，并循着这些连接去访问更多的网页，搜集更多的连接边。用搜索到的数据构造了一个网络，把网页作为节点，把从一个网页指向另一个网页的超链接作为边，利用统计力学作为工具，确定网络中的节点具有 k 条出边或入边的概率。结果发现，出边概率 $p_{out}(k)$ 和入边概率 $p_{in}(k)$ 都呈幂律分布，与随机图经典理论预测的泊松分布大不相同。幂律分布就表明网络中大量的网站仅与几条少数连接边连接、少量网站具有中等数量连接边、极少数也是值得注意的几个网站具有大量连接边，这些少数具有大量连接的节点称为"中枢节点"。Barabási 把幂律度分布网络称为"无标度"（scale-free）网络。Barabási 等人从对万维网的研究中还发现,在规模为 8 亿节点的网络中任选两个网页,从一个网页平均只需单击 19 次,就可找到另一网页,说明无标度网络具有小世界网络特性。研究过程中发现对于一个有 325 729 个节点的网络,平均路径长度为 11.2,而有 8 亿个节点的万维网路径长度约为 19。

L. A. Adamic 和 B. A. Huberman 采用稍微不同的方式对万维网进行研究。每个节点代表一个独立的域名,如果一域名中的任意网页与另一个域名中的任意网页连接,则两节点相连接。用这种方法把同一个域名中的网页归并在一起,表示节点的一个非平凡集,入度分布仍遵循幂函数规律。

这种非均匀的拓扑结构也会在其他复杂系统中出现吗? Faloutsos 三兄弟的研究给出了答案。他们并非从虚拟网络出发研究复杂系统,而是通过国际互联网这个实体网络,从两个不同层次对网络拓扑结构进行了研究。在路由器层,节点就是把数据包从一台计算机传到另一台的路由器,边就是它们之间的连接。在自主系统层,节点就是路由器和计算机的组合,边就是各种物理连接。令人惊奇的是,这两种情况都得出度分布服从幂律分布的结论。

长途电话的结构本身就形成大型有向网络。在网络中节点就是电话号码,从主叫用户到被叫用户的每一次电话接通就是一条边。J. Abello,P. M. Pardalos 和 M. G. C. Resende 研究了在一天中长途电话构成的电话图。发现出边和入边的度分布都服从幂函数规律。

除了在网络方面的研究外,在社会网中 Barabási 等人还研究了电影演员合作网。在这个网络中,节点就是演员,如果两位演员在同一部电影中演出,则相应的两个节点间就有一条共有边。演员有 k 条连接边(表征他或她受欢迎的程度)的概率对于大 k 有幂律尾部。Newman 研究了由科学家构成的科研合作网,其中节点代表科学家,如果两位科学家共同合写了一篇论文,则两个节点相连接。结果发现,高能物理学的合作网络的度分布几乎是一个完美的幂律分布,而物理学、生物医学研究和计算机科学合作网络数据库显示出尾部具有较大指数的幂律分布。Barabási 等人研究了 1991—1998 年之间数学家、神经科学家合作出版论文的合作图,同样发现这两个网络的度分布服从幂函数规律。由学术刊物的引用方式构成了一个相当复杂的网络,节点代表了已发表的论文,有向边表示对以前发表论文的参阅。Redner 的研究发现一篇论文被引用 k 次的概率服从幂律分布。Liljeros 等人发现,人类性接触网中女性和男性性伙伴的分布都有幂律度分布。在语言学网的研究中 Ferreri Cancho 等人发现,当单词的度在 1 000～100 000 之间时,度分布服从幂律分布。Yook 等人的另一项同义词研究表明,度分布具有幂律尾部。

另外,在生物网络中也有一些发现。Jeong 等人研究了 43 种有机物的新陈代谢作用,在细胞网络中,节点就是酶作用物,边就代表这些酶作用物能够直接参与的主要的有向化学反应,结果发现所有有机物的出边和入边度分布都服从幂函数规律。Jeong 等人还研究了描述蛋白质之间的相互作用图,节点就是蛋白质,如果实验表明它们凝结在一起,则相连接。这些相互作用研究表明,酵母蛋白质相互作用图的度分布服从幂函数规律。

系统结构的连接出现幂律分布已成为许多复杂系统的共性,在许多复杂系统背后,都存在着一个构成网络基础的非均匀拓扑结构,产生这种幂律分布的机理是什么? 需要根据对实际网络的观察分析,建立模型进行理论研究。

8.1.3　复杂网络模型及特性

Barabási 等人经研究发现,现有的各种随机网络模型都不能够反映实际网络的无标度特性。无标度特性源于众多网络所共有的两种生成机理:其一为网络通过增添新节点而连续扩张;其二为新节点择优连接到具有大量连接边的节点上。现实世界中,大多数实际网络就是通过不断地增添新节点而扩张的开放系统;又同时呈现出择优连接迹象,新节点连接到某个节点的概率与该节点的度有关。

在对复杂网络的研究中,Albert 等人发现无标度网络对故障有着惊人的耐受性。虽然一些部件经常会发生故障,但局部故障几乎不可能影响互联网的信息传递功能。在细胞代谢网络中,尽管在猛烈的药物或环境干扰下,简单有机物照样增长、持续生存并繁殖。这种对故障的极端稳健性源于网络非均匀的拓扑结构,因为幂律分布就意味着大量的节点只有少数几条连接边,这些连通度小的节点有较大的可能性被选出,移除这些节点对整个网络的拓扑结构没有什么影响。Cohen 等人的研究表明,无标度网络不可能出现渗流理论中所指出的现象,即通过随机移除节点而使网络分裂成不连通的碎片。因为连通度小的节点数远远大于中枢节点的节点数,随机移除节点很有可能影响连通度小的节点,而不是有许多连接边的中枢节点。因此节点移除,不会造成网络拓扑结构的重大破坏。Solé 等人的研究指出,网络的不均匀性就是细胞对于随机变异能够自我复原的原因之一,它同时揭示了对于随机的物种灭绝,为什么生态系统不会崩溃的原因。Callaway 等人的研究也证实了这个结果。

无标度网络有其稳健的一面,也有脆弱的一面。Albert 等人的研究揭示了这种特性。若有针对性地按照连通度减少的顺序选择并移除若干节点,则会强有力地改变网络的拓扑特性,极大地削弱节点彼此连通的能力。表明中枢节点的存在,使无标度网络很容易受到智能型打击的伤害。如果能够毁坏中枢点,整个系统就会瘫痪。Dezsö 等人的研究表明,传统消灭生物病毒或计算机病毒的方法是减少病毒传染率,当传染率小于传染临界值,病毒就会自然消亡。在无标度网络中,若同时对所有感染节点进行处理,代价非常大。若随机治疗,则是无效的,不能改变无临界值的传播过程。但若采用辨识中枢点,治愈中枢点的倾斜政策,就可恢复传染临界值并消灭病毒,这样做可大大降低成本,提高效益。回顾几年前的 SARS 战役,若能证实 SARS 病毒传播网也具有无标度特性,则可利用上述研究成果,及早识别出那些传染中枢点(媒体称为"毒王"的病人)进行治疗,就可取得较好的成本效益。

8.2　边界带系统研究的基本原理

我们把具有感知反应特征和特性的系统称为感知反应系统,简称为 SAR 系统,它是 sensitive and reactive 的缩写。以研究 SAR 系统的构造及其演变的一般规律为宗旨的理论称为 SAR 系统理论。作为复杂系统中的一类,SAR 系统理论也是以系统演化作为自己研究的中心任务之一,它有着一套独特的系统演化理论。系统的进化、发展可以认为是一个由相对简单到相对复杂,由相对低级到相对高级的演变过程,所以如何对一个系统的复杂性程度进行度量是一项必不可缺的重要工作。

8.2.1 SAR 系统的基本演化方程

任何一类定量化系统都有自己的模型形式,SAR 系统的基本演化方程是一类变结构的方程组,能够用来描述系统结构的扩张、收缩等复杂情况。

1. 概念

这里我们不是要去研究系统个别的、特殊的形态以及结构,而是要注重去研究 SAR 系统具有普遍意义的一般性原理。SAR 系统理论的主要任务是要研究 SAR 系统的结构、功能与行为;SAR 系统的数学描述、系统的建模及其计算机模拟;SAR 系统在典型领域中的各种应用。

研究路线可分别三步走:第一,对现实世界各领域中存在的形形色色的感知反应现象作细致的观测和分析,透过现象提高对感知反应本质的认识和理解;第二,通过类比分析,从各种貌似形态各异的感知反应现象中抽象、提取出它们共有的本质特征;第三,归纳总结出关于 SAR 系统发生、发展和消亡的普遍规律和机理。在研究方式上采用从定性到定量的综合分析,将正确的理论和有益的经验与具体的实际过程紧密地结合起来。在定性研究方面,以马克思主义辩证唯物论的哲学思想为指导,采用符合人类认识过程规律的螺旋式推进的研究思路,由表及里,由浅入深,层层推进,抓住矛盾的主要方面,把握好事物的本质。在定量研究方面,遵循复杂系统研究的整体性、相关性、层次性、动态性等基本原则,合理地定义和选择系统内外部的各种变量要素;适当地处理好 SAR 系统边界的确定问题(后面的研究将表明边界分析在系统研究中是一个非常关键的环节);正确地构造系统的动力学方程及其模型,并借助于计算机模拟来揭示系统的演化规律。

2. 基本演化方程

SAR 系统理论是一门采用定性与定量相结合的方法研究系统结构、功能和行为演化的学科,建立基本的数学模型框架是研究工作的起点。如前所述,SAR 系统理论是一种关于感知反应问题研究的一般理论,它应能广泛地应用于生物学、心理学、地理学、医学、经济学等一大类领域中,因此要求它的基本演化方程应尽可能地具有普适的特性。当然这里所说的普适性是相对而言的,因为每一个具体系统的数学方程都有其自身特定的假设或限制条件。

SAR 系统是一类开放的、动态的系统,因此在它的基本演化方程中除了应包含系统的内生变量之外,还必须包含环境变量和时间变量。先考虑连续时间过程的情况。在全系统结构中(见图 8-2),我们记

X——对象系统(本体系统 S)内部要素及其关系的集合;

Y——在任何情况下都不考虑发生感知反应的那部分(环境系统 E)内的要素及其关系的集合;

Z——位于感知反应环境(区域边界 B)内的要素及其关系的集合。

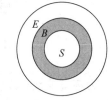

图 8-2　全系统的框架结构

当不发生感知反应时,反应流线不起作用,Z 游离到环境系统中去,这时 SAR 全系统中的本体系统为 X,环境系统为 $Y+Z$;当发生感知反应时,感知虚流线转变成实流线,Z 被本体系统捕获,这时 SAR 全系统中的本体系统为 $X+Z$,环境系统为 Y。SAR 全系统的动力学方程可表达为

$$\frac{dX(t)}{dt} = F(X,Y,Z,t) \tag{8-1}$$

$$\frac{dY(t)}{dt} = G(Y,Z,t) \tag{8-2}$$

$$\frac{dZ(t)}{dt} = \begin{cases} H_1(Y,Z,t), & \text{IF}_1\{K(X,Z,t)\} \\ H_2(X,Y,Z,t), & \text{IF}_2\{K(X,Z,t)\} \end{cases} \tag{8-3}$$

以上各式中 X,Y,Z 的定义同前,t 为时间变量,$K(X,Z,t)$ 为感知强度的集合;IF_1,IF_2 分别为 SAR 系统不感知反应和感知反应条件表达式的集合;F,G,H_1,H_2 均为非线性函数,在更一般的情况下它们还可包含空间坐标及其变化率和随机因素等。式(8-1)称为本体系统方程;式(8-2)称为环境系统方程;式(8-3)称为感知反应方程。

可以看出,SAR 系统理论所要研究的问题与通常的开放系统问题不同,通常的开放系统问题主要涉及系统与环境的输入、输出问题,是一个二体问题;而在 SAR 系统理论所面对的开放系统中,除了有本体系统与环境系统之间的相互作用关系之外,还存在着一个区域边界以及区域边界与整体系统和区域边界与环境系统之间的各种相互作用关系,它是一个典型的三体问题。无论是在理论上、方法上还是在数学模型上,SAR 系统理论都为描述、分析和研究复杂系统千姿百态的形态及其变化提供了必要的基础和手段。系统的基本演化方程是一组非线性、变结构的微分方程组或偏微分方程组。尽管从理论上来说,只要给定适当的初始条件或边界条件,基本演化方程原则上是可以求解的。但是实际过程中往往很难完全做到这一点。借助于计算机进行数值求解通常是一种求解复杂系统方程特解的常用手段。

在 SAR 系统的基本演化方程中我们注意到,通常本体系统的变化过程要大大地快于环境系统的变化过程。也就是说,本体系统的时间常数要远远小于环境系统的时间常数。例如地球上矿产资源形成的时间周期要远远大于人类生产过程的时间周期。因此当我们重点研究本体系统的发展变化时,为了突出研究问题的重点,简化研究过程,有理由略去变化周期为数量级倍数的环境系统变化的影响,即可以近似地认为 $G(Y,Z,t)=0$。于是,SAR 系统的基本演化方程可以有如下简化形式:

$$\frac{dX(t)}{dt} = F(X,Z,\alpha,t) \tag{8-4}$$

$$\frac{dZ(t)}{dt} = \begin{cases} H_1(Z,\alpha,t), & \text{IF}_1\{K(X,Z,t)\} \\ H_2(X,Z,\alpha,t), & \text{IF}_2\{K(X,Z,t)\} \end{cases} \tag{8-5}$$

式中,α 为环境参数;其余变量的定义同前。简化的基本演化方程由本体系统方程和感知反应方程两部分组成。进一步,若本体系统中包含的状态变量的个数为 p 个,区域边界中包含的状态变量的个数为 q 个,我们记 SAR 系统的基本演化方程(或模型)为 SAR(p,q)。

同理可以导出离散时间过程的 SAR 系统基本演化方程

$$X_{n+1} = f(X_n, Y_n, Z_n, n) \tag{8-6}$$

$$Y_{n+1} = g(Y_n, Z_n, n) \tag{8-7}$$

$$Z_{n+1} = \begin{cases} h_{1n}(Y_n, Z_n, n), & \mathrm{IF}_1\{K(X_n, Z_n, n)\} \\ h_{2n}(X_n, Y_n, Z_n, n), & \mathrm{IF}_2\{K(X_n, Z_n, n)\} \end{cases} \tag{8-8}$$

$$n = 0, 1, 2, \cdots$$

式中,各变量的定义可比照连续时间过程的情况;f, g, h_1, h_2 为非线性函数,在更一般的情况下,它们还可包含空间坐标及其变化率和随机因素等。同连续时间过程的情况一样,若忽略掉环境系统缓慢变化的影响,即近似地认为 $Y_{n+1} = Y_n$,则离散时间过程的 SAR 系统基本演化方程的简化形式可表示为

$$X_{n+1} = f(X_n, Z_n, \alpha, n) \tag{8-9}$$

$$Z_{n+1} = \begin{cases} h_{1n}(Z_n, \alpha, n), & \mathrm{IF}_1\{K(X_n, Z_n, n)\} \\ h_{2n}(X_n, Z_n, \alpha, n), & \mathrm{IF}_2\{K(X_n, Z_n, n)\} \end{cases} \tag{8-10}$$

$$n = 0, 1, 2 \cdots$$

从以上 SAR 系统基本演化方程我们可以归纳出其中的一些重要特点:

(1) SAR 系统是一类开放系统。在这类开放系统中本体系统和环境系统之间存在着错综复杂的相互作用关系。除了传统意义上的输入输出关系之外,还存在着感知反应关系。感知反应既可以是正向的,即环境因素对本体系统行为的感知反应,也可以是逆向的,即本体系统的内部因素对环境变化的感知反应。这一点是 SAR 系统与自适应系统的根本区别。

(2) SAR 系统中的本体系统的主体是活的,有生命的。它能够在一定的环境系统作用下不断地进行结构演化。这种演化既可以是进化,即使系统的有序度增加,也可以是退化,即使系统的有序度下降。

(3) SAR 系统中存在着三类结构:第一类是物质结构(广义的);第二类是信息结构;第三类是介于两者之间的感知反应结构。其中感知反应结构具有两重性:感知与信息相对应,反应与物质相对应。实际系统中这三类结构往往是紧密结合在一起的。

(4) 对应于三类结构,SAR 系统中存在着三种流,即物质流、信息流和感知反应流。同样感知反应流也具有两重性:感应对应于信息,反应对应于物质或能量。当不发生反应时它仅显示信息流的特征。

(5) 感知反应流中存在着感知反应临界。当感知强度超过某个限度时要素就要产生反应,称为上临界;当感知强度低于某个限度时要素就要产生反应,称为下临界。上临界和下临界一起决定了感知反应临界带的宽度。感知强度可以用要素的感知反应灵敏度来定义。

(6) 在感知反应流的作用下,要素从无反应到有反应或者从有反应到无反应的过程通常是以突变的形式实现的。

8.2.2 SAR 系统运动的基本原理

SAR 系统在运行过程中遵循着时间旋进原理、空间旋进原理和色谱边界原理这三大基本原理。

1. 时间旋进原理

SAR 系统的运动是以周期性规律进行的。每一个运动周期由系统的现实状态、系统的发展变化以及旧系统的消亡与新系统的建立这三个基本环节组成。从时间坐标的方向上来看，SAR 系统的一个运动周期可划分成感知但不反应、因感知而反应和反应后系统的结构重组这三个阶段。这里我们结合一个企业竞争、兼并的例子来讨论。

【例 8.1】 设有两个企业参与竞争，记 $x \in X$ 和 $z \in Z$ 为这两个不同的企业，同时也表示这两个企业相应的生产实力。生产实力指标可以用企业的生产规模和劳动生产力等因素来综合确定。每个企业按其自身的条件发展生产。假定每个企业的生产均以指数规律增长，即

$$\frac{\mathrm{d}x(t)}{\mathrm{d}t} = ax + gz, \quad x(0) = x_0 \tag{8-11}$$

$$\frac{\mathrm{d}z(t)}{\mathrm{d}t} = \begin{cases} bz, & x - z \leqslant L \\ bz + hx, & x - z > L \end{cases}, \quad z(0) = z_0 \tag{8-12}$$

式中 a,b 均为定常增长率系数；g,h 为相应的关联系数；感知反应条件 $x(t) - z(t) \geqslant L$ 表明强企业的生产实力比弱企业的生产实力高出某个限度 L 时，强企业在主观上有能力，并且在客观上也有条件对弱企业实行兼并；再假定两个企业的生产发展速度是有差异的，比如 $a > b$，即企业 x 的发展要比企业 z 的发展相对快一些。而企业的实力水平是共同知识，每个企业不仅知道自己的生产实力水平，同时也能感知到其他企业的生产实力水平。设在某个时刻 t^* 上，两个企业的生产实力水平之差达到企业兼并条件的临界值，即

$$x(t^*) - z(t^*) = L \tag{8-13}$$

在时刻 t^* 之前企业 x 和企业 z 之间处于感知但不反应阶段；在时刻 t^* 上是强企业对弱企业进行兼并的临界时刻；一旦兼并行为发生则原有两个企业系统的结构形态随之消亡，经系统结构重组以后组成一个新系统，可表示为

$$\frac{\mathrm{d}\boldsymbol{W}(t)}{\mathrm{d}t} = \boldsymbol{A}\boldsymbol{W}, \quad \boldsymbol{W}(0) = \boldsymbol{W}_0$$

$$\boldsymbol{W} = \begin{bmatrix} x \\ z \end{bmatrix} \quad \boldsymbol{A} = \begin{bmatrix} a & g \\ h & b \end{bmatrix} \tag{8-14}$$

$$\boldsymbol{W} \in \boldsymbol{X}$$

企业兼并以后，原来两个各自独立的企业变成了相互关联的同一个新企业中的两个组成部分。其中关联系数的设计和确定是一项十分重要的工作，设置得好可以充分发挥系统的规模效应，以更快的速度发展生产；反之，若设置不利则有可能使原来的弱企业部分成为原来强企业部分的一个包袱，成为新企业发展的一个阻碍因素。

系统结构重组结束以后完成了 SAR 系统的一个运动周期。从时间的角度上看，在 SAR 系统运动周期的各个阶段中时间长度的分配是不一样的。感知阶段所需时间较长；反应行为发生阶段所需时间相对来说很短；而在系统结构重组阶段所需时间又要长一些。因此，SAR 系统运动周期的变化节奏为"长—短—长"的三部曲。实际上 SAR 系统的这种运动周期一直还要延续发展下去。系统在新的结构形成以后又要开始新一轮的感

知反应运动过程。如此往复不已,从而构成一个感知反应的运动谱系(见图8-3)。

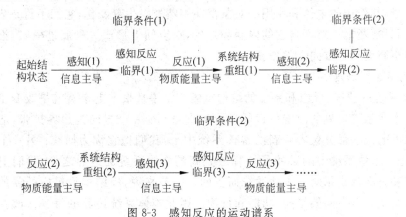

图 8-3　感知反应的运动谱系

感知反应过程的这种循环往复并不是系统在简单意义上的重复,而是在每一个运动周期循环之后系统都会被赋予新的结构、功能和行为。这是一种螺旋式推进的模式,正是这种旋进模式不断促进 SAR 系统持续地走向新的境界。

2. 空间旋进原理

SAR 系统运动的循环推进模式不仅可以在时间坐标上反映出来,同样也可以在空间得到体现。从空间上来看,SAR 系统由三大部分组成:本体系统、环境系统和区域边界。感知反应的结果就是对这三个部分各自所辖区域的重新分配。感知反应的整个过程就是信息、物质和能量在这三个主体之间相互发生作用并产生出结果的过程。SAR 系统的运动周期中包含着感知、反应和系统结构重组三个重要环节。信息、物质和能量的作用方式和相对作用强度在各个不同环节中是不一样的,有着其内在的、特定的作用规律。

在纯粹的感知环节上,信息在本体系统和区域边界之间的相互作用关系中占据着绝对主导地位。信息的作用由弱增强,使得本体系统对区域边界中要素的感应越来越强烈,对产生反应的压力也越来越大。此时在反应流线上尽管不存在物质和能量的流动,但是其中内在的反应压力不断地在积累着、膨胀着,一旦达到了感知反应的临界件条件值这种压力就会很快地被释放出来。由于反应过程本身进行得比较快,在反应环节中信息作用的主导地位迅速地被突然释放出来的物质和能量的作用所取代。而在系统结构重组的环节上,物质和能量的主导作用实实在在地改变了本体系统的边界,使重组后的系统具有了全新的结构、功能和行为。于是在 SAR 系统运动的各个环节上,信息、物质和能量分别扮演着各自的重要角色。由于 SAR 系统的运动在时间上是以"感知—反应—系统结构重组"周期循环推进方式进行的,因此从本体系统与区域边界之间相互作用的主导因素方面来看,SAR 系统运动的节奏为"信息主导—物质和能量主导"的两步曲。例如前面已经介绍过的黄河河水流向问题,在河水对河床位势的感知环节上,感知信息是矛盾的主要方面,当感知信息逐渐增强并超过一定限度时,河水会追寻位势更低的地方猛然转变流向,将先前积蓄的能量一下子释放出来。此时物质和能量的作用主宰着河流流向的转换过程,取而代之成了系统的主导因素。新的河流路径选择确定之后就形成了新的河床,于是河水又开始了对新河床位势的感知过程,感知信息又恢复了它的主导作用。由于感知反应导致了系统的结构重组,在不同的系统运动周期里,无论是以信息为主导还是以物质和能量为主导,其作用的主体和作用的对象都在不断地发生着变化,它们不再是表面上的简单重复,而是不断地更新着自己的内涵和外延,在空间上形成一种旋进模式,推动着系统不断地向更高更新的方向上发展。

3. 色谱边界原理

SAR 系统的感知、反应和系统的结构重组其结果从根本上来看就是改变了本体系统的边界。本体系统边界的改变可以循两个方向进行:一个方向是边界扩张,把原来在本体系统以外的某些部分包容到新的本体系统中来,我们把它称为捕获;另一个方向是边界收缩,把原本体系统中的某些子块释放到新的本体系统的边界之外,我们把它称为游离。捕获和游离都是相对于本体系统而言的。一般来说,经结构重组后的新的本体系统具有与原系统完全不同的结构、功能和行为。因此本体系统边界的每一次改变都意味着系统的一次演化。

先考虑本体系统边界扩张的情况。设区域边界中有 n 个感知反应要素 $z_i, i=1,2,3,\cdots,n$,每个要素都存在着感知反应的条件:$f_{2i}\{K_i(X,Z,t)\}, i=1,2,3,\cdots,n$,由于感知反应要素之间的差异性(如果某两个感知反应要素之间没有差异或差异很小,则这两个要素可以合并起来统一定义为一种要素),所以这 n 个感知反应条件也各不相同。当本体系统从某个指定的初值开始运动变化时,每一个 z_i 都会接受到不同的感知信息。相对于本体系统的某个运动状态,某些感知反应要素 z_i' 的感知反应条件首先得到满足,于是就产生了相应的反应行为。反应的结果使这部分 z_i' 被本体系统所捕获,从而使本体系统的边界得到扩张,结构得到重组;而另一些感知反应要素 z_i' 的感知反应条件不能得到满足,按约定它们仍然留在本体系统的边界之外。边界扩张后的本体系统在经重组后的新结构的基础上继续向前运动变化,同时也继续对剩余的 z_i' 发出感知反应信息,以期实现新一轮的捕获。

同理我们再来考虑本体系统边界收缩的情况。本体系统开始运行以后,不仅区域边界中的要素 z_i 会感知到它的运动状态,而且对先前已经被捕获进本体系统中的那部分 z_i' 来说也会接受到系统状态的感知信息。对于本体系统特定的运动状态,这些感知信息一方面有可能使一些 z_i' 加固或维持其作为本体系统中一个组成部分的地位;另一方面也有可能使另外一些 z_i' 减弱乃至隔断与本体系统中其他内部要素之间的联系,从本体系统中游离出去,重新成为区域边界中的要素。本体系统的边界出现了收缩,其结构也会作出相应的重组。从重组后的本体系统自然会改变它的功能和行为,在新的系统行为状态下再一次对本体系统内外的感知反应要素发出感知信息。再考虑例 8.1 中企业兼并的例子。在一定的本体系统运动状态下感知反应条件得到满足,就会发生企业兼并的行为。现假定企业兼并完成后组成的大企业的生产实力水平 $Q(t)$ 是兼并行为发生以前两个企业的生产实力水平之和,即

$$Q(t) = x(t) + z(t) \tag{8-15}$$

则大企业的生产发展规律为

$$\frac{dQ(t)}{dt} = ax + gz + hx + bz$$

$$= aQ + f_1(g,h)$$

$$= \begin{cases} aQ + f_1(g,h), & f_1(g,h) \geqslant 0 \\ aQ + f_1(0,0), & f_1(g,h) < 0 \end{cases} \quad (8\text{-}16)$$

式中，$f_1(g,h) = hx - (a - b - g)z$；$g$ 和 h 数值的大小反映了相应的关联强度。关联系数如何设置直接反映出大企业的生产组织水平和管理水平，同时也反映出大企业营运机制是否合理有效。从式(8-16)中可以看出，强企业在兼并了弱企业之后若想使大企业的生产发展速度不低于原强企业的生产发展速度，则必须要合理地设置关联系数 g 和 h，使得 $f_1(g,h) \geqslant 0$，否则非但大企业的规模效应不能充分发挥出来，相反还会使强企业部分原有的发展速度受到抑制。在这种情况下大企业内部结构的不平衡会增加大企业重新解体的压力。另外大企业的生产发展方程也可表示成

$$\frac{\mathrm{d}Q(t)}{\mathrm{d}t} = bQ + f_2(g,h)$$

$$= \begin{cases} bQ + f_2(g,h), & f_2(g,h) \geqslant 0 \\ bQ + f_2(0,0), & f_2(g,h) < 0 \end{cases} \quad (8\text{-}17)$$

式中，$f_2(g,h) = gz + (a - b + h)x$。如果大企业的管理和组织非常糟糕，使得 g 和 h 的设置极度不当(注意到 g 和 h 均有可能取负值，表示 x 和 z 之间呈相互制约关系)，则有可能出现 $f_2(g,h) < 0$。也就是说由于管理不善，大企业的生产发展速度还不及兼并行为发生之前弱企业的生产发展速度。在这种情况下，无论是对强企业还是对弱企业来说都不会有积极性继续留在大企业中，大企业的解体势在必行，于是游离就必然要发生。

事实上，无论捕获还是游离，在一般情况下都不会是 SAR 系统运动变化的唯一模式，它们是矛盾的两个方面，既对立又统一。捕获的压力和游离的压力经常同时出现在系统运动的过程中，它们相互竞争，相互制约，交替地占据着主导地位，使系统呈现出丰富多彩的行为变化。由此可见，本体系统的边界已不再是一条传统的数学意义上的线，而是一条具有丰富层次的一个带状区域，我们形象地把它称为"色谱边界"或"色谱带"。色谱边界的层次由位于其上的要素的感知反应强度决定，而感知反应强度又由方程的感知反应条件反映出来。在本体系统进行捕获和游离的过程中，其边界在色谱带中或张或弛地变化。从微观来看，本体系统边界的每一次扩张和收缩都是由相应的感知反应条件决定的，是确定性的；但是从宏观上来看，本体系统的边界在色谱带上的张弛节奏变化却呈现不出任何规则性。这一点与时间旋进原理中的"三步曲"和空间旋进原理中的"两步曲"存在着根本的不同。因此在色谱边界中集中地反映了 SAR 系统的整体性、层次性、活力性和演化性等许多复杂系统固有的重要特性，这是我们研究 SAR 系统问题的一个重要的切入点。

SAR 系统是一类具有感知反应现象和行为的特殊的复杂系统。在 SAR 系统的运行过程中，运用了 IF…THEN…的演化规则，并且遵循着时间旋进原理、空间旋进原理和色谱边界原理这三大基本原理。SAR 系统理论以研究感知反应系统的构造及其演变的一般性规律为宗旨。采用定性与定量相结合的方式研究 SAR 系统问题是一种行之有效的手段，它有助于我们更深刻地认识 SAR 系统结构的本质，更好地把握 SAR 系统演化的规律。

8.3　演化博弈论

在传统博弈理论中,常常假定参与人是完全理性的,且参与人在完全信息条件下集中地研究了博弈的均衡问题,认为自私的个体基于共同知识,可以通过分析与自省得出正确结果。但是在现实复杂环境中这样的假设显然存在许多问题,博弈通常包含复杂的相互依存关系。对于现实中的决策行为者来说完全理性很难满足高要求,当社会环境和决策问题较复杂时,人们的理性局限是非常明显的。

因此要保证博弈分析的理论和应用价值,必须对有理性局限的博弈方之间的博弈进行分析。研究发现,在生物漫长的进化过程中,个体无法清晰地了解环境,往往不会一开始就找到最优策略,只有通过在博弈过程中不断地学习博弈,通过试错来适应环境,寻找较好的策略,这也就意味着均衡不是一次性选择的结果,而是需要不断地调整和改进,而且即使达到均衡也可能再次偏离。因此,生物学家将生物进化论中的自然选择和遗传变异机制引入博弈论的研究中,提出了演化博弈理论,力图解释传统博弈论存在的问题。

8.3.1　演化博弈论简介

演化博弈论(evolutionary game theory)是把博弈理论分析和动态演化过程结合起来的一种理论。演化博弈论源于生物进化论,以达尔文的生物进化论和拉马克的遗传基因理论为思想基础,摈弃了博弈论完全理性的假设,成功地解释了生物进化过程中的某些现象,同时更好地分析和解决了社会习惯、规范、制度或体制形成的影响因素及其自发演化的过程中的问题。它的提出为研究经济和社会现象的演进和发展提供了一个重要的工具。

演化博弈论能够在各个不同的领域得到极大的发展应归功于斯密斯(Smith)与普瑞斯(Price),他们提出了演化博弈论中的基本概念演化稳定策略,把人们的注意力从博弈论的理性陷阱中解脱出来,从有限理性的角度为博弈理论的研究寻找到可能的突破口。可以说,斯密斯和普瑞斯的演化稳定策略的提出是演化博弈论理论发展的一个里程碑,从此以后演化博弈论迅速发展起来。

演化博弈的有效分析框架是有限理性的博弈方构成的,一定规模的特定群体内成员之间进行某种反复博弈,也可以是在大量博弈方组成的群体中成员之间随机配对的反复博弈。这些分析框架通常假设博弈方是具有一定的统计分析能力和对不同策略效果的事后判断力,但没有事先的预见和预测能力。这种分析框架与人们在现实中实际决策的行为模式是比较接近的。演化博弈分析的核心不是博弈方的最优策略的选择,而是有限理性博弈方组成的群体成员选择策略的调整过程、趋势和稳定性。这种博弈分析检验了博弈策略的均衡选择作用,也在博弈演化过程中展现了丰富的动力学行为特性。

8.3.2　复制动态

有限理性博弈分析的关键是确定博弈双方学习和策略调整的模式。有限理性博弈方有多种不同的理性层次,学习的速度差别也很大。当博弈方的理性程度比较低时,学习的速度较慢,表现为向优势策略的转变是一个渐进的过程,策略调整的速度可以用生物进化的动态方程——复制动态(replicator dynamics)公式来表示,模拟群体类型比例变化过程的核心思想是在群体中较成功的策略采用的个体会逐渐增加,这一过程可用动态微分方程表示:

$$\frac{\mathrm{d}x}{\mathrm{d}t} = x(u_y - \bar{u}) \tag{8-18}$$

式中,x 表示群体中采用特定策略 y 的博弈方比例;u_y 是采用特定策略 y 的期望得益;$\bar{u}$ 是所有博弈方的平均得益;$\frac{\mathrm{d}x}{\mathrm{d}t}$ 即为采用特定策略 y 的博弈方比例随时间的变化率。

若当博弈方具有相当快的学习能力时,只要各种策略的得益略有差异,所有博弈方都会立即模仿较为成功的策略,此时必须用更适合反映这种快速学习能力的动态机制来模拟。因此,不同博弈方的理性和学习能力的差异需要不同的动态机制来描述和分析。

8.3.3 演化稳定策略

演化稳定策略(evolutionary stable strategy,ESS)是分析有限理性博弈的有效均衡的概念,也是演化博弈论的关键概念,它最初是由 Smith 和 Price 在研究动物间的成对竞争时提出的。演化博弈理论将经典博弈论中的收益对应于适应度,策略的适应度较高,其随着时间的演化将更有可能被保留下来,而策略的适应度较差,则会逐渐被淘汰。最终,某种策略在种群中会达到一个均衡的稳定状态,此时少量的变异策略的个体是无法入侵整个种群的。因此,演化稳定性策略是这样一个策略:如果整个种群的每一个成员都采取这个策略,那么在自然选择的作用下,不存在一个具有突变特征的策略能够侵犯这个种群。这也就是描述演化博弈中群体选择策略比例意义上的动态稳定性的概念。进一步说,具备有限信息的个体在博弈过程中根据其既得利益不断地在边际上对其策略进行调整以追求自身利益的改善,不断地用"较满足的事态代替较不满足的事态",最终达到一种动态平衡。在分析演化稳定策略时,可以用复制动态微分方程(组)的相位图、不动点和稳定性定理等进行讨论。

这里采用经典博弈论中的两方两策略博弈模型的一般形式来说明(见图 8-4)。

参与者2

		C(合作)	D(背叛)
	C(合作)	(R, R)	(S, T)
参与者1	D(背叛)	(T, S)	(P, P)

图 8-4　两方两策略博弈模型的一般形式

假设参与者只有两种策略可供选择:合作策略 C 和背叛策略 D。R 代表博弈双方合作的"奖励收益";T 代表博弈方采取背叛策略的"诱惑收益";S 代表对策略选择中自己采取合作策略,而对方采取背叛策略的"被骗收益";P 代表对双方背叛的"惩罚收益"。假设采用合作策略的个体比例为 x,选择成为背叛者的比例为 $1-x$,那么采用两种策略的博弈方的期望得益和群体的平均期望得益分别为

$$u_C = x\boldsymbol{R} + (1-x)\boldsymbol{S} \tag{8-19}$$

$$u_D = x\boldsymbol{T} + (1-x)\boldsymbol{P} \tag{8-20}$$

$$\bar{u} = xu_C + (1-x)u_D \tag{8-21}$$

根据上述得益得到复制动态方程

$$\frac{\mathrm{d}x}{\mathrm{d}t} = x(u_C - \bar{u}) = x(1-x)[(\boldsymbol{R}-\boldsymbol{T}-\boldsymbol{S}+\boldsymbol{P})x + \boldsymbol{S}-\boldsymbol{P}] \tag{8-22}$$

可见,这个非线性微分方程与收益矩阵的参数密切相关,那么根据动力学的不同特征可以讨论该博弈的演化稳定策略。

(1) 对于"囚徒困境"博弈,在两方两策略博弈模型的一般形式的表达中,基本模型是这样的:警方逮捕甲、乙两名嫌疑犯,但没有足够证据给他们定罪。如果其中至少有一人供认犯罪,就能确认他们的罪名成立。警察为了得到所需要的口供,将这两名罪犯分别关押起来,防止他们串供或者结成攻守同盟,并给了他们同样的选择机会:①如果两人都不坦白,那么将他们各判 R 年徒刑;②如果两人都坦白,他们将每人各判 P 年;③如果只有一人坦白,则坦白者获释 T,不坦白者将判 S 年监禁。

囚徒困境收益矩阵元的顺序为:$\boldsymbol{T} > \boldsymbol{R} > \boldsymbol{P} > \boldsymbol{S}$,为了简化参数,通常设定 $\boldsymbol{R}=1, \boldsymbol{S}=0,$ $\boldsymbol{T}=b, \boldsymbol{P}=0$,且 $1<b<2$,以保证在重复博弈时,双方合作的收益不低于交替地采取合作/背叛策略时的个体收益。由图 8-5(a) 可知,$x=0$ 是稳定的平衡点,$x=1$ 是不稳定的平衡点。此时的稳定状态是所有个体都会采取背叛策略,采取合作策略者会在种群中消亡。因此 (D,D) 是囚徒困境问题的一个演化稳定策略。

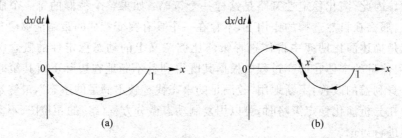

图 8-5　复制动态方程相位图

(2) 对于"雪堆博弈",沿用两人两策略博弈模型的一般形式中对各种收益符号的定义,雪堆博弈的基本模型是这样描述的:一个风雪交加的夜晚,有两人开车相向而来,却被一个雪堆阻挡而无法前行。假设:①铲除这个雪堆使道路通畅需要付出的代价为 c,若道路通畅了,则带给每人的好处量化为 b,且 $b>c$;②如果两人一起动手铲雪,则他们的收益为 $R=b-c/2$;③如果只有其中一人铲雪,道路通畅后两人也都可以回家,但是未铲雪者逃避劳动,他的收益为 $T=b$,而铲雪者的收益为 $S=b-c$;④如果两人都选择不铲雪,即不合作,则两人都无法回家。那么他们的收益都为 $P=0$。

雪堆博弈的收益矩阵元的顺序为:$\boldsymbol{T}>\boldsymbol{R}>\boldsymbol{S}>\boldsymbol{P}$,设定 $\boldsymbol{R}=1, \boldsymbol{S}=1-r, \boldsymbol{T}=1+r,$ $\boldsymbol{P}=0$,且 $0<r<1$。根据图 8-5(b) 可知,$x=0$ 和 $x=1$ 都是不稳定的平衡点,此时 x^* 是稳定平衡点,所有个体采取合作策略的比例会趋近于 $x^* = (p-s)/(\boldsymbol{R}-\boldsymbol{T}-\boldsymbol{S}+\boldsymbol{P})$,它是雪堆博弈的演化稳定策略。此时个体采取演化稳定策略的平均收益低于同时选择合作策略

时的收益,所以在雪堆博弈中,仍然体现了个体在合作策略与背叛策略之间抉择的两难困境。

通过囚徒困境、雪堆博弈的分析可知,按照生物进化论的优胜劣汰原则,低收益的合作行为会被高收益的背叛行为消灭。然而在自然界中的动物之间、人类的社会组织之间却广泛存在着合作的行为。如果没有特殊的机制,是难以对这种行为进行解释的。因此,Nowak 教授认为除了自然选择和遗传变异外,还应该存在第三条基本定律促使相互竞争的生物认识到合作的重要性,使之团结起来形成组织,涌现出生物的多样性——这被称为自然合作。在现实生活中,两个个体之间经常进行重复的交互,为合作涌现提供了可能。

8.4 多主体模型

多主体模型是研究复杂系统的一种新的计算方法。多主体模型由大量主体组成,每个主体都按照自己的意愿自由行动。通常,主体是异质的,它们的行为可以由简单的规则来描述。主体与主体之间和主体与环境之间存在相互作用。在建立多主体模型之后,可以通过计算机仿真追踪每个主体的状态和行为,从而得到由这些主体组成的系统的特征与行为。与离散事件仿真、系统动力学等其他仿真方法不同,多主体模型强调主体的异质性和系统的自组织。研究人员既可以赋予主体不同的特性或行为规则,研究主体多样性对系统行为的影响;也可以设定主体之间的相互作用方式,观察在特定的相互作用下系统如何自组织。由于多主体模型具有这些特点,因此,目前它已被广泛应用于生物、经济、社会等复杂系统的研究之中,逐渐成了一种重要的研究工具。本节将简单介绍多主体模型的相关知识。

8.4.1 多主体模型的发展历史

多主体模型的历史可以追溯到 20 世纪 40 年代末期 Von Neumann 的自我复制自动机理论,他试图寻找能够精确执行复制自身的指令。根据 Ulam 的建议,Von Neumann 采用了元胞空间的简单架构,提出了元胞自动机的雏形。继 Von Neumann 之后,剑桥大学数学家 Conway 简化了 Von Neumann 的自我复制自动机的思想,提出了著名的生命游戏。生命游戏是一个二维元胞自动机,可以表现出非常复杂的演化特性。

最早的多主体模型是 Schelling 于 1971 年提出的种族隔离模型。虽然 Schelling 使用的是硬币和坐标纸,而不是计算机,但是模型体现了多主体模型的基本概念。例如,在共同环境中自治个体的相互作用,宏观尺度上的涌现现象等。20 世纪 80 年代初期,Axelrod 在计算机上举办了一场囚徒困境策略的竞赛,在主体中最流行的策略是赢家。之后,Axelrod 在政治学领域又陆续发展出许多其他多主体模型,范围从种族中心主义到文化传播[33]。20 世纪 80 年代末期,Reynolds 提出了群集模型,试图用计算机中主体的行为模拟生物的真实行为,这是将多主体模型应用到社会性生物集体行为研究的第一次尝试。1991 年,Holland 和 Miller 在他们的论文《经济理论中的人工自适应主体》中正式提出和使用了"主体"这个概念[34]。

之后,多主体模型开始受到广泛关注。研究人员将其应用到各自的研究领域,发展出大量的经典模型。Epstein 和 Axtell 建立了一个大规模的多主体模型,他们称为糖境(sugarscape)。通过这个模型,他们模拟和探索社会现象,如季节性迁移、污染、有性繁殖、战争、传染病甚至文化的作用[35]。Arthur 等人构造了一个虚拟的股票市场,研究主体期望的内生演化,及其对市场行为的影响[36]。Bagni 等人发展了一个多主体模型以帮助理解牛白血病的传染行为[37]。现在,多主体模型已经成为研究复杂系统最重要的方法之一。

8.4.2 多主体模型的分类

根据建立多主体模型的目标可以将多主体模型分为三类:抽象模型、中层模型和传真模型[38]。

(1)抽象模型。抽象模型的目标是揭示多类系统背后共同的动力学过程。一个很好的例子是 Schelling 的种族隔离模型。这个模型建立在空间网格结构上,主体被简单地分为红、绿两种类型,它们根据自己对幸福的感知采取相应的行动。显然,模型不只适用于种族隔离问题,它还可以解决与幸福感相关的其他问题。然而,为了获得这种普遍性和抽象性,抽象模型忽略了许多具体因素,所以它只能定性地展现出多类系统的共同特征。例如,Schelling 的模型只能显示出红色和绿色主体的聚集现象,但是无法给出经验数据显示出的统计特征。

(2)中层模型。中层模型的目标是解释从某类系统中观察到的典型事实。可以通过将这类系统的特有因素加入抽象模型中来获得中层模型。例如,在 Schelling 的种族隔离模型中增加支付能力、房屋储备的可得性、存在两个以上种族等因素,将原本的抽象模型扩展为中层模型。虽然中层模型比抽象模型更具体,但是仍然具有一定的普遍性。这意味着它不可能与经验数据完全吻合,它只能展现出与经验数据相似的特征。例如,Malerba 等人进行了一项关于计算机产业的研究,他们的模型虽然不能复制计算机产业的完整历史,但是能够展现出计算机产业历史上的主要事件[39]。

(3)传真模型。传真模型的目标是为一个特定系统提供尽可能精确的复制品,其目的是对系统的未来做出预测。可以通过将这个系统的特有因素加入抽象模型或中层模型中来获得传真模型。例如,纳斯达克证券交易所的执行官曾经打算降低上市股票的最小价格增量。他们希望这样做能使买卖之间的差价缩小,从而吸引到更多的投资者和公司。在执行这项计划之前,他们进行了一项研究。他们根据少数者博弈模型(一个经典的抽象模型)发展了一个交易所模型。模型中的主体能够根据它们发现的市场模式,及时地调整它们的策略,甚至发展新策略。模型中这些策略的设计参考了市场参与者的实际策略。结果发现,最小价格增量降到某种程度时,买卖差价实际上会增加而不是减少,最终会损害纳斯达克证券交易所的利益。这个传真模型帮助纳斯达克证券交易所避免实施错误的决策。

从抽象模型到中层模型,再到传真模型的发展过程,体现了多主体模型从发展理论到实际应用的整个研究过程。面对复杂系统展现出的宏观现象,研究人员首先抓住主要因素建立抽象模型,之后将次要因素考虑进来建立中层模型。最后,可以加入一个具体系统的特有因素,建立传真模型,再现真实系统,进而可以应用这个模型预测系统未来的发展,为政府或其他组织的相关决策提供支持。

8.4.3 多主体模型的结构

典型的多主体模型由三种成分构成：主体、相互作用和环境。

1. 主体

主体是多主体模型用来模拟构成复杂系统的元素的成分。例如，当研究股票市场行为时，主体模拟的是市场中的投资者；当研究传染病的传播时，主体模拟的是可以被病毒感染的生物。关于主体的准确定义，研究人员至今也没有形成一致的看法。Wooldridge认为造成这种结果的部分原因是主体的各种特性在不同领域中的重要性不同。比如，在某些领域，学习能力很重要，而在另外一些领域，甚至根本不需要学习能力。尽管提出一个普遍接受的主体定义非常困难，但是研究人员依然没有放弃努力。在对大量的多主体模型进行研究后，Macal 和 North 对主体应该具有的特性进行了说明[40]。他们将这些特性分为两类：必要特性和有用特性。必要特性几乎出现在所有多主体模型的主体上，它们是：

（1）主体是可识别的个体。主体有属性，如姓名或编号，这个属性可以将一个主体与其他主体区分开。

（2）主体是自治的。主体的行为不受外界的控制。它根据感知的信息独立地做出决策，并采取相应行动。

（3）主体有随时间变化的状态。主体的状态由一系列的属性组成。在数学上，这些属性由变量描述。通常，主体的行动与它的状态密切相关。多主体模型的状态由所有主体的状态和环境的状态共同决定。

（4）主体是社会性的。一个主体不断与其他主体相互作用，例如，交流、移动和竞争资源等。同时也与环境相互作用，例如，开采资源和排放二氧化碳等。主体有识别和区分其他主体特性的能力。

有用特性出现在许多多主体模型的主体上，它们是：

（1）主体可能有适应性。主体有通过学习使自己的行为具有适应性的能力。学习是根据过去的经历，因此需要某种形式的记忆。除了个体水平的适应性外，群体也可以通过选择机制而具有适应性。

（2）主体可能是目标导向的。主体有想要实现的目标。它不断地在自己行为产生的结果与目标之间进行比较，修正自己的行为，以便更好地实现目标。

（3）主体可能是异质的。主体之间在特性和行为上存在差异，例如，拥有的资源数量、决策时利用的信息量、对过去的记忆程度等。

2. 相互作用

多主体模型的一个主要特征是强调主体之间的相互作用。构建一个多主体模型必须要说明两个问题，一是谁与谁发生相互作用；二是发生什么样的相互作用。

多主体系统通常是分散式系统。在系统中，不存在一个能够控制所有主体行为以最优化系统运行的权威。主体根据自己的意志自由行动。在每一时刻，主体都会与相邻主体中的某些主体相互作用。为了确定主体的邻居，需要将主体放到拓扑结构上。最常见的拓扑结构是空间网格（主体位于网格的方格中）和网络（节点代表主体，边代表主体之间的关系）。此时，一个主体附近的主体可以被定义为它的邻居。空间网格可以分为静态网格和动态网格。在静态网格中，主体固定在方格中不能移动。而在动态网格中，主体可以在不同的方格之间移动。类似地，网络也有静态和动态之分。在静态网络中，边是事先指定的，在模拟过程中不能改变。而在动态网络中，边和节点可以按照规则内生的变化。显然，在静态拓扑结构中，一个主体的邻居是固定不变的。而在动态拓扑结构中，邻居是不断变化的。此外，在一些研究中，主体还可以按照多种拓扑结构相互作用。例如，在一个研究流行病的多主体模型中，主体在空间网格上移动，病毒在相邻且接触的主体之间传播。但是，主体之间接触的概率是不同的，这个概率由主体的社会网络来刻画。两个主体在社会网络上的距离越近，在空间网格上接触的概率越大。

在多主体模型中，主体之间的相互作用通常是简单的。在不同的领域中，相互作用有不同的形式。例如，在股票市场模型中，相互作用可能是主体之间相互学习好的投资策略。而在空间博弈模型中，相互作用则可能是主体之间的囚徒困境博弈。

3. 环境

在多主体模型中，除了主体之间的相互作用外，主体与环境之间也存在着相互作用。环境可以向主体提供信息。这些信息既可以是像位置这样的简单信息，也可以是像 GIS（地理信息系统）这样丰富的地理信息。环境也可以向主体提供资源，如水、食物、矿产等。此外，在一些研究中，环境也可能限制主体的行动。例如，在交通运输模型中，环境包括基础设施、公路网络及容量，这些条件将限制在交通网络上移动的主体数量。

总之，多主体模型由大量主体组成，其中每个主体都是自治的个体，封装了相应的状态和行为。主体与主体之间和主体与环境之间存在相互作用。通过这些相互作用，信息在主体之间流动，主体和环境的状态发生改变。图 8-6 显示了一个典型的多主体模型的结构。

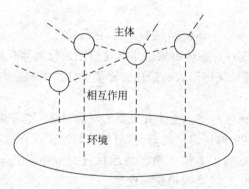

图 8-6　多主体模型的结构

8.4.4　建立多主体模型

建立多主体模型可以分为四步：

（1）用统计方法得到复杂系统的宏观规律。建立多主体模型的主要目的是解释复杂系统的宏观表现。所以，在建立模型之前，必须收集复杂系统的宏观数据，通过统计分析，发现宏观规律。

（2）建立多主体模型的概念模型。首先，识别主体和环境；其次，构造主体，赋予主体相应的属性和行为；最后，建立主体之间、主体与环境之间的相互作用，形成一个多主体模型。在整个过程中，最重要的是构造主体。构造主体需要参考行为模型。研究人员既可以从传统的规范模型出发，也可以从最近发展起来的行为科学模型或经验数据出发来构造主体。通过前一种方法构造的主体最大化它的效用或利润，而通过后一种方法构造的主体将遵循行为科学得到的结论，例如，可以在研究股票市场的模型中设定投资者的行为具有羊群效应。

（3）通过编写代码将概念模型转化为仿真模型。编写代码既可以使用像 C 语言这样常见的编程语言，也可以使用像 Netlogo 这样专门为多主体模型开发的模拟环境。在编写代码过程中，可以采用下面的编程技术：①包含大量的输出和诊断；②一步一步地观察模拟；③增加断言；④添加/去除漏洞开关；⑤增加评论并及时更新；⑥使用单元测试；⑦用已知情境的参数值进行测试；⑧使用拐角测试。这些技术可以提高代码质量，减少错误的发生。

（4）有效性验证。提出一个多主体模型后，需要验证它的有效性，即是否能够很好地描述目标系统。对于不同类型的多主体模型，有效性验证的标准是不同的。对于抽象模型，要求能够定性地展现出系统的宏观现象；对于中层模型，要求能够产生与系统的宏观表现相似的统计特征；对于传真模型，要求基本上能够复制目标系统。

图 8-7 展现了建立多主体模型的基本过程。

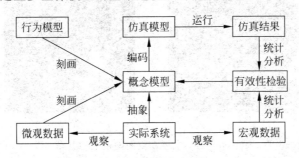

图 8-7　建立多主体模型的基本过程

8.4.5　种族隔离模型

1971 年，Schelling 提出了一个多主体模型，用以解释在美国城市观察到的种族隔离现象。模型基于空间网格结构，网格中的每一个方格代表一个城市区域，这个区域可以是家户住宅，也可以是空地。主体代表家户，位于方格之中，每个方格最多只能容纳一个主体。主体分为两种，我们分别称为红和绿。每个主体最多有 8 个邻居（围绕着它的 8 个方格），并且只与这些邻居存在相互作用。主体拥有一个属性"幸福感"，这个属性可以用一个二进制变量描述，幸福时取值为 1，不幸福时取值为 0。主体幸福感的取值决定于邻居的情况。如果邻居中同类家户的比例高于它的容忍阈值，主体感到幸福；反之，则感到不幸福。容忍阈值的选取可以是非对称的，即每类主体有不同的阈值，也可以是对称的，即所有主体都有相同的阈值。为了简化模型,这里设定所有主体的阈值相同。这个阈值是模型中最重要的参数。它的取值将影响系统的宏观表现。模型中主体的行动如下:在每一时刻,所有主体都计算出邻居中同类主体的比例。如果这个比例小于预先设定的容忍阈值(不幸福),主体将搬迁到随机选取的某一空白方格处。

每类主体各取 1 000 名,初始时将它们随机分配到规模为 50×50 的空间网格上。设定不同的容忍阈值,进行计算机模拟。图 8-8 显示了模拟结果。可以发现当容忍阈值在 0.3 或以上时,不论初始分布如何,最终相同颜色的主体都将会聚集到一起,即出现隔离现象。并且隔离程度随容忍阈值的增加而增加。这些结果给出了一个非常重要的启示:宏观上严重的隔离现象并不一定意味着微观上存在严重的种族偏见,也有可能只是主体追求自身幸福感的结果。

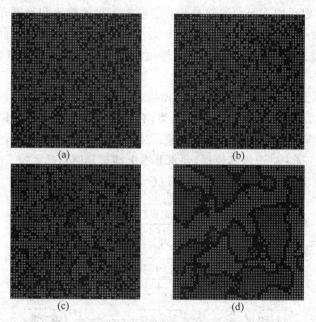

图 8-8　两类主体在空间网格上的分布

注:(a)~(d) 分别为初始阈值以及容忍阈值为 0.3、0.5、0.7 时的情形。

8.5　金融系统工程及其复杂性

随着经济全球化的深入发展,世界各个国家的金融市场联系更加密切,跨境资本流动规模不断扩大,全球金融创新日新月异,金融对各国经济和世界经济的作用与影响明显增强。金融体系成为一个具有高度复杂结构的系统,并且是一个典型的演化着的复杂系统。该系统虚拟资本规模巨大、动态变化兼及开放性、内部层次多且相互关联、相互影响,并且含有人类决策行为这一重大不确定性因素的影响,不仅虚拟资本的内在不稳定性导致其价格变幻无常,而且金融市场交易规模的增大和交易品种的增多使其变得更为复杂;虚拟的金融系统与实体经济系统之间还存在着密切的联系,金融系统从实体经济系统中产生，又依附于实体经济系统；实体经济加速增长、经济泡沫开始形成、货币与信用逐步膨胀、各种资产价格普遍上扬、乐观情绪四处洋溢、股价与房地产价格不断上升、外部扰动造成经济泡沫破灭、各种金融指标急剧下降、人们纷纷抛售实际资产及金融资产、实体经济减速或负增长等，这些阶段螺旋式地向前推进……

金融学今天的境遇就像 100 年前的物理学一样，牛顿定律只能在简单的实验中得到印证，并受到了爱因斯坦所揭示的更深刻的相对论所带来的挑战。相似地，基于均衡范式的现代金融经济学(数理金融学)已不能充分地解释和解决当代金融市场的复杂问题，我们不能再简单地利用微观和宏观金融经济学的理论及工具来完整地分析当代金融体系中的系统特征，而需要引入系统工程的观点、理论和方法研究这样一个对于国民经济具有特殊重要地位的系统。

系统工程能够根据总体协调的需要，综合应用自然科学和社会科学中有关的思想、理论和方法，利用电子计算机作为工具，对系统的结构、要素、信息和反馈等进行分析，以达到最优规划、最优设计、最优管理和最优控制的目的。金融系统工程就是指以系统工程的理论方法研究应用于金融相关的微观和宏观经济问题，是对系统工程的延展概念，丰富和拓展了系统工程的研究领域，有着广泛的应用前景。它能够把金融市场看作一类复杂性系统，从而可以从系统内部的结构及系统与环境的相互作用来考察这一系统的特性，以便揭示金融市场演化的规律与金融风险形成的机理。例如对人民币汇率制度的研究，虽然国内外有一些关于汇率制度的成熟的理论和方法，但具体到人民币的汇率制度问题，却很少有针对中国是一个发展中大国的特点和忽视中国仍将在一段期间内某种程度上依赖于出口和外来投资拉动经济快速发展这一基本国情的研究。因此，在成熟理论的基础上研究所得到的结论在某种意义上存在着重要的缺陷，相应的政策建议对政府管理部门也有一定的局限性。人民币汇率制度改革是一项复杂的系统工程，不仅需要考虑很多因素，而且除去选择适合国情的正确制度外，还有恰当的时机等重要问题需要研究。因此，对于这样一个金融市场的复杂系统性问题，我们就必须用金融系统工程的理论和方法来开展研究，才能够得到有意义的结论。

8.5.1 金融市场成长复杂性

随着证券市场在整个社会主义市场经济体系中地位的确立以及市场经济的进一步发展，中国的投资基金业虽然起步晚，但适应国际金融制度创新发展的大潮流，同样获得了长足和快速的发展。

中国基金业最早是从 1991 年"武汉证券投资基金"和"深圳南山风险投资基金"的设立开始的。到 1997 年底，共有基金 75 支，基金类收益券 47 支。这类基金大多规模较小，运作不规范，主要投资于房地产和未上市企业的股权。严格来说，这些还不是真正的证券投资基金。

中国规范的证券投资基金发展始于 1998 年 3 月，金泰、开元证券投资基金的设立，标志着规范的证券投资基金开始成为中国基金业的主导方向。新基金以其优良的资产质量、巨大的现金流量、特色鲜明的投资理念、专家理财的技术优势引起了市场的广泛关注，展现了蓬勃的发展态势。2001 年华安创新投资基金作为第一支开放式基金，成为中国基金业发展的又一个阶段性标志。与此同时《证券投资基金管理暂行办法》及实施准则、《证券投资基金上市规则》、《开放式证券投资基金试点办法》等有关法律法规的不断完善,也为证券投资基金的规范化发展打下了坚实的基础。证券投资基金在国家大力发展机构投资者的政策引导下迅速壮大起来,尤其是2003年以来进入高速扩容时期,规模不断扩大,品种日益丰富。市场化改革带来了基金行业空前的繁荣,即便是在A股市场非常困难的情况下,上证综合指数从2 200点下跌到1 100点左右,国内基金业管理的资产规模却从2000年的562亿元增长到2005年的近5 000亿元,实现了飞跃式发展。

从1998年开始,中国证券投资基金的发展大致可以分为三个阶段:第一阶段是从1998年至2001年9月第一支开放式基金推出之前的市场初创时期或称封闭式基金发展阶段;第二阶段是2001年9月第一支开放式基金推出之后到2005年6月银行背景基金管理公司成立之前的开放式基金发展阶段;第三阶段是2005年6月以后至今独立基金管理公司与银行背景基金管理公司并重发展阶段。在第一阶段,封闭式基金是基金市场发展的重点。新基金不断设立起来,平均规模一般在20亿~30亿元人民币,存续期均为15年。封闭式基金最初的发行曾受到市场的热烈追捧,上市后的溢价率接近100%,但随着基金发行数量的增多,1999年4月底开始出现折价交易现象并逐渐陷入这种困境。

2001年9月,随着第一支开放式基金的面世,中国证券投资基金业的发展进入了以开放式基金为发展重点的市场成长阶段。在这一阶段,基金产品开始走向多元化,系列基金、债券基金、保本基金、货币市场基金、ETF(交易型开放式指数基金)、LOF(上市型开放式基金)等一系列创新的基金产品相继面世,使投资者的选择余地大为增加,同时也为基金市场规模的扩张提供了新的增长空间。这一阶段,开放式基金无论是在数量上还是在规模上都逐渐取代了封闭式基金而成为市场的主流品种。同时,根据加入世界贸易组织的有关承诺,外资被允许以设立合资公司的方式进入基金市场。2002年12月第一家中外合资基金管理公司——招商基金管理有限公司成立,标志着中国基金市场开始进入对外开放阶段。

2005年2月20日,中国人民银行、中国银行业监督管理委员会、中国证券监督管理委员会联合发布了《商业银行设立基金管理公司试点管理办法》,同年6月至9月,中国工商银行、交通银行、中国建设银行先后发起设立工银瑞信基金管理有限公司、交银施罗德基金管理有限公司、建信基金管理有限公司,标志着中国证券投资基金的发展进入了独立基金管理公司与银行背景基金管理公司并重的发展阶段。

这一时期,随着机构投资者的发展和金融混业经营趋势的加强,基金市场化程度进一步提高。一方面,社保基金、保险资金、合格的境外机构投资者(qualified financial institutional investors,QFII)、企业年金等相继进入证券市场,基金管理公司的服务群体进一步扩大;另一方面,商业银行被允许成立基金管理公司直接参与基金管理业。这些变化对中国基金业的发展产生了深远的影响。截至2002年11月底,只有17家正式成立的规范化运作的基金管理公司,管理着54支封闭式证券投资基金和17支开放式证券投资基金,其中封闭式基金发行规模达到817亿元,开放式基金管理规模564亿元。而截至2007年初,证券投资基金资产净值合计超过1万亿元,份额规模合计6 220 135亿份,共有321支证券投资基金正式运作,其中封闭式基金53支,开放式基金268支。仅在2006年一年的时间里,基金的总规模同比增长了 31 168 ％,基金的资产净值同比增长了 82 126 ％。

中国基金业用 9 年时间走完了发达国家同行几十年的路,在 2006 年达到一个阶段性高潮。众所周知,中国的股市自从 2001 年至 2005 年上半年经历了一个长时期的下滑阶段后,终于在 2005 年 7 月开始发生转折,进入牛市,并且发展速度惊人。2006 年 12 月 29 日股市收盘时,上证指数与 2005 年 12 月 30 日收盘价相比累计涨幅超过 130 ％;深证 A 指全年上涨 127 185 ％;沪深 300 也在 2006 年上涨 121 ％。许久未现的巨额收益点燃了投资者对基金投资的热情,2006 年基金投资者队伍空前壮大,基金总规模连创新高。不断成立的新基金源源不断地为市场输送着巨额资金,成为支持 A 股市场持续飙升的重要力量。与此同时,中国基金业在短短 9 年时间内,几乎拥有了世界上所有的基金产品品种,股票型、债券型、混合型、保本型、货币型、主题型、伞形等快速地丰富和满足了投资者的多方面需求。证券投资基金已经超越券商、保险、私募基金成为国内资本市场最大、最有影响的机构投资者,成为中国股市最主要的决定力量。

金融市场是一个包含大量相互作用单元的复杂系统,并且受到各种外部因素的影响。各个组成单元的性质和相互作用的规律相当复杂,而各种外部因素(例如与资产有关的信息)在很大程度上也不可预测,这些原因都导致了金融市场的随机性和复杂性。因此,人们很早就开始尝试用概率和统计的方法来研究这一类系统,其中关于金融资产收益率分布的研究在理论和应用两方面都具有重要的意义。

8.5.2 布朗运动-拓扑结构类似

随便拿一个金融资产价格与布朗运动的轨迹进行比较,我们都会发现它们有很大的相似性,经过大量文献的研究确实也证明了这一个直觉。我们发现金融资产的价格除服从布朗运动(Brownian motion)外,还服从分型布朗运动(faction Brownian motion),同时亦有部分产品服从(integrated faction Brownian motion)。这说明了形成资产价格背后的机理与自然界物质运动存在一个共同的推动力。这里我们介绍一下这两个系统背后的原理。经过分析这两者具有相同的拓扑结构。

若要花粉微粒被观察到有布朗运动特征,是有一定的条件的,首先是花粉微粒的大小必须恰好在 30 万个分子左右,太大或太小都不能被观测到。第二个条件是水,它的运动的环境。花粉微粒落在水面上,受到来自它周围水分子的合力作用,不同时刻由于水分子的冲击方向不确定性,带来了其合力方向的不确定性,从而使得花粉微粒每个时刻运动的方向和速度都是不同的,任意的(见图 8-9 和图 8-10)。

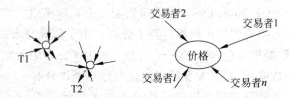

图 8-9　不同时刻花粉微粒的合力方向和大小的随机性

以及价格受到不同交易对价格决策的影响示意图

注:虚箭头表示合力方向和大小。

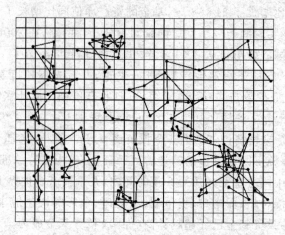

图 8-10　三条轨迹随机布朗运动图

金融市场行为实质表现金融资产的价格行为,而推动价格运行态势的背后,正是那些大量存在的机构投资者以及噪声交易者,假定我们研究的是某一时刻价格如何运行到下一时刻的价格状态。在全球金融市场上微观定价机制本质是通过市场交易者要价寻价行为实现(bid-ask),大量交易者要寻价行为由于客观的信息掌握程度不同,对市场未来价格的认识不同,因此会形成对下一时刻价格不同 bid-ask 区间,也类似形成对"花粉微粒"——价格不同方向和大小的作用力。也正因为如此,这两者有类似的拓扑结构。

8.5.3　价格幂律规律

1995 年,Mantegna 和 Stanley 利用 1984 年至 1989 年间 S&P500 指数(标准和普尔500 种股票价格综合指数)研究了不同时间标度下的收益分布性质,其中最大的数据集包括 493 545 个数据点(时间标度为 1min),最小数据集包括 562 个数据点(时间标度为1 000min)。结果发现,收益率分布的中心部分和列维分布吻合得很好,但分布的尾部与列维分布有明显差别。它比列维分布收敛速度快,而比高斯分布尾部收敛速度慢。这一发现引起了广泛的兴趣。随后关于股票收益率分布尾部性质的大量经验研究,发现了其幂律关系的渐近行为,以及其他各种性质。另外,也有研究揭示了股票市场中其他一些可观测变量的统计特征,例如交易量和交易笔数也符合类似的幂律分布。并且,也有理论试图解释这些幂律分布以及它们之间的联系。

Stanley 小组的 Gopikrishnan 等人利用纽约证券交易所提供的"Trades and Quotes"数据库,对 1994—1995 年美国股市数据进行了分析。由于研究分布的尾部性质需要大量的数据,他们采用的数据集合包含市场中最大的 1 000 家公司的股票在两年中的所有交易价格,共 4×10^7 个数据点,结果发现股票收益率符合幂律分布。

我们使用上证 300 股票数据对价格和收益率作了简单分析,共计 30 000 多笔数据,时间跨度从 2001 年到 2011 年,结果同样发现了幂律规律(见图 8-11,图 8-12)。

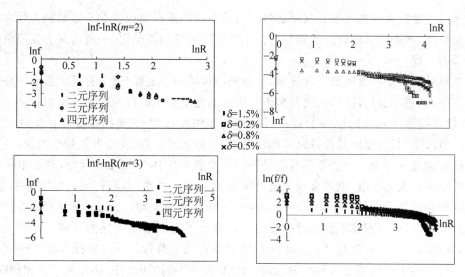

图 8-11　三种不同模式下的幂律分布图

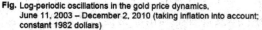

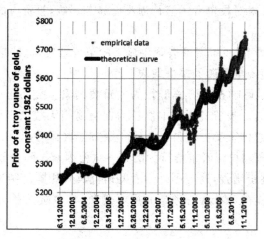

图 8-12　对数周期(lppl)模型

8.5.4　不确定性：涌现和羊群效应

在资本市场上,"羊群效应"是指在一个投资群体中,单个投资者总是根据其他同类投资者的行动而行动,在他人买入时买入,在他人卖出时卖出。导致出现"羊群效应"还有其他一些因素,比如一些投资者可能会认为同一群体中的其他人更具有信息优势。"羊群效应"也可能由系统机制引发。例如,当资产价格突然下跌造成亏损时,为了满足追加保证金的要求或者遵守交易规则的限制,一些投资者不得不将其持有的资产割仓卖出。在目前投资股票积极性大增的情况下,个人投资者能量迅速积聚,极易形成趋同性的羊群效应,追涨时信心百倍蜂拥而至,大盘跳水时,恐慌心理也开始连锁反应,纷纷恐慌出逃,这样跳水时量能放大也属正常。只是在这时容易将股票杀在地板价上。这就是为什么牛市中慢涨快跌，而杀跌又往往一次到位的根本原因。但我们需牢记，一般情况下急速杀跌不是出局的时候。

羊群效应是证券市场的一种异象，它对证券市场的稳定性、效率有很大影响。在国外的研究中，信息不对称、经理人之间名声与报酬的竞争是羊群行为的主要原因。金融市场中的"羊群行为"（herd behavior）是一种特殊的非理性行为，它是指投资者在信息环境不确定的情况下，行为受到其他投资者的影响，模仿他人决策，或者过度依赖于舆论，而不考虑自己的信息的行为。由于羊群行为是涉及多个投资主体的相关性行为，对于市场的稳定性效率有很大的影响，也和金融危机有密切的关系。因此，羊群行为引起了学术界、投资界和金融监管部门的广泛关注。Banerjee（1992）认为羊群行为是一种"人们去做别人正在做的事的行为，即使他们自己的私有信息表明不应该采取该行为"，即个体不顾私有信息，采取与别人相同的行动。Shiller（1995）则定义羊群行为是一种社会群体中相互作用的人们趋向于相似的思考和行为方式。比如在一个群体决策中，多数人意见相似时，个体趋向于支持该决策（即使该决策不正确），而忽视反对者的意见。

我们认为我国股票市场个体投资者羊群行为具有以下特征。

（1）我国股票市场个体投资者呈现出非常显著的羊群行为，并且卖方羊群行为强于买方羊群行为，时间因素对投资者羊群行为没有显著影响，投资者的羊群行为源于其内在的心理因素。

（2）不同市场态势下，投资者都表现出显著的羊群效应，也就是无论投资者是风险偏好还是风险厌恶，都表现出显著的羊群效应。

（3）股票收益率是影响投资者羊群行为的重要因素。交易当天股票上涨时，投资者表现出更强的羊群行为。投资者买方羊群行为在交易当天股票下跌时大于上涨时，而卖方羊群行为则相反。总体上卖方羊群行为大于买方羊群行为。

（4）股票规模是影响投资者羊群行为的另一重要因素。随着股票流通股本规模的减小，投资者羊群行为逐步增强，这与国外学者的研究具有相同的结论。

羊群行为是行为金融和社会心理学的重要概念，其本质是在信息不完全时对象对于环境的反应。

思考与练习题

1. 无标度网络的特征是什么？
2. 边界带方法的研究思路是什么？
3. 演化博弈论的研究对象有什么特点？
4. 如何建立多主体模型？
5. 为什么说金融市场是复杂的？

第 9 章

系统工程应用案例

系统工程作为一门从整体出发合理开发、设计、实施和运用系统的工程技术在众多领域中有着极其广泛的应用。本章将给出几个用系统工程的原理和方法解决实际问题的成功案例。

9.1 案例1：边界带方法应用

感知反应系统(SAR 系统)的方程与模型按不同的标准可进行各种分类。如果以变量与变量之间的作用方式为标准可以划分成线性方程或模型和非线性方程或模型；以变量对时间的依赖方式为标准可以划分成连续时间方程或模型和离散时间方程或模型；以系统的规模大小为标准则可以划分成 $SAR(p,q)$ 方程或模型，其中 $p,q=1,2,3,\cdots$，等等。

9.1.1 SAR 方程

SAR 系统方程由作用方程和条件表达式两大部分组成，其中作用方程又可分成本体系统方程和色谱边界要素方程。本体系统方程是无条件的，而色谱边界方程则是有条件的。对于一个色谱边界要素的作用方程可以对应一个条件表达式，也可以对应多个条件表达式，多个条件表达式之间可以由各种不同的逻辑关系联系在一起。

1. SAR 方程的要素及其构造

我们知道，一个 SAR 系统是由本体系统、环境系统和色谱边界三大主体组成。SAR 系统的时间旋进原理、空间旋进原理和色谱边界原理系统中存在着三类基本结构，即物质结构(广义的)、信息结构和感知反应结构。每一种结构都有相应的流在运动。这三种流分别是物质能量流、信息流和感知反应流。对于前两种流我们不会感到陌生，在一般的动态系统中都会遇到。而第三种流却有着其特殊的性质。它既有信息流的特性，又有物质能量流的特性。感知对应于信息流，反应对应于物质能量流。在感知阶段信息流的特性起主导作用；在反应阶段物质能量流的特性起主导作用。这两种主导作用的切换由感知反应条件决定。感知反应条件根据不同的系统可以有各种不同的具体形式，由 SAR 方程表达出来。为了突出主要矛盾，使注意力更集中于感兴趣的问题上来，在这里我们假设环境系统中要素的缓慢变化可以忽略不计，即我们在 SAR 系统基本演化方程的简化形式上展开讨论。于是一个三体问题就简化成了一个二体问题。其中最关键的环节就是用 SAR 方程描述的感知反应部分，它反映了本体系统与色谱边界之间的物质、能量和信息的相互作用关系，以及这种相互作用关系产生的环境、条件、方式和结果。因此它是 SAR 系统研究的一个核心。

一个 SAR 方程由感知反应作用方程和感知反应作用条件两大部分组成。设在 SAR

系统中有 q 个感知反应要素,每个感知反应要素有两种运动变化方式,在某组条件下系统按感知不反应的方式运动;在另一组条件下系统按感知反应的方式运动。于是我们可以写出如下 SAR 方程的表达式

$$\frac{\mathrm{d}z_i}{\mathrm{d}t} = \begin{cases} h_{1i}(Z,t), & \text{if}_{1i}\{k_i(X,Z,t)\} \\ h_{2i}(X,Z,t), & \text{if}_{2i}\{k_i(X,Z,t)\} \end{cases} \tag{9-1}$$
$$i = 1,2,3,\cdots,q$$

上式中的感知反应作用表达式和条件表达式都可以有许多不同的结构形式,将这些结构形式加以组合就可以得到众多形态各异的感知反应方程,为定量地刻画多样化的实际感知反应系统提供丰富的手段。

2. 几种典型的 SAR 方程

从理论上讲,SAR 方程没有固定的书写格式,其中的作用方程和条件方程都是非线性的、时变的和状态依赖的。作用方程可以是两个,而且至少是两个,分别对应感知反应和不感知反应两种情况;也可以是多于两个,在感知反应的前提下可根据要素反应强度的不同等级分别用多个作用方程进行描述。同样对于条件方程也是如此,原则上一个作用方程必须有一个,而且至少有一个条件方程与之相对应;然而实际上也可能出现多个条件方程对应一个作用方程的情况。这样就使得 SAR 方程的研究变得非常复杂。但是尽管如此,如果我们采用先易后难、先粗后精、先现象后本质的旋进式思维方式和方法去处理问题,则经常会得到"柳暗花明又一村"的惊喜。

让我们先来考察一下几种在特定条件下的 SAR 方程。

(1) 在一般情况下,感知不反应作用方程为

$$\frac{\mathrm{d}z_i}{\mathrm{d}t} = h_{1i}(Z,t) \tag{9-2}$$

由于它与本体系统的内部状态 X 无关,所以可以通过积分求解得到 $z_i = z_i(t)$。于是对本体系统来说 $z_i(t)$ 相当于一个随时的外生变量。例如在捕食与被捕食系统中,无论是在感知过程还是在反应过程中,捕食者与被捕食者都处在不停的运动变化之中。

(2) 在感知反应方程中,如果 $z_i(t)$ 随时间的变化率相对于本体系统内部变量的变化率来说非常小,则可将其忽略掉,即可近似地认为

$$\frac{\mathrm{d}z_i}{\mathrm{d}t} = 0, \quad \text{或} \quad z_i = z_{0i} \tag{9-3}$$

式中,z_{0i} 为常数;在这种情况下,z_i 对本体系统来说相当于一个定常的环境参量。例如在矿物开采系统中,地下矿物的形成周期与采矿的过程相比非常长,因此可以忽略掉其中缓慢的时间变化因素,矿物的位置和矿物的存量可以看成是定常不变的。

(3) 在 SAR 方程中,如果感知反应作用表达式和与之相应的条件表达式具有相同的形式,即

$$h_{2i}(X,Z,t) = k_i(X,Z,t) \tag{9-4}$$

则称 SAR 方程是自反的。在这种情况下相当于将本体系统中有关状态的信息不作任何变换直接馈送给色谱边界要素。例如黄河河水流向问题,河水与河床之间位势的信息被河水感知后,如果满足反应条件,则河水直接从低位势的河床转向高位势的新河床,其中

河水的感知信息和作用方式均不作任何转换直接与位势相联系。

（4）在 SAR 方程的条件表达式中可以只存在一个反应临界，非此即彼，即

$$\frac{\mathrm{d}z_i}{\mathrm{d}t} = \begin{cases} h_{1i}(Z,t) & k_i(X,Z,t) \geqslant l_i \\ h_{2i}(X,Z,t) & k_i(X,Z,t) < l_i \end{cases} \tag{9-5}$$

式中，l_i 为反应条件表达式中唯一的反应临界值。例如在防空雷达和火炮系统中，要么满足反应条件，火炮发射；要么不满足反应条件，火炮不发射，两者必居其一，符合排中律。

（5）在 SAR 方程的条件表达式中也可以同时存在上限和下限两个反应临界，即

$$\frac{\mathrm{d}z_i}{\mathrm{d}t} = \begin{cases} h_{1i}(Z,t), & l_{1i} \leqslant k_i(X,Z,t) \leqslant l_{2i} \\ h_{2i}(X,Z,t), & k_i(X,Z,t) < l_{1i} \text{ 或 } k_i(X,Z,t) > l_{2i} \end{cases} \tag{9-6}$$

在这种情况下，感知信息的强度被粗粒化了，形成了一个感知信息元胞。在元胞内系统不产生反应，保持原来的结构模式不变；感知信息的强度一旦超出元胞的范围，系统就会产生感知反应，进而引起结构重组。例如医生给病人量血压，如果测得的血压值在高压和低压的一定范围内则属正常情况，不用打针吃药；只有当测得的血压值超出正常血压的元胞直径时医生才会诊断为血压异常，于是产生感知反应，对病人采取适当的措施进行医治。

（6）在 SAR 方程中有时还会出现一个作用方程对应一组（多个）反应条件的情况。感知反应最终条件能否得到满足由这组反应条件的共同作用来决定。组内各反应条件的共同作用方式由某种逻辑关系反映出来。较常见的逻辑关系有相或关系、相与关系以及或和与结合在一起的组合关系等。

在相或关系的情况下，SAR 方程中最终的感知反应条件可表达成

条件 1 $\bigcup$ 条件 2 $\bigcup$ $\cdots$ $\bigcup$ 条件 m

当这 m 个条件中的任何一个得到满足时，最终条件就能够得到满足；只有当所有 m 个条件都不满足时最终条件才得不到满足。例如某人想从上海到南京去，他可以有很多种方式进行选择，可以坐火车，可以坐轮船，可以乘飞机，也可以坐汽车。任何一种方式都能帮助他达到目的。只有当所有的方式全部失败时他的愿望才不能得以实现。

在相与关系的情况下，SAR 方程中的最终感知反应条件可表达成

条件 1 $\bigcap$ 条件 2 $\bigcap$ $\cdots$ $\bigcap$ 条件 m

只有当这 m 个条件全部得到满足时，最终条件才能够得到满足；只要这 m 个条件中任何一个得不到满足，则最终条件就会被破坏。例如一个三好学生，首先必须是一个学生，然后还必须满足德、智、体全面发展的一定指标要求，缺少任何一个条件都不行。

相或关系和相与关系还可以相互结合在一起，构成更复杂的感知反应条件关系。例如一个劳动模范不仅必须满足一系列必备的相与条件：思想觉悟高，劳动干劲足，工作成效大等，而且还要满足一些相或条件：他（她）或者是个工人，或者是个农民或者是个知识分子等。

将本体系统方程与感知反应方程组合起来就可以得到 SAR 系统方程。如果本体系统方程和感知反应方程（包括其中的作用方程和条件表达式）均为线性的，则 SAR 系统模型称为线性模型。设本体系统中包含 p 个要素（状态变量），色谱边界中包含 q 个要素，则组合以后所得到的模型就是 SAR(p,q) 模型。下面我们就本体系统与感知反应方程中的作用方程和条件表达式的各种不同组合情况展开讨论。

9.1.2　线性 SAR(1,1)系统模型

当 $p=1,q=1$ 时所形成的线性模型就是线性 SAR(1,1)模型。显然 SAR(1,1)模型的静态复杂性指数 $C(1,1)=0.5$。下面分两种情形来讨论。

情形 1：在模型中若 $h_1(z,t)=0$，且条件表达式中只包含一个门限值，则系统可表达成

$$\frac{\mathrm{d}x(t)}{\mathrm{d}t} = a_{11}x + a_{12}z, \quad x(0) = x_0 \tag{9-7}$$

$$\frac{\mathrm{d}z(t)}{\mathrm{d}t} = \begin{cases} 0 & x \leqslant l(\text{或 } x \geqslant l) \\ a_{21}x + a_{22}z & x > l(\text{或 } x < l) \end{cases} \tag{9-8} \tag{9-9}$$

$$z(0) = z_0$$

(1) 捕获过程：当系统满足式(9-8)时有解：

$$x(t) = \left(x_0 + \frac{a_{12}}{a_{11}}z_0\right)e^{a_{11}t} - \frac{a_{12}}{a_{11}}z_0 \tag{9-10}$$

设在时刻 t^* 系统达到感知反应的临界状态，有

$$x(t^*) = \left(x_0 + \frac{a_{12}}{a_{11}}z_0\right)e^{a_{11}t^*} - \frac{a_{12}}{a_{11}}z_0 = l \tag{9-11}$$

$$t^* = \frac{1}{x_0 + (a_{12}/a_{11})z_0}\ln\left[\frac{l + (a_{21}/a_{11})z_0}{x_0 + (a_{21}/a_{11})z_0}\right] \tag{9-12}$$

捕获行为完成以后系统满足式(9-9)的条件，组成一个二阶系统：

$$\begin{bmatrix} \dfrac{\mathrm{d}x(t)}{\mathrm{d}t} \\ \dfrac{\mathrm{d}z(t)}{\mathrm{d}t} \end{bmatrix} = \begin{bmatrix} a_{11} & a_{12} \\ a_{21} & a_{22} \end{bmatrix}\begin{bmatrix} x \\ z \end{bmatrix}, \quad \begin{bmatrix} x(t^*) \\ z(t^*) \end{bmatrix} = \begin{bmatrix} l \\ z_0 \end{bmatrix} \tag{9-13}$$

式(9-13)的特征方程为

$$\lambda^2 - (a_{11} + a_{22})\lambda + (a_{11}a_{22} - a_{12}a_{21}) = 0 \tag{9-14}$$

两个特征根为

$$\lambda_{1,2} = \frac{1}{2}\left[(a_{11} + a_{22}) \pm \sqrt{(a_{11} - a_{22})^2 + 4a_{12}a_{21}}\right] \tag{9-15}$$

讨论：

① 若式(9-14)有两个相异的实根，则式(9-13)的解为

$$\begin{bmatrix} x(t) \\ z(t) \end{bmatrix} = \begin{bmatrix} A_1 & A_2 \\ \dfrac{\lambda_1 - a_{11}}{a_{12}}A_1 & \dfrac{\lambda_2 - a_{11}}{a_{12}}A_2 \end{bmatrix}\begin{bmatrix} e^{\lambda_1 t} \\ e^{\lambda_2 t} \end{bmatrix} \tag{9-16}$$

② 若式(9-14)有两个相等的实根 λ^*，则方程(9-13)的解为

$$\begin{bmatrix} x(t) \\ z(t) \end{bmatrix} = \begin{bmatrix} A_1 & A_2 \\ \dfrac{(\lambda_1^* - a_{11})A_1 + A_2}{a_{12}} & \dfrac{a_{21}A_2}{\lambda^* - a_{22}} \end{bmatrix}\begin{bmatrix} e^{\lambda_1^* t} \\ te^{\lambda_2^* t} \end{bmatrix} \tag{9-17}$$

③ 若式(9-14)有一对共轭复根

$$\lambda_{1,2} = \alpha + i\beta$$

则式(9-13)的解为

$$
\begin{bmatrix} x(t) \\ z(t) \end{bmatrix} = \begin{bmatrix} A_1 & A_2 \\ \dfrac{(\alpha - a_{11})A_1 + \beta A_2}{a_{12}} & \dfrac{(\alpha - a_{11})A_2 - \beta A_1}{a_{12}} \end{bmatrix} \begin{bmatrix} e^{at}\cos(\beta t) \\ e^{at}\sin(\beta t) \end{bmatrix} \tag{9-18}
$$

以上各式中 A_1, A_2 为待定系数。

(2) 游离过程:在系数矩阵各元素 $a_{ij}, i=1,2; j=1,2$ 的数值和符号的不同组合下,方程(9-13)会出现各种各样的运动性态。这些运动性态包括:稳定性态(单调趋向于平衡点或振荡趋向于平衡点)、不稳定性态(单调发散或振荡发散)、等幅振荡以及单调趋向于任意常数。系统在运动变化的过程中,如果在某一时刻 t^{**} 时使式(9-9)的条件遭到破坏,转而又满足式(9-8)的条件,则本体系统就要将 $z(t)$ 游离出去,又退化成一个一阶系统。

【例 9.1】 考虑企业生产与污染治理系统问题。现假定:

(1) 企业生产按一定的增长率 $a_{11}>0$ 以指数方式增长。

(2) 伴随着生产过程的进行会产生出一定的环境污染,为此企业必须从其产出中拨出一定的资金用于污染的治理,因而对企业再生产的速度会有一定的影响。

(3) 当生产规模较小时用于污染治理的投入是一个常量,相当于生产关于污染治理的不变成本;当生产规模扩张到一定程度时,用于污染治理的投入将随生产的增长而增大,相当于可变成本。

设 x 为企业生产的产值;z 为因企业生产而产生的环境污染量。则系统模型是一个 SAR(1,1)模型

$$
\frac{\mathrm{d}x(t)}{\mathrm{d}t} = a_{11}x - a_{12}z \quad x(0) = x_0 \quad 0 < x_0 < l \tag{9-19}
$$

$$
\frac{\mathrm{d}z(t)}{\mathrm{d}t} = \begin{cases} 0 & x \leqslant l \\ a_{21}x - a_{22} & x > l \end{cases} \quad z(0) = z_0 > 0 \tag{9-20} \tag{9-21}
$$

式中,a_{11}, a_{12}, a_{21} 均为大于零的常数;l 为系统感知反应的临界水平。由于在初始时刻系统满足式(9-20)的条件,即 z 为一常数 z_0,所以式(9-19)可解得

$$
x(t) = \left(x_0 - \frac{a_{12}}{a_{11}}\right)e^{a_{11}t} + \frac{a_{12}}{a_{11}}z_0 \leqslant l \tag{9-22}
$$

因为 $a_{11}>0$,所以在 t^* 时刻 x 将达到感知反应临界值:$x(t^*)=l$,或

$$
t^* = \frac{1}{a_{11}}\ln\left[\frac{l - (a_{12}/a_{11})z_0}{x_0 - (a_{12}/a_{11})z_0}\right] \tag{9-23}
$$

若取 $x_0=1, z_0=0.1, l=2, a_{11}=0.05, a_{12}=0.2$,则有 $t^*=19.6$;于是本体系统对 $z(t)$ 实施捕获,捕获完成以后本体系统结构重组,构成一个二阶新系统

$$
\begin{bmatrix} \dfrac{\mathrm{d}x(t)}{\mathrm{d}t} \\ \dfrac{\mathrm{d}z(t)}{\mathrm{d}t} \end{bmatrix} = \begin{bmatrix} a_{11} & -a_{12} \\ a_{21} & a_{22} \end{bmatrix} \begin{bmatrix} x \\ z \end{bmatrix} \quad \begin{bmatrix} x(t^*) \\ z(t^*) \end{bmatrix} = \begin{bmatrix} l \\ z_0 \end{bmatrix} \tag{9-24}
$$

式(9-24)的特征方程为

$$
\lambda^2 - a_{11}\lambda + a_{12}a_{21} = 0 \tag{9-25}
$$

两个特征根为

$$\lambda_{1,2} = \frac{1}{2}\left[a_{11} \pm \sqrt{a_{11}^2 - 4a_{12}a_{21}}\right] \tag{9-26}$$

进一步取 $a_{21}=0.1, a_{22}=2.2$，则有 $\lambda_{1,2}=0.025\pm0.278i$。$t^*$ 以后 $x(t)$ 继续保持上升，但是由于用于污染治理的投入也随之增大，正负效用抵消以后 $x(t)$ 的增长速度逐步减缓，接着停止增长，而后又开始下降，直到 t^{**} 时刻为止，在本例中 $t^{**}=46.2$（时间单位）。当 $x(t)$ 下降到门限水平 l 时，系统再也不能满足式(9-21)的条件，而自动切换到满足式(9-20)的条件。于是本体系统又退化到一阶系统，$z(t)$ 从本体系统中游离出去。模型模拟结果如图9-1所示。

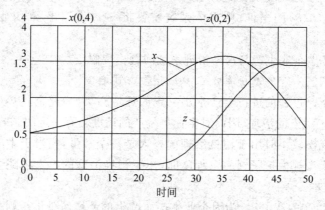

图 9-1　企业生产与污染治理系统模拟结果

在本例中可计算出各项复杂性指数：$\alpha(t^*)=1, \beta(t^{**})=1, \gamma(t^{**})=2, C(t^*)=0.051; C(t^{**})=0.0433$。

此外，在式(9-20)中，如果 $h_1(z,t)=\mu z\neq 0$，则系统可写成

$$\frac{\mathrm{d}x(t)}{\mathrm{d}t} = a_{11}x + a_{12}z, \quad x(0) = x_0 \tag{9-27}$$

$$\frac{\mathrm{d}z(t)}{\mathrm{d}t} = \begin{cases} \mu z & x \leqslant l(\text{或 } x \geqslant l) \tag{9-28} \\ a_{21}x + a_{22}z & x > l(\text{或 } x < l) \tag{9-29} \end{cases}$$

$$z(0) = z_0$$

在捕获过程中，当系统满足式(9-28)的条件时，方程可解得

$$z(t) = z_0 e^{\mu t} \tag{9-30}$$

式(9-30)代入式(9-27)得

$$\frac{\mathrm{d}x(t)}{\mathrm{d}t} = a_{11}x + a_{12}z_0 e^{\mu t}, \quad x(0) = x_0 \tag{9-31}$$

解出 $x(t)$：

$$x(t) = \left(x_0 - \frac{a_{12}z_0}{\mu - a_{11}}\right)e^{a_{11}t} + \frac{a_{12}z_0}{\mu - a_{11}}e^{\mu t} \tag{9-32}$$

到了时刻 t^*，系统达到感知反应的临界状态 $x(t^*)=l$。t^* 以后系统完成了捕获过程后自动切换到满足式(9-29)的条件从而组成一个二阶系统如式(9-13)，以后的步骤以及游离过程与前述相同。

【例9.2】 考虑在一块农田里麦子与稗草的生长竞争系统问题。假定：

（1）麦子和稗草均以指数规律增长，其中稗草的生长速度要快于麦子的生长速度。

（2）麦子的生长速度会因稗草的生长而受到抑制。

（3）在麦子生长的初始阶段规模较小，稗草有足够的生长空间，所以其生长速度不受麦子的影响。

（4）当麦子生长到一定规模以后，麦子与稗草共同竞争有限的生长空间。

记 $x(t)$ 为 t 时刻的麦子数量；$z(t)$ 为 t 时刻的稗草的数量。据题意该系统的 SAR$(1,1)$模型为

$$\frac{\mathrm{d}x(t)}{\mathrm{d}t} = a_{11}x - a_{12}z, \quad x(0) = x_0 \tag{9-33}$$

$$\frac{\mathrm{d}z(t)}{\mathrm{d}t} = \begin{cases} a_{22}z & x \leqslant l \\ -a_{21}x + a_{22}z & x > l \end{cases} \tag{9-34}$$
$$\tag{9-35}$$
$$z(0) = z_0$$

式中，$a_{11}, a_{12}, a_{21}, a_{22}$ 均为大于零的常系数，且 $a_{11} < a_{22}$；l 为系统感知反应的临界水平。

设在初始阶段系统满足式(9-34)。取 $a_{11} = 0.05$，$a_{12} = 0.01$，$a_{21} = 0.008$，$a_{22} = 0.06$，$l = 2$，经过计算可得：$t^* = 14.5$。t^* 以后系统完成捕获过程。由于本系统的行为不可逆地向单方向演变，因此不会出现捕获过程。模型的模拟结果如图9-2所示。本系统的各项复杂性指数为：$\alpha(t^*) = 1$，$\beta(t^*) = 0$，$\gamma(t^*) = 1$，$C(t^*) = 0.069$。

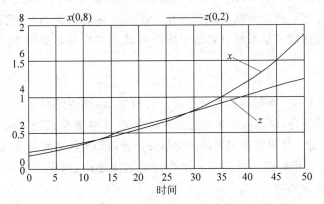

图9-2 麦子-稗草生长竞争模型模拟结果

情形2：在模型中若 $h_1(z,t) = 0$，且条件表达式中只包含上限和下限两个门限值，则系统可表达成

$$\frac{\mathrm{d}x(t)}{\mathrm{d}t} = a_{11}x - a_{12}z, \quad x(0) = x_0 \tag{9-36}$$

$$\frac{\mathrm{d}z(t)}{\mathrm{d}t} = \begin{cases} 0 & l_1 \leqslant x \leqslant l_2 \\ a_{21}(x - x^*) & x < l_1 \text{ 或 } x > l_2 \end{cases} \tag{9-37}$$
$$\tag{9-38}$$
$$z(0) = z_0$$

式中，$a_{11}, a_{12}, a_{21}, a_{22}$ 为常系数；l_1, l_2 分别表示感知反应临界的上下限；$x^* = \dfrac{l_1 + l_2}{2}$。此外为了使系统具有自我调节的功能，要求 $\mathrm{sign}(a_{12}) = \mathrm{sign}(a_{21})$。上述系统可以理解成本

体系统的感知反应信号 $x(t)$ 在感知反应区间 $[l_1, l_2]$ 上被"粗粒化"了,形成了一个感知反应元胞,元胞的中心在 x^* 处,元胞的半径为 $\frac{l_1 - l_2}{2}$。当感知信号落在元胞之内时系统不产生反应;只有当感知信号超出元胞范围时系统才会产生反应。

当系统满足式(9-37)的条件时,系统的求解以及系统的捕获过程与单门限条件的情况完全一样,可参照前述相应的内容。不同之处在于:在系统的捕获行为实施以后,系统自动切换到满足式(9-38)的条件,经过结构重组形成一个新的二阶系统

$$\frac{\mathrm{d}x(t)}{\mathrm{d}t} = a_{11}x - a_{12}z \quad x(t^*) = l_1 \ 或 \ x(t^*) = l_2 \tag{9-39}$$

$$\frac{\mathrm{d}z(t)}{\mathrm{d}t} = a_{21}(x - x^*) \quad z(t^*) = z_0 \tag{9-40}$$

显然在式(9-39)中,当 $a_{11} > 0$ 时有 $x(t^*) = l_2$;当 $a_{11} < 0$ 时有 $x(t^*) = l_1$。二阶系统的特征方程为

$$\lambda^2 - a_{11}\lambda + a_{12}a_{21} = 0 \tag{9-41}$$

两个特征根为

$$\lambda_{1,2} = \frac{1}{2}\left(a_{11} \pm \sqrt{a_{11}^2 - 4a_{12}a_{21}}\right) \tag{9-42}$$

定常系数 a_{11}, a_{12}, a_{21} 的不同组合可以使系统产生各种稳定的和不稳定的运动模式。但是根据系统的自稳性的特性,单调增加或单调衰减的运动模式显然不能符合要求,因为感知信号从感知反应元胞的内部走向其外部与从元胞的外部走向其内部,它们的运动方向是截然相反的。因此能够满足系统自稳性要求的运动性态只能是振荡模式,从特征根上看也就是要求

$$a_{11}^2 < 4a_{12}a_{21} \tag{9-43}$$

系统在以振荡模式向 x^* 回归过程中若在某一时刻 t^{**} 能够达到 l_1 或 l_2,则系统自动切换到满足式(9-37)的条件,$z(t)$ 从本体系统中游离出去,本体系统又退化成一个一阶系统。

【例9.3】 考虑一个糖尿病患者的病情与降血糖药物给药之间关系的系统问题。假定:

(1) 为了使血糖指标能够控制在一个合理的范围之内,糖尿病患者平时必须服用某个固定剂量的降血糖药物。

(2) 当患者的血糖指标超出正常范围时,医生必须及时调整病人的服药剂量:高于正常范围时应加大用药量;低于正常范围时应减小用药量。

(3) 一旦血糖指标恢复到正常范围,患者应维持一定的用药剂量。

设 $x(t)$ 为 t 时刻糖尿病患者的血糖指标;$z(t)$ 为患者在 t 时刻的用药剂量。据题意该系统可用一个 SAR(1,1)模型来描述,模型的条件表达式中包含有上限和下限两个感知反应临界值。若取 $a_{11} = 0.05$;$a_{12} = 0.04$;$a_{21} = 0.04$;$l_1 = 4$;$l_2 = 6$;则可写出系统方程:

$$\frac{\mathrm{d}x(t)}{\mathrm{d}t} = 0.05x - 0.04z \quad x(0) = 5 \tag{9-44}$$

$$\frac{\mathrm{d}z(t)}{\mathrm{d}t} = \begin{cases} 0 & 4 \leqslant x \leqslant 6 \\ 0.04(x - x^*) & x < 4 \ 或 \ x > 6 \end{cases} \tag{9-45}$$
$$\tag{9-46}$$

$$z(0) = z(x^*) = 5$$

感知反应元胞的中心为 $x^* = 5$，半径为 $r = 1$；经验证系统能够满足自稳条件。系统第一次捕获的临界时刻为 $t^* = 14$；系统第一次游离时刻为 $t^{**} = 26.7$。系统的模拟结果如图 9-3 所示。

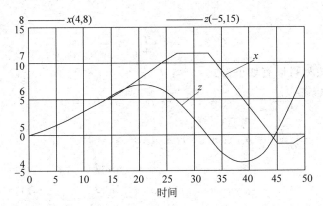

图 9-3　糖尿病人血糖指标与服药量系统的模拟结果

系统的各项复杂性指标为：$\alpha(t^*) = 1$；$\beta(t^{**}) = 1$；$\gamma(t^{**}) = 2$；$C(t^*) = 0.071$；$C(t^{**}) = 0.075$。

此外，如果进一步考虑糖尿病患者由于察觉到自己的血糖有增高的迹象，于是在其血糖指标还处在正常范围时就开始缓慢地、逐渐地加大用药剂量。从系统模型上反映出来就是当感知信号落在正常范围内时相应的感知反应要素的变化率不再是零，即 $h_1(z,t) = a_{22}z \neq 0$；在本例中若取 $a_{22} = 0.001$，则系统第一次捕获的临界时刻 $t^* = 18.4$；系统第一次游离时刻为 $t^{**} = 26.9$。系统的动态复杂性指标为：$C(t^*) = 0.054$；$C(t^{**}) = 0.073$。与前面的情况相比，有预见地提前增加服药量，尽管实际上所增加的幅度是很小的，在本例中仅为 1%，但是却可以大大推迟血糖指标超标准的发生时刻，本例中推迟了 4.4 个单位，以及缩短血糖指标恢复正常所需要的时间，本例中缩短了 4.2 个单位。另外系统捕获的动态复杂性指标也有了较大的下降。由此可见，如果患者对自己的血糖变化情况有一个正确的预见并尽早采取相应的措施，则会使系统问题处理起来容易许多。患者有预见性地服药情况下的系统模拟结果如图 9-4 所示。

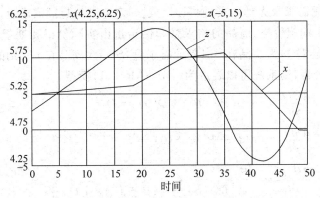

图 9-4　预见性服药情况下的系统模拟结果

9.1.3　线性 SAR(2,1)系统模型

在线性 SAR(2,1)模型中包含两个本体系统要素和一个色谱边界要素,其静态复杂性指标为

$$C(2,1) = \frac{q}{p+q} = \frac{1}{3} \tag{9-47}$$

线性 SAR(2,1)模型可以有如下形式

$$\frac{dx_1(t)}{dt} = a_{11}x_1 + a_{12}x_2 + a_{13}z \quad x_1(0) = x_{10} \tag{9-48}$$

$$\frac{dx_2(t)}{dt} = a_{21}x_1 + a_{22}x_2 + a_{23}z \quad x_2(0) = x_{20} \tag{9-49}$$

$$\frac{dz(t)}{dt} = \begin{cases} uz & \text{if}_1\{k(x_1,x_2,z,t)\} \tag{9-50} \\ a_{31}x_1 + a_{32}x_2 + a_{33}z & \text{if}_2\{k(x_1,x_2,z,t)\} \tag{9-51} \end{cases}$$

$$z(0) = z_0$$

上述各式中 $u, a_{ij}(i=1,2,3; j=1,2,3)$ 均为常系数;感知反应条件表达式 $\text{if}_1\{\cdot\}$, $\text{if}_2\{\cdot\}$ 可以只包含一个反应门限值,也可以包含反应上限和反应下限两个门限值。当系统满足式(9-50)的条件时,系统的运动方程为一二阶线性方程。与 SAR(1,1)模型不同, SAR(2,1)模型在系统实施捕获行为之前其运动性态除了可以有单调增和单调减之外还可以有振荡的模式。一旦捕获过程完成以后系统便自动切换到满足式(9-51)的条件。系统经过结构重组以后形成一个三阶的线性运动方程。一个三阶系统要比一个二阶系统具有更丰富的运动表现形式,因而也为系统的游离增加更加多样化的途径和方式。为了方便起见,现结合一个具体的例子来展开讨论。

【例9.4】 考虑一个基于期望价格的动态蛛网模型。根据卡尔多(Kaldor)的蛛网定理,许多商品的市场价格、供给量和需求量会随着时间的变化而发生变化,呈现出时涨时跌、时增时减、交替变化的规律。假定:

(1) 所论及商品为普通商品,其需求量随价格连续地反方向变化。

(2) 普通商品的供给量随价格连续地同方向变化。

(3) 商品价格的变化由超额需求量(即商品的需求量和供给量之差)决定,并且商品价格对较小的超额需求量无动于衷,而只对超过一定范围的超额需求量作出反应。

(4) 存在一个期望价格,商品的需求量和供给量由实际价格和期望价格之间缺额的大小进行调整。记 $D(t)$ 为商品在 t 时刻的需求量,$S(t)$ 为商品在 t 时刻的供给量,$P(t)$ 为商品在 t 时刻的价格,则系统可以表达为一个 SAR(2,1)模型

$$\frac{dD(t)}{dt} = -a(P - P') \quad D(0) = D_0 \tag{9-52}$$

$$\frac{dS(t)}{dt} = b(P - P') \quad S(0) = S_0 \tag{9-53}$$

$$\frac{dP(t)}{dt} = \begin{cases} 0 & |D-S| < l \tag{9-54} \\ c_1(D-S) - c_2(P-P') & |D-S| \geq l \tag{9-55} \end{cases}$$

$$P(0) = P_0$$

以上各式中 a,b,c_1,c_2 均为大于零的常系数；P' 为商品的期望价格(常量)；l 为系统的反应临界值。系统的感知信息是商品的超额需求率的绝对值。超额需求率被定义为商品的超额需求量与需求量的相对比率。系统的感知信息在价格变化率的反应区间 $[0,l]$ 上被粗粒化了。当系统满足式(9-54)的条件时，价格变量的变化率不作反应，价格对于需求方程和供给方程来说相当于一个环境参数。于是式(9-52)和式(9-53)可分别解得

$$D(t) = A_1 - a(P - P')t \tag{9-56}$$

$$S(t) = A_2 + b(P - P')t \tag{9-57}$$

上述两式中的 A_1,A_2 为待定系数，它们与系统状态变量的初值有关。从式(9-56)和式(9-57)中可以看出，如果 $p > p'$，则需求变量随时间线性下降，而供给变量随时间线性上升。这一减一增使系统的超额需求率的绝对值迅速扩大，扩大到一定程度当它超过系统的反应临界值时，系统原来的运行条件遭到破坏，转而切换到满足式(9-55)的条件，本体系统对价格变量进行捕获。捕获过程完成以后，式(9-55)被激活，因为此时超额需求量为负的，即 $S(t) > D(t)$，所以价格变量朝小的方向调整。调整的结果使需求变量上升、供给变量下降，从而减小超额需求量进而减小超额需求率。一旦超额需求率减小到落入价格变量的感知反应元胞之内，则系统就要开始游离过程。反之，在式(9-56)和式(9-57)中如果 $p < p'$，则需求变量随时间线性上升，而供给变量随时间线性下降，到了一定的程度式(9-55)被激活，价格变量朝大的方向调整，结果使超额需求率重新又回到价格变量的感知反应元胞之内，本体系统将价格变量游离出去。如此循环往复，形成了商品市场的起伏波动。

当本体系统完成了对价格变量的捕获过程以后，系统经过结构重组形成一个三阶的线性运动方程

$$\begin{bmatrix} \dfrac{\mathrm{d}D(t)}{\mathrm{d}t} \\[2mm] \dfrac{\mathrm{d}S(t)}{\mathrm{d}t} \\[2mm] \dfrac{\mathrm{d}P(t)}{\mathrm{d}t} \end{bmatrix} = \begin{bmatrix} 0 & 0 & -a \\ 0 & 0 & b \\ c_1 & -c_1 & -c_2 \end{bmatrix} \begin{bmatrix} D \\ S \\ P \end{bmatrix} + \begin{bmatrix} aP' \\ -bP' \\ c_2P' \end{bmatrix} \tag{9-58}$$

系统的平衡解为：$P_e = P'$，$D_e = S_e =$ 任意常数。也就是说系统的平衡位置是 D-S-P 三维空间上的一条直线。然而实际上系统是不可能达到其平衡位置的，因为当系统趋向于其平衡位置足够接近时，式(9-55)的运行条件就要被破坏，就会发生游离现象。式(9-58)的特征方程为

$$\lambda[\lambda^2 + c_2\lambda + (a+b)c] = 0 \tag{9-59}$$

三个特征根为

$$\lambda_1 = 0, \lambda_{2,3} = \frac{1}{2}\left[-c_2 \pm \sqrt{c_2^2 - 4(a+b)c}\right] \tag{9-60}$$

由此可见，系统的均衡位置是稳定的。如果在上述的SAR(2,1)模型中取：$a=0.2$，$b=0.2$，$c_1=0.2$，$c_2=0.2$，$P'=2$，$l=1$，$D(0)=4.8$，$S(0)=5$，$P(0)=1$，则模型运行结果如图9-5所示。模拟结果表明：该系统为一衰减振荡的模式；系统前三次捕获时刻为 $t^*(1)$，$t^*(2)$，$t^*(3)$；系统前三次游离时刻为 $t^{**}(1)$，$t^{**}(2)$，$t^{**}(3)$。表9-1给出了系统各捕获

时刻和游离时刻的具体数值以及相应的空间复杂性指数和动态复杂性指数。

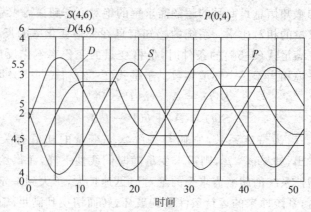

图 9-5   动态蛛网模型模拟结果

表 9-1   动态蛛网模型的捕获和游离时刻及其空间和动态复杂性指数

T	$t^*(1)$ $=2.8$	$t^*(2)$ $=15.2$	$t^*(3)$ $=28.6$	$t^{**}(1)$ $=9.7$	$t^{**}(2)$ $=21.9$	$t^{**}(3)$ $=34.5$
$r(t)$	0.5	1.5	2.5	1	2	3
$C(t)$	0.179	0.099	0.087	0.103	0.091	0.087

从以上结果可以看出，系统的捕获过程和游离过程持续不断地交替进行，因此其空间复杂性指标随着时间的推移而不断增大，说明该系统具有很强的市场活力；而其动态复杂性指标随着时间的推移而逐渐下降，说明系统的运动不断地摆脱初始条件的影响，越来越趋向于某种规整性，系统问题的处理难度也趋于下降。

9.1.4   线性 SAR(1,2) 系统模型

线性 SAR(1,2) 模型由一个本体系统要素和两个色谱边界要素通过一定的关联关系组合而成。SAR(1,2) 模型的静态复杂性指数为

$$C(2,1) = \frac{q}{p+q} = \frac{1}{3} \tag{9-61}$$

线性 SAR(2,1) 模型可以有如下结构形式

$$\frac{\mathrm{d}x(t)}{\mathrm{d}t} = a_{11}x_1 + a_{12}z_1 + a_{13}z_2 \quad x(0) = x_0 \tag{9-62}$$

$$\frac{\mathrm{d}z_1(t)}{\mathrm{d}t} = \begin{cases} uz_1 & \mathrm{if}_1^{(1)}\{k(x,z_1,z_2,t)\} \quad (9\text{-}63) \\ a_{21}x + a_{22}a_1 + a_{23}z_2 & \mathrm{if}_2^{(1)}\{k(x,z_1,z_2,t)\} \quad (9\text{-}64) \end{cases}$$
$$z_1(0) = z_{10}$$

$$\frac{\mathrm{d}z_2(t)}{\mathrm{d}t} = \begin{cases} vz_2 & \mathrm{if}_1^{(2)}\{k(x,z_1,z_2,t)\} \quad (9\text{-}65) \\ a_{31}x + a_{32}z_1 + a_{33}z_2 & \mathrm{if}_2^{(2)}\{k(x,z_1,z_2,t)\} \quad (9\text{-}66) \end{cases}$$
$$z_2(0) = z_{20}$$

以上格式中 u,v 及 $a_{ij}(i=1,2,3;j=1,2,3)$ 均为常数；$\mathrm{if}_i^{(1)}\{\cdot\}$，$\mathrm{if}_i^{(2)}\{\cdot\}(i=1,2)$ 分别为色谱边界要素 z_1 和 z_2 的感知反应条件表达式，其中既可以只包含一个门限值，也

可以包含反应上限和反应下限两个门限值。系统在不同强度感知信号的作用下组建成不同形式、规模的结构。当感知信号的强度较弱时，z_1 和 z_2 均不被本体系统捕获，它们的作用相当于本体系统的外生变量，系统模型为一个一阶的线性微分方程；当在某一组感知条件的作用下其中有一个色谱边界要素，比如 z_1 被本体系统所捕获，而另一个色谱边界要素 z_2 仍在本体系统之外游荡，这时系统模型为一个由两个一阶的微分方程组成的微分方程组；当感知信号足够强，使得色谱边界的两个要素 z_1 和 z_2 均被本体系统所捕获，则系统模型就成为由三个一阶微分方程组成的微分方程组了。反过来，如果从游离的角度去看，那么过程就与捕获的情况相反的方向进行。z_1 和 z_2 的感知反应条件不仅它们自身可以有形态各异的表达形式，而且两组反应条件之间还存在各种各样的配合和联系，这样就构成了色谱边界丰富多彩的层次性，这种层次性导致了系统结构的多样性和节奏感，体现出系统强大的生命活力。我们还是结合具体例子来展开讨论。

【例 9.5】 考虑一个通货膨胀及其治理的系统问题。假设：

(1) 在没有特定政策干预的情况下，通货膨胀具有自循环、自增长的特性。

(2) 在对于通货膨胀的治理方面，当通货膨胀有一定的程度但不是很高时可以采用货币政策手段，比如利率、贴现率、存款准备金率、公开市场业务等来加以控制。

(3) 当通货膨胀发展到比较严重的程度时，仅靠货币政策手段已不能进行有效控制了，必须再施加财政政策手段，比如相应的消费政策、投资政策、政府购买政策等来进行治理。

(4) 当通货膨胀治理明显见成效时，专为治理通货膨胀而采用的财政政策手段和货币政策手段在适当的时候相继退出。

记 $x(t)$ 为 t 时刻通货膨胀水平的某种测度；$z_1(t)$ 为 t 时刻为控制通货膨胀而采用的货币政策手段的效果测度；$z_2(t)$ 为 t 时刻为治理通货膨胀而采用的财政政策手段的效果测度。这样我们可以给出该系统简化的 SAR(1,2)模型

$$\frac{\mathrm{d}x(t)}{\mathrm{d}t} = a_{11} - a_{12}z_1 - a_{13}z_2 \quad x(0) = x_0 \tag{9-67}$$

$$\frac{\mathrm{d}z_1(t)}{\mathrm{d}t} = \begin{cases} 0 & 0 < x \leqslant l_1 & \text{(9-68)} \\ a_{21}x - a_{22}z_1 & x > l_1 & \text{(9-69)} \end{cases}$$

$$z_1(0) = z_{10}$$

$$\frac{\mathrm{d}z_2(t)}{\mathrm{d}t} = \begin{cases} 0 & 0 < x \leqslant l_2 & \text{(9-70)} \\ a_{31}x - a_{33}z_2 & x > l_2 & \text{(9-71)} \end{cases}$$

$$z_2(0) = z_{20}$$

上述各式中 $a_{ij}(i=1,2,3; j=1,2,3)$ 均为大于零的常数；$l_1, l_2 (l_1 < l_2)$ 分别为专为控制、治理通货膨胀而设计实施的货币政策工具和财政政策工具感知反应临界的上限值；z_1 的感知反应元胞的中心为 $x_1^* = l_1/2$，半径为 $r_1 = l_1/2$；z_2 的感知反应元胞的中心为 $x_2^* = l_2/2$，半径为 $r_2 = l_2/2$。这里我们不讨论通货膨胀为负的情况。下面我们来分析一下系统的运动过程。

(1) 假设初始时通货膨胀率较小，满足条件 $x < l_1$，自然也满足条件 $x < l_2$，所以 z_1 和 z_2 均不反应，表现为本体需要系统的环境参数。这时系统有解

$$x(t) = (a_{11} - a_{12}z_1 - a_{13}z_2)t + x(0) \tag{9-72}$$

因为初始时 $z_1(0) = z_2(0) = 0$，而 $a_{11} > 0$，所以通货膨胀将自增长，增长到某一时刻 t_1^* 时有 $x(t_1^*) = l_1$，于是 z_1 被本体系统捕获。

(2) 货币政策方程被激活以后，货币政策工具被施加到控制通货膨胀的过程，这样就形成了一个二阶系统

$$\begin{bmatrix} \dfrac{\mathrm{d}x(t)}{\mathrm{d}t} \\[2mm] \dfrac{\mathrm{d}z_1(t)}{\mathrm{d}t} \end{bmatrix} = \begin{bmatrix} 0 & -a_{12} \\ a_{21} & -a_{22} \end{bmatrix} \begin{bmatrix} x \\ z_1 \end{bmatrix} + \begin{bmatrix} a_{11} + a_{13}z_2 \\ 0 \end{bmatrix} \tag{9-73}$$

$$\begin{bmatrix} x(t_1^*) \\ z_1(t_1^*) \end{bmatrix} = \begin{bmatrix} l_1 \\ z_0 \end{bmatrix}$$

二阶系统的特征方程为

$$\lambda^2 + a_{22}\lambda + a_{12}a_{21} = 0 \tag{9-74}$$

两个特征根为

$$\lambda_{1,2} = \frac{1}{2}\left[-a_{22} \pm \sqrt{a_{22}^2 - 4a_{12}a_{21}} \right] \tag{9-75}$$

因为 $a_{22} > 0$，所以二阶系统是稳定的，但是在一定的参数组合下有可能出现衰减振荡的模式。本体系统结构重组后有两种可能的发展方向：一种是在货币政策的作用下通货膨胀有所减弱，直至减到 $x(t) < l_1$，则 z_1 从系统中游离出来，系统退化成一个一阶系统，此时需要的运动过程如同 SAR(1,1)相应的情况；另一种发展方向是，在施加了一定的货币政策以后尽管可以减缓通货膨胀的增长速度，但是仍然无法阻止通货膨胀绝对量的增加，这种情况一直延续下去，直到某个时刻 t_2^*，使得 $x(t_2^*) = l_2$，即 z_2 也被系统捕获。

(3) 财政政策方程也被激活以后，货币政策工具和财政政策工具双管齐下，同时被施加到控制和治理通货膨胀的过程中去，于是就形成了一个三阶系统

$$\begin{bmatrix} \dfrac{\mathrm{d}x(t)}{\mathrm{d}t} \\[2mm] \dfrac{\mathrm{d}z_1}{\mathrm{d}t} \\[2mm] \dfrac{\mathrm{d}z_2(t)}{\mathrm{d}t} \end{bmatrix} = \begin{bmatrix} 0 & -a_{12} & -a_{13} \\ a_{21} & -a_{22} & 0 \\ a_{31} & 0 & -a_{33} \end{bmatrix} \begin{bmatrix} x \\ z_1 \\ z_2 \end{bmatrix} + \begin{bmatrix} a_{11} \\ 0 \\ 0 \end{bmatrix} \tag{9-76}$$

三阶系统的均衡点为

$$x_e = \frac{a_{11}a_{22}a_{33}}{a_{12}a_{21}a_{23}}; \quad z_{1e} = \frac{a_{11}a_{21}a_{33}}{a_{12}a_{21}a_{33}}; \quad z_{2e} = \frac{a_{11}a_{22}a_{31}}{a_{12}a_{21}a_{33}} \tag{9-77}$$

系统的动态行为模式与系统中各参数的匹配方式有关。如果政策作用参数 a_{21}，a_{31} 取得合适，就能够在不同的水平层次上对通货膨胀进行有效的控制和治理。直到通货膨胀率水平回归到幅度较小的水平时，财政政策工具和货币政策工具都已经达到了其预定的目的，于是相继从系统中退出去，即 z_2，z_1 先后从系统中游离出去，重新成为本体系统的环境参数。

如果取：$a_{11} = 0.6$；$a_{12} = 0.1$；$a_{13} = 0.1$；$a_{21} = 0.05$；$a_{22} = 0.06$；$a_{31} = 0.05$；$a_{33} = 0.3$；$l_1 = 6, l_2 = 10, x(0) = 4, z_1(0), z_2(0) = 0$，则系统模拟的结果如图 9-6 所示。

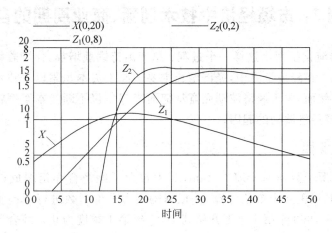

图 9-6　通货膨胀控制与治理系统的模拟结果

　　模拟结果显示,系统经过了两次捕获和两次游离过程最终将通货膨胀率控制在 5% 以下的较低水平。从模拟结果还可得到:z_1 的第一次捕获时刻 t_1^*;z_2 的第一次捕获时刻 t_2^*;z_2 的第一次游离时刻 t_2^{**} 和 z_1 的第一次游离时刻 t_1^{**}。表 9-2 给出了系统在各个临界时刻点的空间复杂性指数和动态复杂性指数。

表 9-2　通货膨胀治理系统的各项复杂性指标

t	$t_1^* = 3.5$	$t_2^* = 12$	$t_2^{**} = 26$	$t_1^{**} = 43$
$r(t)$	1	2	3	4
$C(t)$	0.286	0.167	0.116	0.093

　　从表 9-2 中可以看出,系统在运行过程中捕获或游离发生得越来越趋于稀疏,即每两次捕获或游离行为之间的时间间隔变得越来越长,说明说明货币政策和财政政策对通货膨胀的控制是有效的;还有系统的动态复杂性指数有逐渐减小的趋势,说明系统中的复杂程度在外部政策作用下也在变小;此外,本系统中存在两个色谱边界要素,根据反应条件的不同这两个要素被系统捕获或游离的行为发生从时间坐标轴来看可以有多种不同组合,从而反映出系统结构演化过程中层次的丰富性和节奏的多样性。

9.1.5　结束语

　　一个 SAR 系统方程由感知反应作用方程和感知反应作用条件两大部分组成,其中作用方程又可分成本体系统作用方程和色谱要素作用方程两大类,前者是无条件的,而后者受一定的条件表达式的约束。根据本体系统和色谱要素的规模以及条件表达式的各种不同形式可组合成许多特性各异的 SAR 模型。对几种典型的线性 SAR 系统模型进行剖析,将有助于对各种各样的 SAR 系统模型进行深入的分析和研究。

9.2　案例2：市场经济中技术创新、商业周期的自组织临界

市场经济的演化呈现出这样一个过程：总产出持续地增加，伴随着幅度不一但永不停歇的经济波动。在经济学界中，经济增长主要来源于资本积累以及技术创新这一观点已经成为共识。然而，关于经济波动究竟从何而来却争议不断。本案例将建立一个多主体模型，用以理解经济波动的起因。

9.2.1　宏观规律

经验数据来源于数据库 OECD. Stat，其中包含了经济合作组织成员国的季度实际 GDP 数据。GDP 以美元为单位计算，并根据购买力平价指数进行了调整。对于大多数国家而言，数据从 1960 年第 1 季度开始到 2009 年第 1 季度为止。综合所有成员国的数据，共有 5 190 个观测值。数据中蕴含的宏观规律可以经由下列步骤获得。

（1）计算每个国家的平均增长率。假设一个国家有 N 个季度的 GDP 数据。如果记第 i 个季度的增长率为 r_i，那么平均增长率 $\bar{r}$ 可由以下关系给出：

$$\prod_{i=1}^{N-1}(1+r_i)=(1+\bar{r})^{N-1} \tag{9-78}$$

（2）任意一个国家，定义它的衰退期（扩张期）为一个连续时间段，在此期间它的增长率一直低于（高于）它的平均增长率。图 9-7(a) 中展示了 1955 年至 2009 年美国的增长率和平均增长率之差。可以看到衰退期与扩张期交替出现。

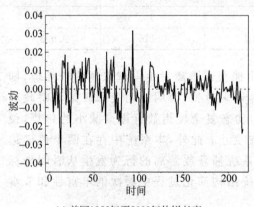

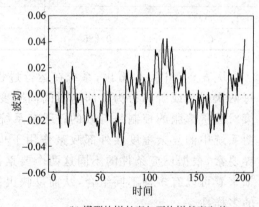

(a) 美国1955年至2009年的增长率　　　　　　　　(b) 模型的增长率与平均增长率之差
与平均增长率之差

图 9-7　增长率与平均增长率之差

（3）使用衰退期（扩张期）内的平均增长率与国家的平均增长率之差的绝对值来估计衰退（扩张）的规模。对于一个持续 M 个季度的衰退期，它的规模 r^- 可由以下方程给出：

$$\prod_{i=1}^{M}(1+r_i)=(1+\bar{r}-r^-)^M \tag{9-79}$$

而对于一个持续 L 个季度的扩张，它的规模 r^+ 满足以下关系：

$$\prod_{i=1}^{L}(1+r_i)=(1+\bar{r}+r^+)^L \tag{9-80}$$

（4）用统计方法提取宏观规律。对于统计分析而言,每一个国家的数据量都是不足的。但是,如果所有国家的经济波动均由相同的动力学过程支配,那么它们将会呈现出相同的统计特征。这样,就可以将所有国家的数据混合在一起,也就有了足够的数据进行统计分析。不过,在此之前需要先来验证这个假定。我们将所有国家的数据混合在一起,并将其与每个国家的数据进行 KS 检验。结果发现对于大多数国家,它们的数据确实具有相同的统计特征。验证了假设之后,就可以对混合数据进行统计分析了。

图 9-8(a)及图 9-8(b)中的实心点分别展示出了经济合作组织成员国的衰退期及扩张期长度的概率密度分布。可以看出衰退期(扩张期)长度分布的顶部 6 个点可以用指数为 1.960 1±0.023 7 (1.921 6±0.023 4)的幂律分布拟合。该指数由最大似然法估计得出。值得注意的是,在所有衰退期(扩张期)的数据中,图 9-8(a)及图 9-8(b)中的顶部 6 个点涵盖了 90％的样本数据。

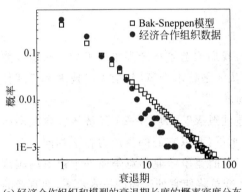

(a)经济合作组织和模型的衰退期长度的概率密度分布

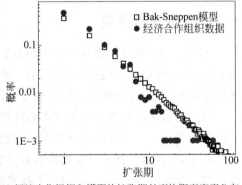

(b)经济合作组织和模型的扩张期长度的概率密度分布

图 9-8　在经验数据和模型之间的比较

图 9-9(a)展示了所有国家的衰退期规模的数据。大尺度事件的间歇性出现意味着其分布具有厚尾特征。图 9-10(a)和图 9-10(b)中的实心点分别展示了衰退期及扩张期规模的概率密度分布。尾部服从幂律分布,相应的指数分别为 3.252 7±0.187 9 和 2.883 5±0.113 7。

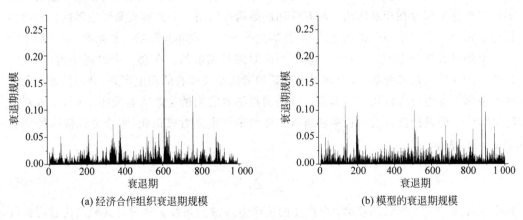

(a)经济合作组织衰退期规模　　　　　　　　(b)模型的衰退期规模

图 9-9　衰退期规模

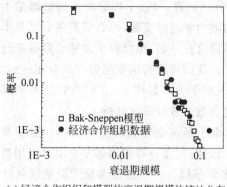
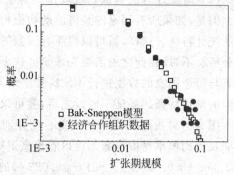

(a) 经济合作组织和模型的衰退期规模的统计分布　　(b) 经济合作组织和模型的扩张期规模的统计分布

图 9-10　实际数据与模型结果的比较

9.2.2　多主体模型

为了理解生成这些统计特征的动力学规律,我们构造了一个多主体模型。它是以熊彼特的"创造性毁灭"理论作为基础的。该理论认为是技术变革(包括生产技术和管理技术的变革)及其引发的连锁反应导致了经济波动。

可以通过下面的陈述更为深入地理解"创造性毁灭"。通常,一个经济体包含很多相互影响的产业。由于这些产业处于不同的技术水平,所以它们的生产力各不相同。在这些产业中,生产力最低的产业面临拥有优势生产力的竞争产业的竞争而处于被市场淘汰的边缘。为了继续生存,它必然引入技术变革。变革将使它处于新的技术水平,拥有新的生产力。同时,变革也会对与它密切相关的产业产生影响。这些产业将针对这次变革进行相应的调整。这些调整将使它们的生产力也发生改变。这种级联式的变化将会累积并导致整个经济体行为的变化。所以,经济波动可能是连续不断的单个产业技术变革的结果。

按照上面的陈述,我们构建模型如下:经济体由 $K \cdot K$ 个产业组成。每个产业有一个属性"生产力",取值在 $0 \sim 1$ 之间。可以用所有产业的平均生产力来度量整个经济体的表现。产业之间存在相互作用。相互作用的结构可以用一个具有周期性边界的二维网格描述。每个产业置于一个格点之上,与其周边的四个产业相互影响。初始时,赋予每个产业一个随机数作为生产力的取值。模型中的时间是离散的。在每一个时间步内,生产力最低的产业进行技术变革,因而获得一个新的随机数表征它的新生产力。同时,该产业的四个相邻产业也会进行相应的调整。这些调整导致它们的生产力也发生改变,获得新的随机赋值。假设经济体的增长率和所有产业的平均生产力成正比,则整个经济体的增长率 g_t 可以表示为

$$g_t = \frac{\alpha}{K^2} \sum_{i=1}^{K^2} f_{it} - \beta \tag{9-81}$$

其中 f_{it} 表示在第 t 个时间步第 i 个产业的生产力,α、β 为系数。通过对这种迭代过程进行模拟,我们可以得到一个经济增长率的时间序列。

9.2.3 仿真结果和有效性检验

按照北美产业分类体系四位编码,美国的产业总数为 1 092。因此,在此设 $K=40$。初始时,将产业的生产力设置为 $0 \sim 1$ 之间的随机数。事实上,初始状态对于最终稳定状态的统计性质没有任何影响。通过对系数 α 和 β 的不同组合进行模拟,我们在 $\alpha=22$ 和 $\beta=14.5$ 时得到最优拟合结果。如图 9-8 所示,模型给出的衰退期和扩张期长度分别服从指数为 $-1.762\ 1\pm0.014\ 3$ 和 $-1.784\ 0\pm0.005\ 4$ 的幂律分布。可以看出分布的顶部 6 个点与经济合作组织数据集给出的结果十分相似。Anderson-Darling 检验给出的 P 值分别为 0.064 31 和 0.016 15。模型给出的衰退期和扩张期规模分布的尾部分别服从指数为 $-2.991\ 9\pm0.035\ 4$ 和 $-3.215\ 9\pm0.053\ 5$ 的幂律分布,图 9-10 展示了这些结果。可以看出模型结果与经济合作组织的数据非常接近。若不计图 9-10(a)和图 9-10(b)最顶端的点,它们的 P 值分别为 0.029 58 和 0.123 71。在显著性水平 0.01 下,Anderson-Darling 检验支持了模型结果与经验数据一致的结论。通过这个多主体模型,我们验证了技术革新是经济波动的主要原因这一由熊彼特提出的著名假说。

9.3 案例3:集群创新系统中的企业竞争行为选择

在日益激烈和复杂的环境中,创新资源是制约企业集群创新的关键因素。由于集群内创新资源的不足,且分布不均衡,集群内企业会为了获得最大化的创新优势而采取竞争性的行为。因此在一个集群内,同类企业之间的竞争非常明显,贯穿了集群创新活动的全过程,迫使企业必须通过不断的创新才能生存和发展。而良性的企业竞争,在提高企业自身生存能力的同时,也可以提高企业集群整体的创新绩效,从而保证集群的竞争力。

在这案例中,考虑到技术创新本身演化发展的特点和现实意义,因此建立演化博弈模型来分析企业技术创新行为的选择。通过构建演化博弈模型,有效地反映行为主体之间策略动态调整均衡的行为选择过程。

9.3.1 博弈模型的假设与建立

假设 1　设集群中有 n 个生产同类产品并相互竞争的企业,可以根据企业的规模分成规模较大和规模较小的两类群体。市场中没有企业进入和退出。

假设 2　由于集群企业在地理位置上的聚集,从而降低了相互之间知识溢出的难度,加速了创新在集群内的传播和扩散。在这种环境下,假定企业在创新上只有两种创新行为:独立创新和模仿创新。

假设 3　设集群中有 A、B 两类企业,其中 A 类企业独立创新成功的概率为 k_1,独立创新所投入的人力、物力、技术等资源为 c_1。B 类企业独立创新成功的概率为 k_2,独立创新所投入的人力、物力、技术等资源为 c_2。

假设 4　设 A 类企业模仿创新成功的概率为 g_1;B 类企业模仿创新成功的概率为 g_2。模仿创新的企业向独立创新成功企业支付的专利费等知识产权费用为 c,且 $c<c_1$,$c<c_2$。

假设 5　企业 A 创新成功给企业创造的收益为 π_1，B 企业创新成功的收益为 π_2。

假设 6　设企业 A 采取独立创新行为的概率为 p，相应地采取模仿创新行为的概率为 $1-p$；企业 B 采取独立创新行为的概率为 q，相应地采取模仿创新行为的概率为 $1-q$。

在上述假设条件下，建立 A 企业和 B 企业之间的策略交往收益矩阵，如图 9-11 所示。

		企业B	
		独立创新	模仿创新
企业A	独立创新	(π_{1A},π_{1B})	(π_{2A},π_{2B})
	模仿创新	(π_{3A},π_{3B})	(π_{4A},π_{4B})

图 9-11　集群创新企业竞争博弈矩阵

其中，$\pi_{1A}=k_1\pi_1-c_1$，$\pi_{1B}=k_2\pi_2-c_2$；$\pi_{2A}=k_1\pi_1+k_1c-c_1$，$\pi_{2B}=g_2\pi_2-c$；$\pi_{3A}=g_1\pi_1-c$，$\pi_{3B}=k_2\pi_2+k_2c-c_2$；$\pi_{4A}=0$，$\pi_{4B}=0$。

9.3.2　博弈模型的演化稳定性策略分析

根据梅纳德·史密斯(Maynard Smith)的定义，演化稳定性策略是这样一种策略，如果整个种群的每一个成员都采取这个策略，那么在自然选择的作用下，不存在一个具有突变特征的策略能够侵犯这个种群。下面根据集群创新企业竞争博弈收益矩阵元对两个企业群体行为进行分析。

对 A 企业来讲，采取独立创新策略和模仿创新时的收益分别为

$$U_{A1} = q(k_1\pi_1-c_1) + (1-q)(k_1\pi_1+k_1c-c_1)$$
$$U_{A2} = q(g_1\pi_1-c)$$

则整个 A 类企业群体的平均收益为

$$\overline{U}_A = pU_{A1} + (1-p)U_{A2}$$

同理，对于 B 企业，采取独立创新策略和模仿创新时的收益分别为

$$U_{B1} = p(k_2\pi_2-c_2) + (1-p)(k_2\pi_2+k_2c-c_2)$$
$$U_{B2} = p(g_2\pi_2-c)$$

则整个 B 类企业群体的平均收益为

$$\overline{U}_B = qU_{B1} + (1-q)U_{B2}$$

那么，两个群体的复制动态方程分别为

$$\frac{\mathrm{d}p}{\mathrm{d}t} = f_1(p,q) = p(U_{A1}-\overline{U}_A)$$
$$= p(1-p)(k_1\pi_1+k_1c-c_1-qk_1c-qg_1\pi_1+qc)$$
$$\frac{\mathrm{d}q}{\mathrm{d}t} = f_2(p,q) = q(U_{B1}\overline{U}_B)$$
$$= q(1-q)(k_2\pi_2+k_2c-c_2-pk_2c-pg_2\pi_2+pc)$$

显然，该动态复制系统有平衡点 $E_1(0,0)$，$E_2(0,0)$，$E_3(0,0)$，$E_4(0,0)$，又当 $0<\dfrac{k_2\pi_2+k_2c-c_2}{k_2c+g_2\pi_2-c},\dfrac{k_1\pi_1+k_1c-c_1}{k_1c+g_1\pi_1-c}<1$ 时，$E_5\left(\dfrac{k_2\pi_2+k_2c-c_2}{k_2c+g_2\pi_2-c},\dfrac{k_1\pi_1+k_1c-c_1}{k_1c+g_1\pi_1-c}\right)$ 亦是系统的一个平衡点，它们分别对应一个演化博弈均衡。

在此采用非线性系统的局部线性化处理的方法来研究二维非线性系统。将两个群体的复制动态方程展开,得到系数矩阵

$$\begin{pmatrix} \dfrac{\partial f_1}{\partial p} & \dfrac{\partial f_1}{\partial q} \\[2mm] \dfrac{\partial f_2}{\partial p} & \dfrac{\partial f_2}{\partial q} \end{pmatrix}$$

其中,

$$\frac{\partial f_1}{\partial p} = (1-2p)(k_1\pi_1 + k_1 c - c_1 - qk_1 c - qg_1\pi_1 + qc)$$

$$\frac{\partial f_1}{\partial q} = p(1-p)(-k_1 c - g_1\pi_1 + c)$$

$$\frac{\partial f_2}{\partial p} = q(1-q)(-k_2 c - g_2\pi_2 + c)$$

$$\frac{\partial f_2}{\partial q} = (1-2q)(k_2\pi_1 + k_2 c - c_2 - pk_2 c - pg_2\pi_2 + pc)$$

下面对平衡点的稳定性进行分析。

(1) 对集群创新活动中两个规模相同的企业来说,其创新性成果可能被对方企业模仿,因此进行创新的企业都可能不愿意进行先期的投资。当 $k_1 < \dfrac{c_1}{\pi_1 + c}$, $k_2 < \dfrac{c_2}{\pi_2 + c}$,且 $c < g_1\pi_1$, $c < g_2\pi_2$ 时,复制系统有四个平衡点 $E_1(0,0)$, $E_2(1,0)$, $E_3(0,1)$, $E_4(1,1)$。

特征根 λ_1, λ_2 分别为

$$\lambda_1 = \frac{\partial f_1}{\partial p} = (1-2p)(k_1\pi_1 + k_1 c - c_1 - qk_1 c - qg_1\pi_1 + qc)$$

$$\lambda_2 = \frac{\partial f_2}{\partial q} = (1-2q)(k_2\pi_2 + k_2 c - c_2 - pk_2 c - pg_2\pi_2 + pc)$$

分析结果见表 9-3,系统演化相图如图 9-12 所示。

表 9-3　稳定性的相应结果

平衡点	λ_1	λ_2	结果
$p=0, q=0$	$\lambda_1 < 0$	$\lambda_2 < 0$	$E_1(0,0)$ 为稳定节点
$p=1, q=0$	$\lambda_1 > 0$	$\lambda_2 > 0$	$E_2(1,0)$ 为鞍点
$p=0, q=1$	$\lambda_1 < 0$	$\lambda_2 > 0$	$E_3(0,1)$ 为鞍点
$p=1, q=1$	$\lambda_1 > 0$	$\lambda_2 > 0$	$E_4(1,1)$ 为不稳定节点

由各个平衡点的运动轨迹分析可以得出,集群内部企业竞争行为是选取独立创新还是模仿创新策略,主要取决于独立创新成功的概率大小和模仿创新投入的成本高低。

由于采取独立创新策略需要的前期投入较高,还要承担创新可能失败带来的风险,而采取模仿创新策略需要的成本在集群环境下相对较低,同时带

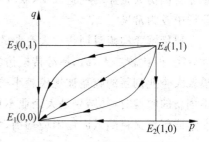

图 9-12　系统演化的相图 1

来的收益却比较稳定。因此,当 $k_1 < \dfrac{c_1}{\pi_1 + c}$,$k_2 < \dfrac{c_2}{\pi_2 + c}$,即独立创新成功的概率小于某个一定的临界值,同时模仿成本是低于模仿创新成功带来的收益,即 $c < g_1\pi_1$,$c < g_2\pi_2$ 时,群内企业没有积极性进行独立的创新,导致集群创新能力萎缩,形成囚徒困境均衡结果。

特别是企业的模仿成本较低时,容易造成企业更倾向于选择模仿的行为,以致扼杀了企业独立创新的能力。因此,政府应该加大对专利产权的保护力度,增加模仿成本,鼓励独立创新,促进集群创新向着良好的方向演进。

(2) 若企业 A 规模较大,享有丰富资源,其创新能力很强;企业 B 规模较小,资源有限,创新能力相对企业 A 较弱。在集群内大企业和小企业处于不同地位且占有不对等条件,这在企业集群创新中是较常见的一类。则当 $k_1 > \dfrac{g_1\pi_1 + c_1 - c}{\pi_1}$,$\dfrac{c_2}{\pi_2 + c} < k_2 < \dfrac{g_2\pi_2 + c_2 - c}{\pi_2}$,且 $c < g_2\pi_2$,$c < g_2\pi_2$ 时,复制系统有四个平衡点 $E_1(0,0)$,$E_2(1,0)$,$E_3(0,1)$,$E_4(1,1)$。分析结果见表 9-4,系统演化相图如图 9-13 所示。

表 9-4　稳定性的相应结果

平衡点	λ_1	λ_2	结果
$p=0, q=0$	$\lambda_1 > 0$	$\lambda_2 > 0$	$E_1(0,0)$ 为不稳定节点
$p=1, q=0$	$\lambda_1 < 0$	$\lambda_2 < 0$	$E_2(1,0)$ 为稳定节点
$p=0, q=1$	$\lambda_1 > 0$	$\lambda_2 < 0$	$E_3(0,1)$ 为鞍点
$p=1, q=1$	$\lambda_1 < 0$	$\lambda_2 > 0$	$E_4(1,1)$ 为鞍点

由图 9-13 可知,在四个平衡点中只有 $E_2(1,0)$ 为稳定节点,也就是在集群中,最终会出现规模较大的 A 企业群体完全采取进行独立创新策略,而规模较小的 B 企业群体完全采取模仿创新策略的情形。

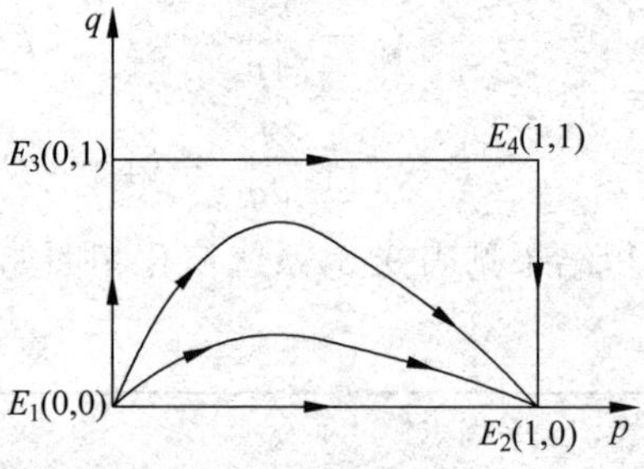

这种均衡即为智猪博弈均衡的结果,主要表现为当规模较大的企业独立创新成功的概率 $k_1 > \dfrac{g_1\pi_1 + c_1 - c}{\pi_1}$ 而规模较小的企业创新成功的概率 $\dfrac{c_2}{\pi_2 + c} < k_2 < \dfrac{g_2\pi_2 + c_2 - c}{\pi_2}$ 时,拥有庞大资源的创新型

图 9-13　系统演化的相图 2

大企业会选择创新,而众多小企业则选择等待。等到大企业投入资源独立创新成功后,小企业就模仿大企业的创新成果,获取收益。这种智猪博弈均衡结果的现象在低成本企业集群中较为常见。

智猪博弈均衡对创新型大企业的激励不足,因而也导致低成本集群创新不能实现最优效率,但比较二人都选择等待模仿的囚徒困境均衡,智猪博弈均衡仍是次优结果。当规模较大企业创新的收益被规模较小的模仿型企业侵蚀过度,以至于进行创新的收益小于不创新的收益时,其结果是大企业不再创新,而小企业又无能力或无积极性创新,此时企业集群创新又将陷入囚徒困境均衡,大小企业都不创新。

（3）在集群内企业 A、B 的规模不确定的情况下，当 $\dfrac{c_1}{\pi_1+c}<k_1<\dfrac{g_1\pi_1+c_1-c}{\pi_1}$，$\dfrac{c_2}{\pi_2+c}<k_2<\dfrac{g_2\pi_2+c_2-c}{\pi_2}$，且 $c<g_1\pi_1$，$c<g_2\pi_2$ 时，复制系统有五个平衡点 $E_1(0,0)$，$E_2(1,0)$，$E_3(0,1)$，$E_4(1,1)$，$E_5\left(\dfrac{k_2\pi_2+k_2c-c_2}{k_2c+g_2\pi_2-c},\dfrac{k_1\pi_1+k_1c-c_1}{k_1c+g_1\pi_1-c}\right)$。分析结果见表 9-5，系统演化相图如图 9-14 所示。

表 9-5　稳定性的相应结果

平衡点	λ_1	λ_2	结果
$p=0,q=0$	$\lambda_1>0$	$\lambda_2>0$	$E_1(0,0)$ 为不稳定节点
$p=1,q=0$	$\lambda_1<0$	$\lambda_2<0$	$E_2(1,0)$ 为稳定节点
$p=0,q=1$	$\lambda_1<0$	$\lambda_2<0$	$E_3(0,1)$ 为稳定节点
$p=1,q=1$	$\lambda_1>0$	$\lambda_2>0$	$E_4(1,1)$ 为不稳定节点
$p=\dfrac{k_2\pi_2+k_2c-c_2}{k_2c+g_2\pi_2-c}$ $q=\dfrac{k_1\pi_1+k_1c-c_1}{k_1c+g_1\pi_1-c}$	$\lambda_1>0$	$\lambda_2<0$	E_5 为鞍点

从相位图可知，在这个复制动态演化博弈中，当初始状态是 A 群体中有多于 $\dfrac{k_2\pi_2+k_2c-c_2}{k_2c+g_2\pi_2-c}$ 的企业选择独立创新策略，B 群体中少于 $\dfrac{k_1\pi_1+k_1c-c_1}{k_1c+g_1\pi_1-c}$ 的企业选择独立创新策略，该博弈将收敛于演化稳定策略 $E_2(1,0)$。这主要是由于 A 企业的技术力量雄厚、创新收益相对较高，因此而 B 企业群技术资产存量较低、研发成本高、创新收益相对较低造成。反之亦然。可见，企业选择不同的竞争策略和企业的规模大小有直接的关系。

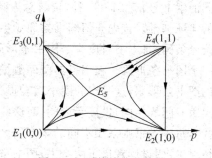

图 9-14　系统演化的相图 3

9.3.3　结论

根据上面的分析可知，在集群中由于同质企业大量存在，企业在权衡自身技术存量、模仿成本等相关因素的基础上，确定选择自己的创新模式。其中一部分企业以独立创新为主，而另外一部分企业则以模仿创新为主，使创新市场形成了二元结构。只有两者之间良性互动，才能达到创新资源的最优配置，避免整个社会过度创新造成资源浪费。

在企业创新集群中，需要防止恶意模仿，特别是一些由小企业构成的集群普遍缺乏大规模创新的能力，一旦某家企业有创新产品出现，其他企业便群起而效仿，严重伤害了企业创新的积极性。如果集群企业缺乏制度约束和市场监督，产品同构现象将非常严重，残酷的价格竞争使创新企业的利益受到损害，从而阻碍企业的创新，直接导致集群缺乏活力。因此，企业集群的创新需要政府加以引导，适当加大模仿成本，完善知识产权保护，同时可以利用一些经济手段鼓励企业独立创新，如设立创新基金等。

9.4 案例4：图书馆借阅网结构模拟

图书馆是人类精神财富的宝库，是人类精神文明的重要组成部分，是人类取之不尽、用之不竭的知识资源。图书外借是图书馆提供服务的途径之一，其外借量直接反映出读者对书籍的需求状况，是衡量图书利用效益的重要指标，也是图书采购工作的重要参考因素。从系统的角度来看，图书馆是一个典型的复杂系统，图书借阅网络亦是典型的复杂网络，也是一个典型的合作竞争网络。通过图书借阅这样一种过程，在图书和读者之间建立某种联系，从而构成图书馆借阅网络的二部图。

通过对图书较合理的分类，研究了有关图书馆借阅关系二部图的无权和加权网，得到了一些更为精确的结果，提出并分析了图书和读者内部及其之间的合作竞争关系，希望能为这方面的研究提供一些新的实证基础，并为图书馆的发展提供一些借鉴。

9.4.1 图书借阅数据关系分析

数据来源于上海理工大学图书馆一年内的图书外借情况，具体的数据格式如图 9-15 所示。期间外借的图书总数量为 83 959 本（不同的图书条形码），不同内容的书籍（即不同的索书号）有 51 084 种，读者总人数为 12 610 位，这个数据奠定了图书馆借阅网络研究的实证基础。首先介绍图书馆原始数据的统计情况，如图 9-15 所示，每个读者对应一个读者条码，每本书对应一个图书条形码，一位读者借了一本书则对应为一个读者条码连接一个图书条形码。在书目典藏库数据格式中（如图 9-16 所示），一个索书号对应多个不同的图书条形码，这是因为图书馆会提供多本同一版本的图书（具体指书名、作者、出版社、出版时间均相同）供读者借阅，而这些同一版本的图书用同一索书号来标识（方便读者查找），每一本书则采用不同的条形码区分（便于图书管理人员进行书籍统计）。在实际借阅情况中，假设读者借了两本书，图书条形码不同，但是内容完全相同（索书号相同），因此应该看作同一图书。鉴于此，为了更合理地表现读者借阅同一图书的情况，通过 SQL 程序用索书号代替图书条形码来建立图书馆借阅网络。

ID	条形码	读者级别	单位	别	处理时间	读者条码I
2	850244	教师中	计算中心	J	2006-10-25 17:52:00	876
3	850244	教师中	计算中心	H	2006-10-25 17:52:00	48
4	842851	研究生	管理学院	H	2006-10-26 8:04:00	691
5	801569	研究生	管理学院	H	2006-10-26 8:04:00	983
6	689855	学生	出版印刷中	H	2006-10-26 8:05:00	46
7	848798	学生	管理学院	H	2006-10-26 8:06:00	7938
8	850723	教师中	机械系	H	2006-10-26 8:08:00	246
9	734438	学生	管理学院	H	2006-10-26 8:09:00	1658

图 9-15　图书馆借阅图书的数据格式

二部图包含两类节点，一类是代表图书的索书号，称为项目；另一类是借阅图书的读者，称为节点。项目与节点之间如果存在借阅关系，则将二者用一条线相连，构成一条边。在每个项目中，节点间表现为一种既合作又竞争的关系。若干读者借阅同一本书共同构成了这本图书的阅读价值及其在所有书中的竞争力，同时，读者共同借阅同一图书的过程

索书号	题名	条形码
F830.9/2316	金融工程:衍生金融产品与财...	0934718
F830.9/2406	期权策略:the definitive g...	0932458
F830.9/2406	期权策略:the definitive g...	0932460
F830.9/2406	期权策略:the definitive g...	0932461
F830.9/2406	期权策略:the definitive g...	0932459
F830.9/2422	金融心理学:掌握市场波动的真谛	0770082
F830.9/2422	金融心理学:掌握市场波动的真谛	0770081
F830.9/2422	金融心理学:掌握市场波动的真谛	0770080

图 9-16　书目典藏库数据格式

又形成了读者间的一种借阅竞争。在整个二部图网络中,项目间也表现为合作竞争关系。所有的图书联合起来共同表现图书馆为读者提供图书借阅的服务水平,而图书间由于图书的质量水平和受欢迎程度也形成了一种竞争关系。与同一节点相连的项目间也构成了合作竞争关系,一位读者借阅的所有图书共同合作为这位读者提供知识,构成了这位读者的知识体系,而由于读者的阅读时间和精力有限,这些图书间又形成了争相为读者服务的竞争关系。在加权网络的研究中,把读者借阅图书的借阅天数作为这条边的边权值。这样,所有的项目与节点之间就构成了一种隶属网络,而这种网络又可以用一个二部图(包含 51 084 个项目和 12 610 个节点)来很好地描述,图 9-17 是用 Netdraw 画出的包含四个项目的二部图。

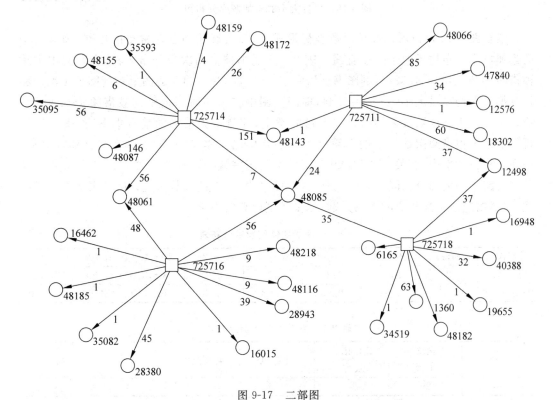

图 9-17　二部图

注:图中正方形表示项目即图书,圆点表示节点即读者,连线上的权值表示读者借阅这本书的借阅时间。

9.4.2　图书馆借阅网的二部图构建

1. 项目大小和节点项目度

项目大小就是一个项目包含多少个节点,即同一图书在一年内被多少个读者借阅,粗略表明了图书的竞争力大小。图 9-18 显示了统计得到的项目大小在单对数坐标下的累加概率分布,可知项目大小服从指数衰减分布,其拟合曲线公式为:$y = 0.951\,19e^{-0.258x}$。

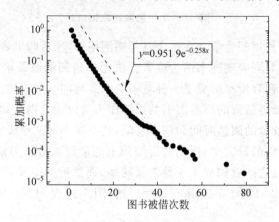

$$y = 0.951\,9e^{-0.258x}$$

图 9-18　项目大小的累加概率分布图

结合图 9-18 可以看出在单对数坐标形式下,除去影响因子非常小的尾部,项目大小的累加概率分布均近似于一条直线。表 9-6 为图书被借阅次数分布表,其中有两本书籍被借阅了 70 多次,54.622% 的图书被借阅了 2～9 次,36.704% 的图书被借阅了 1 次。经计算得到平均项目大小 $<T>=9.44$,即同一图书在一年时间内平均被借阅了 9.44 次。通过统计被借阅次数最多的前百本书籍的类别(即竞争力最大的前百本书)见表 9-7,发现图书馆中被借阅次数最多的书籍类别分别是中国文学小说、英语语言文字和计算机。而在计算机类别中,有关 MATLAB 和 C++ 类的图书就分别有 7 本和 4 本,占了计算机类图书借阅中的大部分。同样,数学类的 4 本图书中,概率论和数理统计的图书有 3 本。因此,图书馆应该增加相应的图书采购,尽量满足读者的需求。

表 9-6　图书被借阅次数分布表

被借次数	79,71	50～59	40～49	30～39	20～29	10～19	2～9	1
图书数目	2	5	13	42	268	3 115	27 903	18 750
百分比/%	0.00	0.01	0.03	0.08	0.53	6.10	54.62	36.70

表 9-7　前百本书类别分布表

图书类别	中国文学小说	英语语言文字	计算机	英美文学	数学	物理
书籍数目	29	20	16	11	4	4

节点项目度就是一位读者(节点)在一年时间里总共从图书馆借了多少本书籍(项目),表明读者在借阅图书中的竞争力大小。读者项目度分布描述了图书馆借阅情况中读

者借阅图书的分布情况,图9-19为节点项目度的累加概率分布图,除去影响很小的尾部,项目度累加概率分布曲线近似于 $y = 0.9555e^{-0.0662x}$。结合表9-8可知,43.24%的读者一年中借阅图书2~9本。从统计数据得到,每个读者的平均项目度为14.16,即一年中每个读者平均借阅14.16本书籍。通过统计借阅次数最多的前百名读者,可知其中教师4名,研究生71名,其他学生24名。从实际出发来解释,教师的知识丰富,更多从事于专一领域,因此借书比较专一化,并且经济实力允许他们更多地去购书;而研究生知识相对单薄,求知欲比较强,学习研究均需要查阅大量的相关文献,同时借书权限(10本)大于其他学生(5本),因此相对高于其他学生。

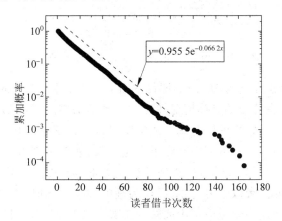

图 9-19　项目度累加概率分布图

表 9-8　读者借阅次数分布表

读者借阅次数	1	2~9	10~19	20~29	30~39	40~49	50~59	60~69	70~79	79~165
读者数目	1 040	5 452	3 010	1 491	750	434	202	111	57	62
百分比/%	8.25	43.24	23.87	11.82	5.95	3.44	1.60	0.88	0.45	0.49

2. 点强度分布

参看图9-15,图书馆对于每位读者借阅每本书籍都有详细的记录,通过运用SQL和Access对数据进行统计处理得到其借阅时间。如果读者借了一本书则两者之间建立一条边,同时统计出的读者借阅这本书的借阅时间则作为这条边的权值,这样就建立了图书馆借阅关系的加权二部图。在加权网中,与节点度相对应的自然推广就是节点强度,节点强度分布 $p(s)$ 与度分布 $p(k)$ 的作用类似,主要是考察节点具有节点强度 S 的概率。其定义为

$$s_i = \sum_{j \in N_i} w_{ij}$$

式中,N_i 是节点 i 的近邻集合。节点强度既考虑了节点的近邻数,又考虑了该节点和近邻之间的权重,是该节点局域信息的综合体现。

图书的点强度表示为图书被借阅天数总和,较精确地表明图书的竞争力大小。图9-20给出了图书的节点强度的累加分布,可以用指数函数很好地拟合。经统计分析,图书馆借

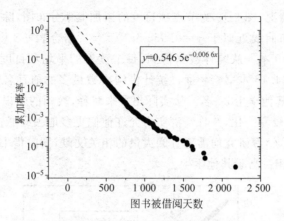

$$y=0.546\,5e^{-0.006\,6x}$$

图 9-20　项目(图书)的点强度累加概率分布图

阅网中的图书平均节点强度为 106.74,即每本图书一年中平均被借阅 106.74 天。表 9-9 列出了图书被借阅天数分布的具体情况,92.29% 的图书借阅时间都在 300 天以内,少于一年的时间,这表明图书馆里的图书基本能够满足读者的需求。由于点强度大的图书表示此书被借阅的时间较长,在借阅中其竞争力比较大,表明了读者的借阅兴趣和趋势,因此进行重点分析。由表 9-10 可知,英语和计算机等学习类图书仍然位居榜首,相应地文学书籍明显下降,表明读者以学习为主、娱乐为辅的理念。同时,把英语和计算机作为学习之重,表明它们已经成为学习中不可或缺的工具。并且,动力工程、力学、物理学、无线电和电信技术的数目比较均匀,这表明各个专业类别的读者在学习研究中均会借阅相关专业的图书,进一步说明了实证工作的准确性。

表 9-9　图书点强度分布表

点强度	0~30	31~60	61~100	101~200	201~300	301~400	401~500	501~600	601~2 176
图书数目	14 431	9 740	8 635	10 204	4 139	1 955	960	425	415
百分比/%	28.25	19.07	16.90	19.97	8.10	3.82	1.88	0.83	0.81

表 9-10　点强度最大(图书被借阅时间最长)的前百本图书

类别	英语语言文字	计算机	数学	动力工程	力学	物理学	英美文学	无线电、电信技术
数目	29	25	9	8	6	5	5	4

图 9-21 给出了读者的点强度累加概率分布图,可以看到分布的主体部分服从指数分布。读者的点强度表示读者借阅图书的天数总和,更精确地表明了读者借阅图书的竞争力。统计得到读者平均节点强度为 423.44 天,具有最大节点强度的读者是一名动力学院的老师。通过对最大点强度位居前百位读者的分析,发现这些读者为 29 位老师,70 位研究生,1 位学生。与无权网络的部分差别在于老师(90 天)的借阅图书时间的权限长于研究生(博士 90 天,硕士 30 天)和其他学生(30 天),因此借阅总时间相应增长。

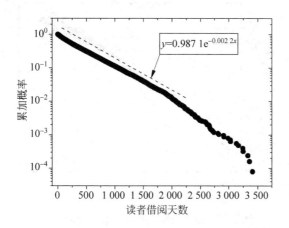

$y=0.987\,1e^{-0.002\,2x}$

图 9-21　节点（读者）的点强度累加概率分布图

3. 无权网和加权网的对比

在二部图中，无权网中项目大小对应为图书被借阅次数，加权网中图书的点强度对应为图书被借阅天数，均表示了图书的竞争力。同样，无权网中项目度对应为读者的借阅次数，加权网中读者的点强度则对应读者的借阅天数总和，也都表明了读者借阅图书的竞争力。那么无权和加权形式中的这两对分布之间是否有一定的关联性呢？首先，由上文可知它们服从的分布相似；其次，如图 9-22 和图 9-23 所示，它们均是正相关的，且都服从幂律分布。这表明，图书被借阅次数越多则被借阅天数也相应增加，与此相同，读者借阅次数越多则借阅天数也相应增加。通过研究度和点强度间的统计关系可知，当节点参与多个项目时，则此节点具有更大的竞争力。这些进一步表明，在二部图中，无权网和加权网都能描述网络中的这种合作竞争关系及其结构，但是唯有加权网可以更精确地描述这种竞争结果。

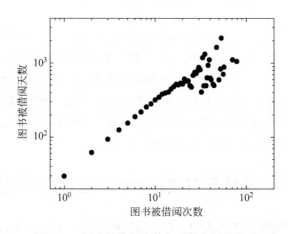

图 9-22　图书被借阅次数与天数之间的关系

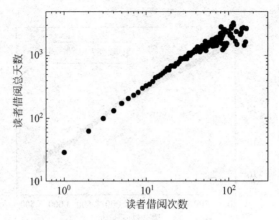

图 9-23 读者借阅次数与天数之间的关系

9.4.3 结论

通过统计上海理工大学一年内图书馆借阅的具体信息,得到了图书馆图书外借二部图的相关特征,包括项目大小分布、节点项目度分布以及点强度分布,它们均服从指数分布。由指数分布的性质可知,其大部分节点的连接数目大致相同,连接数目比平均数高很多或者低很多的节点极少存在。在本文中,这表明图书馆中图书借阅相对均匀,借阅体系比较完善,总体上能较好地满足读者的借阅需求。曾有人在论文中质疑,图书馆的分布为何不符合幂律分布,如果符合幂律分布,则说明该图书馆存在较多的弊端。比如,很多人借同一本书或很多书鲜有人借的情况。

并且,二部图中的项目大小分布和节点项目度与相应的图书和读者点强度分布均是正相关的,且在双对数坐标轴上近似为一条直线,说明其很好地符合幂律分布。而且,由上文可知,加权网络相同于无权网络,能描述合作竞争关系和结构,但其更能精确地描述网络的竞争结果。

从对相关统计量的分析可知,在图书借阅中,读者坚持以学习为主的观念,学习之余仍然阅读中外文学类书籍来充实生活。其中,英语和计算机类图书最受读者的青睐(竞争强度最大),尤其是英语学习类、MATLAB 和 C++ 等计算机编程类、数理统计类图书,因此图书馆应该相应增加相关类型图书。在读者群体中,发现老师借阅书籍的强度远远大于学生,这也充分说明老师始终站在学科的前沿,并且积极提升自己的学术水平。同时,研究生拥有强烈的求知欲,成为读者群体的中坚力量。

9.5 案例 5：系统观下的虚拟财富以及增长过程研究

传统的经济学理论没有考虑人的主观能动性因素(O. Hara,1995；胡代光,1998),其原因是传统经济环境中人的互动、群体行为对经济的影响没有显现,而当代经济、金融环境中,人的因素作为经济运行的一个必须考虑的参数,渗透到经济金融甚至社会、政治各个层面(胡永远,2003),从荷兰郁金香到巴西比索、俄罗斯和平演变、亚洲金融危机,这些事件引发经济的波动、给经济造成的破坏往往很大且持续一定时间。如金融危机后的亚洲两三年才逐渐恢复元气(安德鲁,2002)。可以说,人的非理性预望因素参与下的泡沫经济已成为当代经济的总特征(Benhabib,2000)。即实体经济与虚拟经济相互渗透,相互影响,形成了实体泡沫化、虚拟实体化的复杂现象(黄正新,2002;李晓西等,2000)。其中人的非理性因素是实体虚拟经济相互转化的关键。

本案例借助于感知反应系统理论,来阐述经济处于泡沫期中的人对经济变量的影响。并从感知反应及公众心理角度,关注在当代经济环境下一些经济变量间的关系。其结构如下:第一部分,简述 SARS 及其对经济研究的应用;第二部分,基于 SARS 思想的经济感知反应函数建立,这一部分通过公众(感知函数)对经济的感知作用于(公众)心理示性函数而影响公众的期望,进而利用反应感知函数的经济分析;第三部分,对示性函数及虚拟财富、投资及经济增长关系作了实证。本案例 2010 年发表在《上海经济研究》期刊上。

9.5.1 SARS、梯度理论及其感知函数

感知反应系统(sensitive and reactive system,SARS)理论认为通过系统与环境有相互影响、作用的关系,在市场中,感知反应行为表现为公众不断感知经济运行态势,获取经济场境中的参数(财富、泡沫、投资等)信息,决策他们的经济行为,同时公众的经济行为也改变了环境。

首先我们定义经济人的经济环境为一个信息场空间$(F,I,\hat{v},s)$。这个信息空间包括了经济人经济生活的所有主要元素,而这些信息是经济人判断经济环境、采取各种经济决策的来源。它主要由虚拟财富、个人投资增长情况、储蓄信息及解读的虚拟经济变化状况(或者通胀)之间关系的信息构成(当然这些是经济人的经济生活中的主要要素)。

我们利用一个梯度场来整合经济人所感知的经济环境中的信息场空间诸多变量的变化,这样建立的梯度场也符合感知反应理论。我们定义

$$\text{Sense}(i)_t \mid (F,I,\hat{y},s) = \alpha\left(\frac{\mathrm{d}F_{t-1}}{\mathrm{d}t} + \frac{\mathrm{d}I_{t-1}}{\mathrm{d}t} - \frac{\mathrm{d}\hat{y}_{t-1}}{\mathrm{d}t} - \frac{\mathrm{d}s_{t-1}}{\mathrm{d}t}\right) \tag{9-82}$$

感知是在$(F,I,\hat{v},s)$集上所得到的梯度变化,式中 $F,I,\hat{y},s$ 分别表示虚拟财富、投资、虚拟化经济总量(相对于实体经济来讲,虚拟化经济就是投资于实体,最终也受到泡沫的影响了的那部分经济)、储蓄的对数,其中 $I=\{1,2,3,4,\cdots\}$ 为市场中经济人集。显然,作为经济人主要关心自己的财富变化情况,如果财富增长较好,则感知经济变得更好,反之则不然;个人采取的投资行为,必然在自己认为经济运行环境可能较好的条件下才去追加投资,否则会停止这种行为,甚至出现收回投资的行为;经济人对经济的虚拟程度的感知是他对经济愿景判断的一个负的方面,如果经济泡沫很大,他会认为经济到了调整的时候,所以反过来也会影响他的投资行为。另外,个人感知储蓄情况的变化也是一个负面的影响,如果他只愿意把钱存在银行,他必然损失了更多的投资机会,但他这样做却把他感知的风险降低了。经济人感知这些因素的变化来调整他个人的经济行为,比如他只有感知经济环境很好,他对未来收益率的预期才会变高,对经济的乐观情绪才会继续保持。同时,公众除了存在感知经济环境变化能力,还会有感知上、下限为$\overline{\text{Sense}}(i)$、$\underline{\text{Sense}}(i)$的直觉。这一点从我们经济运行的回复性可以看到,一旦经济环境到达最好的时候,市场开

始感觉其上限,经济也会随后开始下滑,其下滑也有底部,市场也会感知到。公众对市场存在羊群行为,因而

$$\text{Sense} \mid (F, I, \widehat{y}, s) \mid = \alpha \left(\frac{\mathrm{d}F_{t-1}}{\mathrm{d}t} + \frac{\mathrm{d}I_{t-1}}{\mathrm{d}t} - \frac{\mathrm{d}\widehat{y}_{t-1}}{\mathrm{d}t} - \frac{\mathrm{d}s_{t-1}}{\mathrm{d}t} \right) \tag{9-83}$$

式中,α 可看成公众感知对于经济金融环境的反应系数,当然虚拟财富、投资以及经济虚拟化及存款对感知的影响程度不同,它们可能有不同的系数,这里为了研究方便,我们统一取成 α。公众通过感知经济环境进而在示性函数上得到反映,两者相辅相成。

$$\rho_{\text{Sense}}(t) = \text{sign}(\text{Sense}_t) \left(\frac{\mathrm{d}\text{Sense}_t / \mathrm{d}t}{\mathrm{d}\text{Sense}_{t-1} / \mathrm{d}t} \right)^{\text{sign}(\text{Sense}_t)}$$

强度函数连接感知与示性函数之间的纽带,强度函数主要由感知变化及感知的走势决定。其中 $\text{sign}()$ 是符号函数。在泡沫经济时期,收益率期望的本质是公众在对于市场感知的条件下对于 R 的预测,

$$E(R_{t+1}) = R_t \delta_{R_t}$$

即 $T+1$ 期的收益率期望是 t 期收益率在心理示性函数下的实现。

9.5.2 虚拟财富的预期实现

虚拟财富的增长主要表现为金融资产(虚拟化)的增长以及实物资产(虚拟化)的增长:

$$\frac{\mathrm{d}F_t}{\mathrm{d}t} \propto \frac{\mathrm{d}B_t}{\mathrm{d}t} + \frac{\mathrm{d}R_{e,t}}{\mathrm{d}t} \tag{9-84}$$

其中 $B_t, R_{e,t}$ 为 t 时刻的金融类资产和实物类资产获益,目前金融类资产与实物类资产有相互转化的趋势,如房地产有金融资产的特征,而金融类资产中债券类也有实体经济的特征,事实上虚拟资产的收益决定与对应的实体经济信息相关。而其中金融资产及实物资产的变化都由投资分配实现(表示投资组合权重):

$$\frac{\mathrm{d}R_{e,t}}{\mathrm{d}t} \propto \omega_1 R_{t1} \left(\frac{\mathrm{d}I_{t-1}}{\mathrm{d}t} \right) \tag{9-85}$$

$$\frac{\mathrm{d}B_t}{\mathrm{d}t} \propto \omega_2 R_{t2} \left(\frac{\mathrm{d}I_{t-1}}{\mathrm{d}t} \right) \tag{9-86}$$

一般情况下,投资实业的收益率要比投资金融行业的收益率低,所以 ω_2(投资组合的权重)在泡沫前、后期都会比投资实业要高很多。特别是在中国,市盈率都高达几十倍、几百倍甚至上千倍。在这种情况下,相对金融投资来说,对实业的投资比较少,有时候这些投资也是为市值作秀。虚拟财富的增长在初期投入较多,但最终市场走入泡沫阶段,虚拟财富增加主要由市场中的公众情绪决定,风险很大,而又会使投资转到以实体经济为主的投资模式。

证券市场中,公众对市场的预期的变化直接反映在虚拟财富的数字变化上,因而我们定义虚拟财富的增长:

$$\frac{\mathrm{d}F_t}{\mathrm{d}t} \propto f(E(R_{t+1}), R_t)$$

而预期与前期投资、虚拟财富等变量的增长有关:

$$E(R_{t+1}) \propto \beta_F \left(\frac{\mathrm{d}F_t}{\mathrm{d}t}, \frac{\mathrm{d}I_t}{\mathrm{d}t}, \cdots \right)$$

虚拟财富与公众对 $t+1$ 期经济的预期收益率、金融资产以及实体资产虚拟变化部分有关系,假定实体经济投资运动是一个鞅过程,即实体投资速度稳定,因而财富变化:

$$\frac{\mathrm{d}F_t}{\mathrm{d}t} \propto f(E(R_{t+1}) \mid (\Delta \mathrm{Sense}, R_t) - R_t), \frac{\mathrm{d}B_t}{\mathrm{d}t}, \quad \frac{\mathrm{d}R_{R,t}}{\mathrm{d}t} \tag{9-87}$$

虚拟财富的主要部分由证券市场决定,$\dfrac{\mathrm{d}F_t}{\mathrm{d}t} \propto (r_T \delta(t)_{Rt} - R_t)\dfrac{\mathrm{d}B_t}{\mathrm{d}t}$

此时 $\omega_2 \to 1$,则

$$\frac{\mathrm{d}F_t}{\mathrm{d}t} \propto (R_t \delta(\tau)_{Rt} - R_t) \frac{\mathrm{d}I_t}{\mathrm{d}t}$$

$$\frac{\mathrm{d}F_t}{\mathrm{d}t} \propto (\delta(t)_{Rt} - 1) R_t \omega_2 R_{t2} \frac{\mathrm{d}I_t}{\mathrm{d}t}$$

$$\frac{\mathrm{d}F_t}{\mathrm{d}t} \propto (\delta(t)_{Ft} - 1)\delta(t)_{Rt}\delta(t)_{Rt-1} \cdots \delta(t)_{R2}) R_1 \omega_2 R_{t2} \frac{\mathrm{d}I_t}{\mathrm{d}t} \tag{9-88}$$

最终我们得到在经济完全虚拟化条件下,虚拟财富的变化是一个在人们的心理参与过程下预期的实现过程。其原因我们在经济增长分析时一起给出。

同时,如利息过程稳定,则有收益率主要来源于金融资产投资以及实体经济的投资获益:

$$R_t \mid (B_t, R_{e,t}) \propto \beta_F(\omega_1 R_{t1} + \omega_2 R_{t2})$$

则感知函数改写成

$$\mathrm{Sense}(I)_t = \alpha \left\{ [\beta_F(\omega_1 R_{t1} + \omega_2 R_{t2}) + 1]\frac{\mathrm{d}_i I_{t-1}}{\mathrm{d}t} - \frac{\mathrm{d}\widehat{y}_{t-1}}{\mathrm{d}t} - \frac{\mathrm{d}_i s_{t-1}}{\mathrm{d}t} \right\} \tag{9-89}$$

$$\mathrm{Sense}_t = \alpha \left\{ [\beta_F(\omega_1 R_{t1} + \omega_2 R_{t2}) + 1]\frac{\mathrm{d}I_{t-1}}{\mathrm{d}t} - \frac{\mathrm{d}\widehat{y}_{t-1}}{\mathrm{d}t} - \frac{\mathrm{d}\overline{s}_{t-1}}{\mathrm{d}t} \right\} \tag{9-90}$$

即公众对经济的感知最终会由投资来决定,而虚拟财富只会作为中间变量形成泡沫,通过 ω_2 增加,最后又减少,再增加,这样一个波动过程来引导投资,最终实现经济的波动。

9.5.3　当代经济的增长分析

现在讨论经济增长,我们有

$$\frac{\mathrm{d}E_{t+1}}{\mathrm{d}t} = \beta_E \left(\frac{\mathrm{d}I_t}{\mathrm{d}t} \right), \quad \beta_E \propto E(R_{t+1}) \tag{9-91}$$

式中,β_E 是投资产出率,对 $T+1$ 期收益率预期 $E(R_{t+1}) \propto \delta(t)_{Rt} R_t$,即收益率的期望是在上期收益率基础上公众感知的经济实现过程的反映。而有

$$\begin{aligned}
\frac{\mathrm{d}E_{t+1}}{\mathrm{d}t} &= \left(\frac{\mathrm{d}I_t}{\mathrm{d}t} E(R_{t+1}) \right) \\
&= \left(\frac{\mathrm{d}I_t}{\mathrm{d}t} \right) \delta(t)_{R=R_t} R_t \\
&= \left(\frac{\mathrm{d}I_t}{\mathrm{d}t} \right) \delta(t)_{R=R_t} \delta(t)_{R=R_{t-1}} R_{t-1} \\
&= \cdots = \left(\frac{\mathrm{d}I_t}{\mathrm{d}t} \right) \delta(t)_{R=R_t} \delta(t)_{R=R_{t-1}} \cdots \delta(t)_{R=R_3} \delta(t)_{R=R_{21}}
\end{aligned} \tag{9-92}$$

第 $T+1$ 期经济增长是第 t 期增长率的公众心理感知的实现过程,直至第 3 期、第 2 期等,因而经济增长可以视为公众投资增长的心理预期实现过程。

由式(9-82)、式(9-92)得

$$\frac{\mathrm{d}E_{t+1}}{\mathrm{d}t} = \gamma\alpha\left\{\left[\beta_F(\omega_1 R_{t1} + \omega R_{t2}) + 1\right]\frac{\mathrm{d}I_{t-1}}{\mathrm{d}t} - \frac{\mathrm{d}\widehat{y}_{t-1}}{\mathrm{d}t} - \frac{\mathrm{d}\overline{s}_{t-1}}{\mathrm{d}t}\right\}\left(\frac{\mathrm{d}I_t}{\mathrm{d}t}\right), \quad (9\text{-}93)$$

这里的 γ、α、β_E、$\beta_F > 1$,…even$\gg 1$。

我们看到投资有对经济增长的放大作用。在公众行为的参与下,投资处于增长时期,则经济也处于快速增长过程。

在一般内生经济增长模型之中,我们有产出为科技、人才以及资本函数(戴维·罗默,2001)

$$Y_t = f(K_t, A_t L_t)$$

我们一般有结论边际要素产出大于 0,且递减,即

$$\frac{\partial f(K_t, A_t L_t)}{\partial K_t} > 0$$

$$\frac{\partial f(K_t, A_t L_t)}{\partial K_t^2} < 0$$

而因为一定的资本会有一定比例的投入,而投入又是在公众感知下参与的,是由投资人对经济的 $t+1$ 期的期望决定了投资人的行为,所以有关系

$$K_t \propto I_t \propto E(R_{t+1}) \propto \beta_F\left(\frac{\mathrm{d}F_t}{\mathrm{d}t}, \frac{\mathrm{d}I_t}{\mathrm{d}t}, \cdots\right)$$

代入边际要素关系式中,有

$$\frac{\partial f(K_t, A_t L_t)}{\partial K_t} \propto \frac{\partial f(K_t, A_t L_t)}{\partial E(R_{t+1})} = \frac{\partial f(K_t, A_t L_t)}{\partial(\delta_t R_t)} > 0$$

$$\frac{\partial^2 f(K_t, A_t L_t)}{\partial K_t^2} \propto \frac{\partial^2 f(K_t, A_t L_t)}{\partial(\delta_t R_t)^2} = > < 0$$

因而

$$\frac{\partial f(K_t, A_t L_t)}{\partial K_t} \propto \frac{\partial f(K_t, A_t L_t)\partial K}{R_1 \partial K \partial\left[\cos(\pi t^{\rho_\Pi}/T) \mid (\Pi^*)\right]^{-1}}$$

$$= \frac{\partial f(K_t, A_t L_t)\partial K/\partial T/\cos(\pi t^{\rho_\Pi}/T)^2}{R_t \partial K^*(\pi t^{\rho_\Pi - 1}/T) \mid (\Pi^*)\sin(\pi t^{\rho_\Pi}/T)} > 0$$

$$\frac{\partial^2 f(K_t, A_t L_t)}{\partial K_t^2} \propto \frac{\partial^2 f(K_t, A_t L_t)}{\partial(\delta_t R_t)^2} = \frac{\partial^2 f(K_t, A_t L_t)}{\partial(R_t \delta_t)^2}$$

对应有

$$= \frac{\partial^2 f(K_t, A_t L_t)}{\partial\{R_t[\cos(\pi t^{\rho_\Pi}/T) \mid (\Pi^*)]^{-1}\}^2} = \cdots = > < 0$$

可以看到分母上的余弦函数存在,不能保证二阶导数结果大于零。

这个结论说明在公众心理参与下的产出模型再也不满足边际要素递减规律,同时也说明了公众预期对经济增长的影响已经改变了资本对经济增长的作用通道。在感知经济环境恶化时边际要素递减,只有环境较好时才服从边际效应递增规律。分析这个结果出现的原因,我们可以解释如下:索洛模型、拉姆齐模型主要没有考虑人的行为的动态性。事实上经济是人的经济,没有人的参与不可能实现经济运作,但人的参与就带来了投机、

投资的时变性。示性函数考虑了这一时变性,既考虑经济具有瞬时波动情况,也会带来投资决策的波动性及边际要素变化的不确定性。

很显然,经济高涨时期,如果出现前期的投资增长很快,并且持续了一定时期,形成了公众对投资的预期,而若后期投资出现突然较大幅度的负增长率,这时候公众的预期就会走向极端,经济运行很可能迅速进入混乱,直至崩溃,即 $\frac{\mathrm{d}I_{t-1}}{\mathrm{d}t} \ll 0$。因而公众对经济的评价(或感觉)$E(\mathrm{Sense}_{t+1} \propto \frac{\mathrm{d}I_{t-1}}{\mathrm{d}t} \ll 0)$。所以只有持续高涨的经济才能够维持公众的信心,但是一旦持续高涨,则公众又能感知 $\frac{\mathrm{d}\hat{y}}{\mathrm{d}t}$,一旦对虚拟经济的判断增大,那么公众的投资行为也将会缩水。长期的"虚拟经济迅速增大"的感知 $E(\mathrm{Sense}_{t+1}) \propto \frac{\mathrm{d}\hat{y}}{\mathrm{d}t} < 0$,可能导致经济萎缩。如果普发恶性事件使得经济泡沫暴露,则 $E(\mathrm{Sense}_{t+1}) \propto \frac{\mathrm{d}\hat{y}}{\mathrm{d}t} \ll 0$,会引发经济崩溃。

9.5.4　虚拟财富与人的感知的实证研究

假定方程在一段时间内是线性成分多些,因而对上面分析的过程作一些简单的计量经济学方面的研究。我们以式(9-83)、式(9-84)、式(9-87)、式(9-90)、式(9-91)为基础来分析公众预期行为,分别以"股票市场市值＋债券市场债券存量＋M2－M1"代表虚拟财富,以"股票市场筹资额＋债券市场债券存量＋M2－M1"与 GDP 之差的增长率作为虚拟经济的变化率。通过上面的方程系统,并假定经济增长与投资增长之间存在简单的线性关系。我们可以获得经济增长与投资变化的线性关系(见图 9-24～图 9-26)。

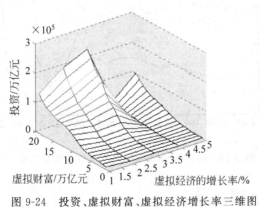

图 9-24　投资、虚拟财富、虚拟经济增长率三维图

由方程(9-83),则有

$$\mathrm{Sense}(t) \propto \delta(t)$$

$$\gamma \mathrm{Sense}_t = \gamma \alpha \left(\frac{\mathrm{d}F_{t-1}}{\mathrm{d}t} + \frac{\mathrm{d}I_{t-1}}{\mathrm{d}t} - \frac{\mathrm{d}\hat{y}}{\mathrm{d}t} - \frac{\mathrm{d}s_{t-1}}{\mathrm{d}t} \right),$$

$$\beta_E, \beta_F \propto E(R_{t+1})$$

$$\frac{\mathrm{d}E_{t+1}}{\mathrm{d}t} = \gamma \mathrm{Sense}_t \left(\frac{\mathrm{d}I_t}{\mathrm{d}t} \right)$$

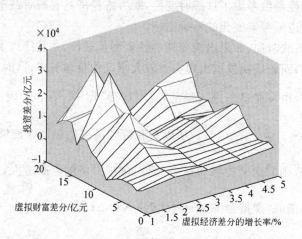

图 9-25　投资差分、虚拟财富差分、虚拟经济差分增长率三维图

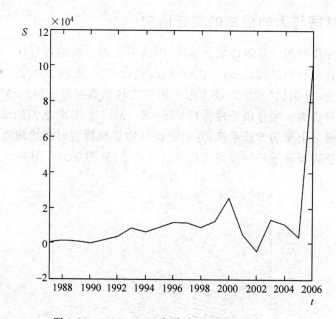

图 9-26　1986—2006 年公众对经济的感知趋势

可得到

$$\beta_F\left(\frac{\mathrm{d}F_t}{\mathrm{d}t}\right) \propto \gamma \mathrm{Sense}_t = \gamma\alpha\left(\frac{\mathrm{d}F_{t-1}}{\mathrm{d}t} + \frac{\mathrm{d}I_{t-1}}{\mathrm{d}t} - \frac{\mathrm{d}\widehat{y}}{\mathrm{d}t} - \frac{\mathrm{d}s_{t-1}}{\mathrm{d}t}\right),$$

$$\frac{\mathrm{d}E_{t+1}}{\mathrm{d}t} \propto \gamma\alpha\left(\frac{\mathrm{d}F_{t-1}}{\mathrm{d}t} + \frac{\mathrm{d}I_{t-1}}{\mathrm{d}t} - \frac{\mathrm{d}\widehat{y}}{\mathrm{d}t} - \frac{\mathrm{d}s_{t-1}}{\mathrm{d}t}\right)\left(\frac{\mathrm{d}I_t}{\mathrm{d}t}\right)$$

加上干扰项

$$\frac{\mathrm{d}E_{t+1}}{\mathrm{d}t} + C + \gamma\alpha\left(\frac{\mathrm{d}F_{t-1}}{\mathrm{d}t} + \frac{\mathrm{d}I_{t-1}}{\mathrm{d}t} - \frac{\mathrm{d}\widehat{y}}{\mathrm{d}t} - \frac{\mathrm{d}s_{t-1}}{\mathrm{d}t}\right)\left(\frac{\mathrm{d}I_t}{\mathrm{d}t}\right) + \varepsilon$$

常数 C 的 t 检验 0.3，未通过 t 检验。其中被解释变量为经济增长，我们以 GDP 增长表

示，I 是国有大中型企业固定资产投资增长，F 是用"股票市场市值＋债券市场债券存量＋M2－M1"的增加表示。I 对经济增长回归结果见表 9-11。

表 9-11　I 对经济增长回归结果（经济增长是被解释变量）

变量	系数	标准差	T 值	拒绝概率
投资增长	7.305 275	0.614 853	0.381 33	0.000 0
拟合优度	0.865 71	因变量 Y 的均值		10 643.72
调整拟合优度	0.865 71	标准差		10 083.53
极大似然值	－277.90	DW 统计量		1.402 681

数据来源：《国际统计年鉴》及《中国统计年鉴》。

我们看到第一个回归的结果解释能力可以达到 86％，DW 统计量也能勉强符合要求。但是 t 检验只有 0.3，因而拒绝经济增长与投资变化的线性关系。

尝试对虚拟财富的线性回归，并假定收益率的期望值在这段时间内都被实现了。有

$$\beta_F\left(\frac{\mathrm{d}F_t}{\mathrm{d}t}\right) \propto \gamma\mathrm{Sense}_t = \gamma\alpha\left(\frac{\mathrm{d}F_{t-1}}{\mathrm{d}t} + \frac{\mathrm{d}I_{t-1}}{\mathrm{d}t} - \frac{\mathrm{d}\hat{y}}{\mathrm{d}t} - \frac{\mathrm{d}s_{t-1}}{\mathrm{d}t}\right) + \mu$$

对上式作计量经济学处理后，我们看到回归效果中拒绝概率达 17％（见表 9-12），比较差，表明虚拟财富与公众感知之间可能还有其他变量存在，亦可能是 α 系数非线性特征强。从这一点来看虚拟财富过程是一个非线性系统的可能性比较高。比较复杂，简单计量经济学模型描述它比较困难。因此从某种程度上来说虚拟财富的期望实现过程的解说比较适合。对数修正后的回归结果没有明显的改善。初步认为经济增长、投资及虚拟财富之间呈复杂的非线性关系。

表 9-12　对数调整后模型回归结果

项目	拟合优度	拒绝概率	极大似然值	回归标准误
原模型	0.111 455	0.175 7	－189.69	9 684.21
对数调整后模型	0.163 020	1.117	0.09	－26.47

参 考 文 献

[1] 车宏安.软科学方法论研究[M].上海：上海科学技术文献出版社,1995.

[2] 汪应洛.系统工程[M].第 4 版.北京：机械工业出版社,2008.

[3] 许国志,顾基发,车宏安.系统科学[M].上海：上海科技教育出版社,2000.

[4] 吴广谋.系统原理与方法[M].南京：东南大学出版社,2005.

[5] 吴祈宗.系统工程[M].北京：北京理工大学出版社,2006.

[6] 顾培亮.系统分析与协调[M].天津：天津大学出版社,1998.

[7] 周星璞.工程项目系统工程[M].北京：机械工业出版社,1992.

[8] 寿纪麟.数学建模——方法与范例[M].西安：西安交通大学出版社,1995.

[9] 严广乐,张宁,刘媛华.系统工程[M].北京：机械工业出版社,2008.

[10] 孙敬水.计量经济学[M].北京：清华大学出版社,2004.

[11] 胡运权.运筹学教程[M].第 2 版.北京：清华大学出版社,2003.

[12] 严广乐.系统动力学：政策实验室[M].北京：知识出版社,1991.

[13] 邓聚龙.灰色理论系统教程[M].武汉：华中理工大学出版社,1990.

[14] 刘思峰,党耀国,方志耕,等.灰色系统理论及其应用[M].第 3 版.北京：科学出版社,2004.

[15] 王燕.应用时间序列分析[M].北京：中国人民大学出版社,2005.

[16] 黄贯虹,方刚.系统工程方法与应用[M].广州：暨南大学出版社,2005.

[17] 陈宝林.最优化理论与算法[M].第 2 版.北京：清华大学出版社,2005.

[18] 胡运权.运筹学习题集[M].第 3 版.北京：清华大学出版社,2003.

[19] 《现代应用数学手册》编委会.现代应用数学手册：运筹学与最优化理论卷.北京：清华大学出版社,2004.

[20] 宁宣熙,刘思峰.管理预测与决策方法[M].北京：科学出版社,2003.

[21] 吴清烈,蒋尚华.预测与决策分析[M].南京：东南大学出版社,2004.

[22] 徐国祥.统计预测和决策[M].上海：上海财经大学出版社,2005.

[23] 张维迎.博弈论与信息经济学[M].上海：上海人民出版社,1996.

[24] 车宏安,顾基发.无标度网络及其系统科学意义[J].系统工程理论与实践,2004,24(4)：11-16.

[25] 吴金闪,狄增如.从统计物学看复杂网络研究[J].物理学进展,2003,24(1)：18-46.

[26] 曾珍香,顾培亮.可持续发展的系统分析与评价[M].北京：科学出版社,2000.

[27] 盛昭瀚,朱乔,吴广谋.DEA 理论、方法与应用[M].北京：科学出版社,1996.

[28] [美]安德鲁·贝尔格.经济危机的国际预警机制[M].北京：中国金融出版社,2002.

[29] [美]戴维·罗默.高级宏观经济学[M].北京：商务印书馆,2001.

[30] 胡代光.西方经济学说的演变及其影响[M].北京：北京大学出版社,1998.

[31] 胡永远,杨胜刚.经济增长理论的最新进展[J].经济评论,2003(5).

[32] 黄正新.关于泡沫经济及其测度的几个理论问题[J].金融研究,2002(6).

[33] 李晓西,杨琳.虚拟经济、泡沫经济与实体经济[J].财贸经济,2000(6).

[34] 沐年国,严广乐.基于心理特征的经济危机形成与传导机制的解析[J].上海理工大学学报,2004(1).

[35] 徐璋勇.虚拟资本积累与经济增长[M].西安：西北大学出版社,2005.

[36] 严广乐.边界沉思[J].管理科学学报,2001(1).

教师服务

感谢您选用清华大学出版社的教材！为了更好地服务教学，我们为授课教师提供本书的教学辅助资源，以及本学科重点教材信息。请您扫码获取。

》 教辅获取

本书教辅资源，授课教师扫码获取

》 样书赠送

管理科学与工程类重点教材，教师扫码获取样书

 清华大学出版社

E-mail: tupfuwu@163.com
电话：010-83470332 / 83470142
地址：北京市海淀区双清路学研大厦 B 座 509

网址：http://www.tup.com.cn/
传真：8610-83470107
邮编：100084